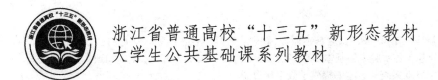

浙江省普通高校"十三五"新形态教材

大学生公共基础课系列教材

物理实验

主 编 江 影

副主编 邱淑霞 乔宪武 徐 鹏

张晓飞 杜建华 李凤鸣

U0216597

电子工业出版社

Publishing House of Electronics Industry

北京 · BEIJING

内 容 简 介

本书内容涵盖物理实验基本知识、物理实验基本训练、物理实验基本技术、近代综合实验、设计性实验、研究性教学拓展实验。将分散在各实验中的基本物理实验知识、基本物理实验方法、基本物理实验技能进行归纳总结，并在撰稿过程中着重系统化。本书提供了数字化资源。

本书可作为理工科物理类及非物理类各专业物理实验课程的教材或参考书，也可供其他专业和社会学者阅读。

图书在版编目（CIP）数据

物理实验 / 江影主编. —北京：电子工业出版社，2021.11

ISBN 978-7-121-37881-2

I. ①物… II. ①江… III. ①物理学—实验—高等学校—教材 IV. ①O4-33

中国版本图书馆 CIP 数据核字（2021）第 270885 号

责任编辑：魏建波

印　　刷：湖北画中画印刷有限公司
装　　订：湖北画中画印刷有限公司
出版发行：电子工业出版社
　　　　　北京市海淀区万寿路 173 信箱　邮编 100036
开　　本：787×1 092　1/16　印张：19.5　字数：499.2 千字
版　　次：2021 年 11 月第 1 版
印　　次：2023 年 8 月第 4 次印刷
定　　价：58.60 元

前　　言

物理实验课程，是理工科本科生在大学阶段的第一门实践类课程，是日后其他实践课程的基础，有着思想方法、学习态度、探究兴趣等方面的导向作用，其重要性不容忽视。本书不局限于物理实验教学，而是以"引导者"的身份将学生带入规范化的实践探究中，培养学习习惯、端正学习态度、调动学习热情、拓展学习思路。

本书的编撰人员皆为物理实验教学工作的一线教师，因此，本书在多年物理实验教学实践和改革的基础上，结合现代科技发展，以求新、求全为编撰纲领，从多个维度融合了物理实验课程的诸多知识点，同时规避了旧有教材的一些弊端，切实打造了与教学资源、学生水平相适应的功能型教学用书，其主要特点如下：

（1）在实验项目的选取上，改变了按"力、热、电、光"的顺序编排内容的方式，采取了按训练的性质、层次进行分类，按由浅入深、循序渐进的原则进行编排。

（2）在实验内容的安排上，考虑到每个专业对每个实验的要求并不相同，且各专业的学时数也不尽相同，大部分实验都设置了"基础内容"和"提高内容"，以适应不同专业的需求，也有利于学生的个性发展和分层次教学。

（3）在实验数据处理方面，以国际权威组织制定的《测量不确定度表示指南》为标准来阐述不确定度的评定，使之与国际接轨，并进行了一些必要的简化，让学生掌握误差分析和数据处理的基本方法，以适应物理实验的要求。

（4）在知识体系拓展方面，将科研方向及成果纳入教学范畴，如法拉第效应、表面磁光克尔效应实验、LED 特性实验、液晶效应实验等，拓展知识的引入过程，且涵盖相关实验方法的应用延伸。

（5）在实验配套资料方面，设计与本教材配套的实验报告册，除实验各个要素模块外还列有"预习提要"和"思考题或讨论题"，引导学生课前预习和课后巩固提高。为了多方位多角度提供素材，提供辅助教学的讲解视频、PPT 等教学资源的二维码。

本书编写期间参阅了许多兄弟院校的教材和仪器设备厂家的仪器使用说明，吸取了他们的宝贵经验，引用了部分内容。

参与本教材编写的有江影、邱淑霞、乔宪武、徐鹏、张晓飞、杜建华、李凤鸣；赵延波绘制本书中大部分实验原理图和部分设备图示。在此感谢多年来支持教材编写的实验一线教师：叶有祥、黄西荷、周红、徐鎏、庞宁、平广兴。

本书体系较新，成书内容较广，难免出现偏颇或疏漏之处，真诚希望广大读者提出宝贵意见。

编者

2021 年 10 月

目　　录

绪　　论

物理实验课是继物理学理论课之后对理工专业学生独立开设的一门课程，它也是对学生进行科学实验基本训练的一门基础课。

科学实验在科学技术的发展中一直起着重要的作用。在新的科技领域的开拓与探索中，实验是一种有力的手段，科学规律都应建立在严格的实验事实之上。学生在大学中要接受系统的实验训练，物理实验课是各理工专业都开设的实验课，旨在让学生获得基本的实验知识、方法和技能方面的训练。

物理实验不仅仅为今后从事科学实验工作打下基础，而且还是对学生进行能力和素质全面培养的一个重要的手段，是培养学生成为高素质科学工作者的一个不可缺少的环节。

1．开设物理实验课的目的

（1）学习常用物理量的基本测量方法，学习常用仪器的原理与使用方法。这些测量及有关仪器在科学实验或日常工作中会经常遇到。

（2）学习正确分析实验误差和正确处理实验数据，学习提高精度和减小误差的常用方法与技巧。例如，哪些误差是主要的，哪些误差可以减小或忽略，在满足精度要求的前提下，什么方案最简便、最经济等。

（3）通过实验锻炼，增加理论联系实际的能力，增加分析及处理实际问题的能力。例如，解决问题要考虑到推导公式的理想情况与实际情况的差别，逐渐养成采用工程估算的习惯，培养工程思维方式，建立起常见物理量的数量级概念等。

（4）在实验过程中，了解理论知识的有关应用，包括最新应用。这可以反过来增加理论课学习的主动性及兴趣，同时可以开拓知识面，开阔思路，增加应用经验。

（5）培养学生实事求是的科学态度，严谨认真的工作作风，勇于探索与钻研的精神。

（6）实验中可再现一些物理现象，验证一些公式，这有利于加深理论课学习的印象，加深对有关物理规律的理解。

从以上几点可以看出，实验的目的就是提高实验者的能力和素质。

2．如何学好物理实验课

想要达到上述实验效果，并不是件容易的事。学生应对实验教学的各个环节认真对待、刻苦钻研，才能取得较好的收获。

（1）预习。在每次上实验课前都应反复研读实验内容及有关理论课教材，搞懂原理、方法，进一步完善实验步骤，整理出实验要点及关键所在，尽量搞懂仪器操作方法，对一些疑问要列出来，等进入实验室后依据实物解决或向教师提问解决。在预习中要认真回答预习思考题，切记注意事项及安全操作规程。对设计类实验，还要在课前参考有关资料，设计实验方案。由于实验室上课时间有限，因此，课前预习的好坏是能否完成实验，能否取得较好效果的前提。

（2）实验操作。学生进入实验室后，要遵守实验室规则，有时还要进一步了解实验室给出的有关仪器操作规程（教材中没有给出）和安全操作事项，不能随心所欲。要注意观察实验中的现象，对各种细节应详细记录。这是一种良好的习惯，因此需要经常反复思考参看在实验中还没有意识到的某个实验细节。对实验中出现的问题或意料之外的现象，应认真分析，尽量解释。不要把实验当作一个被动的任务完成，不要总是希望实验一帆风顺，测出几个数据就向老师交差，应该自觉地把重点放在自己实验能力的培养上。对待测出的实验数据，要回避两种倾向，一是不管实验仪器设备的误差或实验的具体条件，一味追求和理论的一致，认为符合了理论值就算做好了这个实验。事实上这种"符合"带有偶然性，毫无意义；二是不追求实验操作的正确性，一味追求仪器的档次。为了评价所得的实验结果，要做误差分析，必要时要运用理论知识对实验结果加以解释。盲目的实验，即使做得再多，也不会有多大的收获。只有多想、多分析、多实践，才能学好实验课。记录实验数据时要整齐、清楚，除数值外，其他必要的信息（测的是什么量、单位、条件等）也要记下。数据多时要列出表格，不得乱写乱画。实验完成时，应请教师到自己的实验台前，检查自己的实验，应把实验数据单交给教师审阅，经得起教师检查及一些必要的提问。在教师确认实验过程正确、数据无误并在数据记录单上签字（盖章）给出操作成绩之后，学生应整理还原仪器，方可离开实验室。注意：教师签字并记载成绩的数据单，必须随实验报告一同上交。

（3）写实验报告。这是完成实验的最后程序。因为实验报告是实验工作的总结，要予以重视。报告要写得字迹清楚，条理清晰，不要把报告当作仅仅是给实验教师看的，而应看作是一种科学记录及一篇让他人能看懂的学术文献。实验报告应包括下面几部分：

- 实验名称。
- 本次实验的目的。
- 实验原理。给出实验所依据的定律、公式、电路图、光路图或其他依据，以及有关实验条件等。
- 实验方法或步骤。用什么方法、仪器、步骤等完成实验所需的环节和包括的内容，必要时可论证其可行性。本部分也可放在实验原理中。
- 数据记录及其说明。
- 数据处理及实验结果。可能含有计算、曲线、表格、误差分析、最后结果等内容。
- 回答课后思考题。每一个课后问题都要认真正确回答。
- 实验讨论。实验讨论内容不限，可以是对实验中现象的分析讨论、对结果的评价，也可以提出更好的实验方案，或者是你所知道的更好的仪器及实验的体会等内容。

3. 课内外要求

（1）课前认真预习，必须对所做的实验有一个总体概念（主要的原理、光路、电路图、示意图、公式，主要的实验内容及步骤、注意事项、操作规程）并写出预习报告。

（2）课上按仪器号就座，动手前需大体了解一下所有仪器设备。实验完毕后，要将实验数据交教师审阅签字，然后再归整仪器，但不要拆除电路接线，只需断开仪器面板上的电源开关即可。

（3）实验报告应包括如下内容：目的要求、仪器用具、简明原理（光路图、电路图、示意图、主要公式及条件）、数据及结果（或现象记录及必要的解释）、思考题，在有充分数据或现象的基础上，提倡讨论研究。数据，特别是结果的表达应真实反映其有效数字。

第1章　物理实验基本知识

1.1　测量与误差

测量与测量误差
视频

1.1.1　测量与测量误差

在物理实验中，总要进行大量的测量工作。测量包含两个必要的过程：一是对物理量进行检测，二是对测量的数据进行处理。在实验前必须对所观测的对象进行分析研究，以确定实验方法和选择具有适当精度的测量仪器。在实验后，对所测得的数据加以整理、归纳，用一定的方式（列表或图解）表示出各种物理量之间的关系，并对实验结果给予合理的解释，做出正确判断。

在测量过程中，因为任何的测量仪器、测量方法、测量环境和测量者的观察力等都不可能做到绝对严密，这就使测量不可避免地伴随有误差。分析测量中可能产生的各种误差，应尽可能消除其影响，并对测量结果中未能消除的误差做出估计，这是物理实验中必不可少的工作。

1. 直接测量与间接测量

在一定条件下，任何物理量都必然具有一个客观真实的数据。为了测量，必须首先规定一些标准单位，如质量的单位为千克，时间的单位为秒，长度的单位为米，电流的单位为安培等。测量就是将待测量与这些选作标准单位的物理量进行比较，从而获得一个物理量的测量值。

直接测量就是将待测量与一个选作标准单位的同类量直接进行比较，其倍数即为待测量的测量值。如用天平称物体的质量，用秒表测时间，用米尺测物体的长度，用电流计测电路中的电流强度等都是直接测量。

有些物理量不能用仪器对它进行直接测量，而必须利用直接测量的量与待测量之间的已知函数关系，从而得到待测量的测量值。这种测量称为间接测量。例如，测量某种圆柱体材料的密度时，我们可以先用卡尺量出它的高 h 和直径 d，再用天平称出它的质量 M，则圆柱体的密度为

$$\rho = \frac{M}{V} = \frac{4M}{\pi d^2 h}$$

2. 测量误差

任何物理量，在一定条件下，都必然具有某一客观真实的数据，称为真值。测量的目的就是力图要得到待测物理量的真值。

但是，测量总是在一定的测量环境下，用一定的测量方法和仪器，由实验者去完成的。

由于环境、方法、仪器和实验者等各种因素的限制，通过有限的实验手段所得到的测量值与真值总是有一定差异的。我们称此差异为测量误差，以符号 Δx 表示，其定义为

$$\Delta x = x - x_0$$

式中，x 为测量值；x_0 为真值；$\Delta x > 0$ 时称为正误差，$\Delta x < 0$ 时称为负误差。

测量所得的一切数据，都包含着一定的误差，因此，误差存在于一切科学实验过程中，并因测试理论、测试环境、测试技术等不同而有所差异。

3. 误差的分类

如前所述，误差的来源主要是仪器误差、环境误差、方法误差和个人误差。为了便于分析，根据误差的性质把它们归纳为系统误差和随机误差两类，分别处理。

（1）系统误差。系统误差在一定条件下对同一被测量的多次测量中误差保持恒定的数值，而当条件改变时误差按一定的规律变化（在多次观测中表现出来）。在具体测量中它总使测量结果偏向一方，或偏大，或偏小。

系统误差是有规律的，在测量条件不变时有确定的大小和方向，增加测量次数并不能减小系统误差。在实验之前，对测量中可能产生的系统误差加以充分的分析和估计，并采取必要的措施尽量消除其影响。测量后应设法估计未能消除的系统误差之值，对测量结果加以修正。

虽然系统误差的出现一般都有明确的原因，但是发现、减小和消除系统误差又没有一定的规律可循，只能在实验过程中逐渐积累经验、掌握技术、提高实验素养。分析系统误差应当是实验必须讨论的问题之一。

（2）随机误差。随机误差是在同一条件下对同一被测量的多次测量中，误差的绝对值和符号是随机变化的。这种误差是由于实验中的各种因素的微小变动引起的。如在测量时温度的微小起伏、气流的扰动、杂散电磁场的影响等。随机误差的出现，就某一次测量来说，其大小和方向是不可预知的，但对同一个量进行足够多次的测量就会发现，其随机误差是按一定的统计规律分布的，可以利用这种规律对实验结果做出随机误差的估计。这就是在实验中往往对某些关键量要进行多次测量的原因。

（3）误差。个人误差是由于观测者不正确地使用仪器、观测错误或记录错误数据等不正常情况下引起的误差。它会明显地歪曲客观现象，应将其剔除。所以在做误差分析时，要估计的误差通常只是系统误差和随机误差。

综上所述，测量结果的误差包含随机误差和系统误差两个分量。而这两种误差具有不同的性质。所以，当一个问题中同时存在这两种误差时，应对这两种误差采取不同的处理方法来给予消除和估计。

对实验中存在的系统误差，首先要发现它，找到误差产生的原因，然后通过校准仪器、改造实验装置和实验方法，或对测量结果进行理论上的修正加以消除或尽可能地减小，发现和减小实验中的系统误差是一个困难的任务，它需要我们对实验原理的深刻理解，也需要我们积累大量的实验经验。

系统误差是可以消除或尽可能减小的，而随机误差却不能消除。但是，由于随机误差的出现是服从一定的统计规律的，因此，我们可以从统计规律出发对随机误差的大小做出估计。

4. 测量中的精度

系统误差的大小可以作为衡量测量结果与真值的偏离程度的尺度，因此，系统误差用来表征测量的准确度。随机误差的大小与方向说明了同一量的多次重复测量值的离散程度，用它来表征测量的精密度。精密度高的测量，其准确度不一定高；反之，准确度高的测量，其精密度也不一定高，精密而又准确的测量称为精确的测量，用精确度表示，因此精确度是用来描述系统误差与随机误差合成大小程度的。精密度、准确度、精确度三者的含义是不同的，使用时不能混淆。

5. 置信度

实验中常常要先给定一个称为置信区间的误差范围（如给定 $[-\sigma_x, \sigma_x]$），然后再讨论测量数据的可信任程度。给定的范围越大，测量数据超出此范围的可能性就越小。因此人们把测量值落在给定误差范围内的概率称为该测量数据的置信度，可用 P_r 表示。如

$$P_r = \int_{-\sigma_x}^{\sigma_x} f(\Delta)\mathrm{d}\Delta = 68.3\%$$

这表示测量值 x 在误差区间 $[-\sigma_x, \sigma_x]$ 内的置信度为 68.3%。也就是说测量值落在置信区间，然后按置信度评定测量数据。

6. 不确定度

由于测量误差的存在而对被测量值不能肯定的程度称为不确定度。它是表征被测量的真值所处的量值范围的评定。

测量不确定度可以包括许多分量，按其数值的评定方法可以归并成两类：A 类分量可根据测量结果的统计分布进行估计，并可以用实验标准偏差表征；B 类分量根据经验或其他信息进行估计，并可用假设存在的近似的"标准偏差"表征。A 类分量与 B 类分量可用通常的方差合成，所得的"标准偏差"称为合成不确定度，不确定度具有概率的概念，若为正态分布则合成不确定度的概率为 68.3%。如有必要增加置信概率，则可将合成不确定度乘以置信概率，从而得出总的不确定度，此时对置信概率或置信因数必须加以说明。

不确定度的定量表述就是给出所需要的置信概率和用标准误差倍数表示的置信区间。如用"不确定度（σ）"时，则置信概率为 68.3%，置信区间为 $[-\sigma, \sigma]$；用"不确定度（3σ）"时，则置信概率为 99.7%，置信区间为 $[-3\sigma, 3\sigma]$。因此只要对测量结果给出不确定度，即给出置信区间和置信概率 P_r，就表达了测量结果的精密程度。

由于不确定度是测量结果中无法修正的部分，它反映了被测量值的真值不能肯定的误差范围的一种评定。

1.1.2 随机误差

由于随机误差的出现是服从一定的统计规律的，因此，我们可以从统计规律出发对随机误差的大小做出估计。为了方便初学者，尽量避开烦琐的数学推导，只给出必要的过程和结论。为了更有效地讨论随机误差，我们约定系统误差已消除或修正，而只对随机误差进行讨论。

随机误差视频

1. 随机误差的统计分布规律

由于随机误差的存在，每次测量值涨落不定，但是，它又服从一定的统计规律。无数的实验实事与统计理论都证明，大部分测量中的随机误差服从的是正态分布规律。但并不是所有的随机误差都遵守这一规律，在某些情况下也遵守其他分布，如泊松分布、均匀分布或 t 分布等。

随机误差服从正态分布具有以下性质：

（1）有界性。在一定的客观条件下随机误差的绝对值不会超过一定的界限。

（2）单峰性。绝对值小的误差出现的次数比绝对值大的误差出现的次数多，非常大的误差出现的机会趋于零。

（3）对称性。绝对值相等的正误差与负误差的次数大致相等。

（4）抵偿性。相同条件下对同一量进行多次测量，其误差的算术平均值随着测量次数 n 的无限增加而趋于零，即

$$\lim_{n \to \infty} \frac{\sum_{i=1}^{n} \Delta x_i}{n} = 0$$

2. 随机误差的处理

（1）用算术平均值代表测量结果。由于测量总是存在误差的，因而客观真值是永远不能准确知道的。对某一物理量进行多次测量所得的数值不会完全一样，那么，用什么值作为测量结果才能最合理地代表真值呢？由随机误差的性质可以证明，多次测量值的算术平均值是真值的最佳近似。若在同一条件下对某一物理量进行了 n 次重复测量，其测量值分别为 x_1，x_2，$\cdots$，x_{n-1}，x_n，若用 $\overline{x}$ 表示平均值，则有

$$\overline{x} = \frac{1}{n} \sum_{i=1}^{n} x_i = \frac{1}{n}(x_1 + x_2 + \cdots + x_{n-1} + x_n)$$

可以证明，当 $n \to \infty$ 时，$\overline{x} \to x_0$（真值）。因此，我们将各次测量值的算术平均值作为测量结果。

严格来讲，误差是测量值与真值之差，但由于在实验中真值是不可知的，我们通常用测量的算术平均值来代替真值，而测量值与平均值之差称为偏差。当测量次数很多时，多次测量值的算术平均值很接近于真值，因此，各次测量值与平均值的偏差就很接近于它们与真值的误差。

（2）标准误差（均方根误差）。对某一物理量的有限次（n 次）重复测量中，某一次测量结果的标准误差用 σ_x 表示为

$$\sigma_x = \sqrt{\frac{1}{n-1} \sum_{i=1}^{n} (x_i - \overline{x})^2}$$

n 次测量结果平均值的标准误差用 $\sigma_{\overline{x}}$ 表示为

$$\sigma_{\overline{x}} = \frac{\sigma_x}{\sqrt{n}} = \sqrt{\frac{1}{n(n-1)} \sum_{i=1}^{n} (x_i - \overline{x})^2}$$

当用标准误差表示随机误差时，测量结果的表达式可写成

$$x = \bar{x} \pm \sigma_{\bar{x}}$$

此式表示真值 x_0 有很大的概率存在于 $(\bar{x} - \sigma_{\bar{x}})$ 到 $(\bar{x} + \sigma_{\bar{x}})$ 的数值范围内，从随机误差的正态分布可证明这个概率是 68.3%。

按上述统计方法计算的不确定度称为不确定度的 A 类分量。

系统误差视频

1.1.3 系统误差

在科学实验中，有时系统误差是影响实验结果准确度的主要因素，然而它又常常不明显地表现出来，有时会给实验结果带来严重的影响。因此，发现系统误差，估计它对结果影响，设法修正、减少或消除它的影响，是误差分析的一个很重要内容。用于系统误差涉及较深的数学和误差理论知识，更需要具备丰富的科学实验的专门知识和实践经验，在这里只做一般性的介绍，供同学们在实验中使用。

为使问题简化，在讨论系统误差时，只考虑系统误差，不考虑随机误差。

1. 系统误差的种类

系统误差按其产生原因可分为仪器误差、环境误差、实验方法误差、个人误差。

（1）仪器误差是指测量仪器性能和结构的不完善所产生的误差，如仪器的零点不准、天平的两臂不等长、电桥的标准电阻不准等。

（2）环境误差是指不符合仪器使用条件，或周围环境条件的变动，或不符合仪器设计的要求所引入的误差，如温度过高、仪器放置的方位角度不符合要求等。

（3）实验方法（或理论）误差。由于对实验理论探讨不够充分，或者在仪器设计上因测量所依据的公式的近似性及实验的条件达不到理论公式所规定的条件等而产生的误差。如用分析天平称物体质量时没有考虑空气浮力的影响；在热学实验中没有考虑系统与外界热交换的影响；在电学实验中没有把电表的内阻和接触电阻考虑在内等。

（4）个人误差。由于观察者个人生理和心理上的特点引起的误差，如使用停表时，有人常失之过长有人常失之过短；在电表读数时眼睛未垂直于刻度面，习惯从左边（或右边）观测等。

2. 发现系统误差的方法

发现系统误差的根本方法应从系统误差来源去研究，如分析实验条件、考虑每一处调整和测量，注意每一个因素的影响。

（1）对比法

①实验方法对比。用不同方法测同一物理量，看结果是否一致。如测重力加速度：

用单摆测量结果为 $g = (9.800 \pm 0.001)\,\mathrm{m/s^2}$；

用自由落体测量结果为 $g = (9.77 \pm 0.01)\,\mathrm{m/s^2}$。

显然两个测量结果不一致，及它们在随机误差允许范围内不重合，表明至少其中一个存在系统误差。

②仪器对比。用两个以上的仪器测量同一个物理量，进行比较。如用两个电流表接入同一个电路，若读数不一样说明至少有一个不准。若其中一个是标准表，就可以找出另一个表

的修正值。

③改变测量方法。如把电流反向、增加砝码进行读数，观察结果是否一致。

④改变实验中某些参数的数值。有时为了判断某个因素带来的系统误差，有意改变有关参数进行测量，如改变摆角测周期等。

⑤改变实验条件。如电路中将某个元件的位置变动一下；磁测量中使带有磁性的物体靠近等。

⑥换人测量。换人测量可以发现个人误差。

（2）理论分析法

①分析实验理论公式所要求的条件在测量过程中是否得到满足。如用三线摆测量转动惯量实验中的转动惯量公式，要求质心不动、摆角趋于 0，实际情况不符合要求，必有系统误差。

②分析仪器要求的条件是否得到满足。如有的电表要求水平放置，有的要求垂直放置等。不符合条件必有系统误差。

（3）数据分析法

当随机误差很小时，将测量偏差 $\Delta x_i = x_i - \bar{x}$，按测量的先后次序排列，观察 Δx_i 的变化，如果呈规律性变化，如 Δx_i 线性增大，或线性减小，或稳定后呈周期性变化，则必有系统误差存在。

3. 消除系统误差的方法

①消除产生系统误差的根源。采用符合实际的理论公式；实验中严格保证仪器装置和实验测量条件；严格控制环境条件。

②修正测量结果。找出修正公式，对测量结果进行修正。

③抵消系统误差。使用特殊测量方法，设计专用仪器，抵消系统误差。

4. 系统误差的特点

系统误差大致有以下特点：具有确定的规律性、发现了就能消除、针对性很强，不同的测量条件就有不同的系统误差。

1.1.4　直接测量结果的表示和总不确定度的估计

根据国际标准化组织等 7 个国际组织联合发表的《测量不确定度表示指南 ISO 1993（E）》的精神，普通物理实验的测量结果表示中，总不确定度 Δ 从估计方法上也可分为两类分量，A 类指多次重复测量用统计方法计算出的分量 Δ_A，B 类指用其他方法估计出的分量 Δ_B，它们可用"方、和、根"法合成（下文中的不确定度及其分量一般都是指总不确定度及其分量），即有

直接测量结果的表示和总不确定度的估计微课视频

$$\Delta = \sqrt{\Delta_A^2 + \Delta_B^2}$$

1. 总不确定度的 A 类分量 Δ_A

在实际测量中，一般只能进行有限次的测量，这时测量误差不完全服从正态分布规律，而是服从称之为 t 分布（又称学生分布）的规律。这种情况下，对测量误差的估计，就要在

贝塞尔公式的基础上再乘以一个因子。在相同条件下对同一被测量作 n 次测量，若只计算总不确定度 Δ 的 A 分量 Δ_A，那么它等于测量值的标准偏差 σ_x 乘以一因子 $t_p(n-1)/\sqrt{n}$，即

$$\Delta_A = \frac{t_p(n-1)}{\sqrt{n}}\sigma_x$$

式中，$t_p(n-1)/\sqrt{n}$ 是与测量次数 n、置信概率 p 有关的量。概率 p 及测量次数 n 确定后，$t_p(n-1)/\sqrt{n}$ 也就确定了。因子 $t_p(n-1)/\sqrt{n}$ 的值可以从专门的数据表（见表 1-1）中查得。

表 1-1　当 $p=0.95$ 时，$t_p(n-1)/\sqrt{n}$ 的部分数据

测量次数 n	2	3	4	5	6	7	8	9	10
$t_p(n-1)/\sqrt{n}$ 因子的值	8.98	2.48	1.58	1.24	1.05	0.93	0.84	0.77	0.72

普通物理实验中测量次数 n 一般不大于 10。从该表可以看出，当 $5<n\leqslant 10$ 时，因子 $t_p(n-1)/\sqrt{n}$ 近似取为 1，误差并不是很大。这时上式可简化为 $\Delta_A=\sigma_x$。

有关的计算还表明，在 $5<n\leqslant 10$ 时，作 $\Delta_A=\sigma_x$ 近似，置信概率近似为 0.95 或更大。即当 $5<n\leqslant 10$ 时取 $\Delta_A=\sigma_x$ 已可使被测量的真值落在 $\bar{x}\pm\sigma_x$ 范围内的概率接近或大于 0.95。所以我们可以这样简化：直接把 σ_x 的值当作测量结果的不确定度的 A 类分量 Δ_A。当然测量次数 n 不在上述范围或要求误差估计比较精确时，要从有关数据表中查出相应的因子 $t_p(n-1)/\sqrt{n}$ 的值。

2. 总不确定度的 B 类分量 Δ_B

在普通物理实验中常遇到仪器的误差或误差限值，它是参照国家标准规定的计量仪表、器具的标准度等级或允许误差范围，由生产厂家给出或由实验室结合具体测量方法和条件简化的约定，用 $\Delta_仪$ 表示。如果没有注明，一般用仪器的最小刻度值的一半作为 $\Delta_仪$，或者根据仪器的级别进行计算，即

$$\Delta_仪 = 量程\times 级别\%$$

通常仪器误差既包括系统误差，又包括随机误差，其性质在很大程度上取决于仪器的精度。一般级别高的仪器和仪表（如 0.2 级精密电表），仪器误差主要是随机误差；级别低的（1.0 级以下）则主要是系统误差。一般所用的 0.5 级或 1.0 级表，则两种误差都可能存在。

仪器误差的概率密度函数遵从的是均匀分布，如图 1-1 所示。均匀分布是指其误差在 $[-\Delta_仪,\ \Delta_仪]$ 区间范围内，误差（不同大小和符号）出现的概率都相同，而区间外的概率为 0。即

$$\int_{-\Delta}^{\Delta} f(\Delta)\mathrm{d}\Delta = 1$$

所以误差服从下式规律分布：

$$f(\Delta)=\frac{1}{2\Delta_仪},\quad \Delta\in[-\Delta_仪,\ \Delta_仪]$$

$$f(\Delta)=0,\quad 其他$$

对于一般的精密仪器，不确定度中用非统计方法估计的 B 类分量 Δ_B 为

$$\Delta_{B} = \Delta_{仪} / \sqrt{3}$$

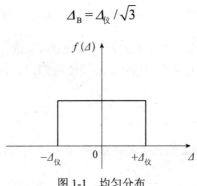

图 1-1　均匀分布

仪器误差满足均匀分布的实例有许多，例如，量程为 100mA 的 1.0 级电流表，其仪器误差 $\Delta_{仪}$ =100mA×1.0%=1.0mA，仪器的标准误差 $\sigma_{仪}$ =0.6mA；最小分度为 1mm 的普通米尺，其仪器误差 $\Delta_{仪}$ =0.5mm，仪器的标准误差 $\sigma_{仪}$ =0.3mm。

3. 单次测量结果的表示

在物理实验中，常常由于条件不允许或测量精确度要求不高等原因，对一个物理量的直接测量只进行一次。这时，可根据实际情况，对测量值的误差进行合理的具体估计，不能一概而论。一次测量的误差包括系统误差和随机误差。对于随机误差很小的测量值，可用仪器误差作为单次测量的误差。这时，设 x' 为测量值，$\Delta_{仪}$ 为仪器误差，则测量结果可表示成

$$x = x' \pm \Delta_{仪} \quad （单位）$$

式中，$\Delta_{仪}$ 可按仪器出厂标定或仪器上直接注明仪器误差计算。若没注明，也可取最小刻度的一半作为仪器误差，即

$$x = x' \pm 仪器最小刻度/2 \quad （单位）$$

4. 直接测量值的相对不确定度

Δ 也称为绝对不确定度。绝对不确定度与测量值有相同的单位，其大小直接反映了测量结果接近真值的程度，对同一测量值来说，绝对不确定度越小，测量的精度越高。

误差也可用相对不确定度表示。若以符号 E 表示，则相对不确定度的定义为

$$E = \frac{\Delta}{x} \times 100\%$$

相对不确定度没有单位，且通常化为百分数，所以也称为百分误差。对于不同的被测量，特别是不同类的被测量，不能仅由绝对不确定度的大小判断测量精度的高低，还要看被测量本身的大小，因此相对不确定度更全面地评价了测量的好坏，为说明相对不确定度的意义，特举一例：测得两个物体的长度分别为 $l_1 = (23.50 \pm 0.03)\text{cm}$ 和 $l_2 = (2.35 \pm 0.03)\text{cm}$，则其相对不确定度分别为

$$E_1 = \frac{0.03}{23.50} \times 100\% = 0.13\%$$

$$E_2 = \frac{0.03}{2.35} \times 100\% = 1.3\%$$

从绝对不确定度来看，两者相等，但从相对不确定度来看，后者比前者大十倍，因此第一个测量当然具有更高的精度。

1.1.5 间接测量的误差估计——不确定度的传递与合成

间接测量的误差
估计微课视频

直接测量是间接测量的基础，由于直接测量存在误差，间接测量结果也就不可避免地引入误差，这称为误差的传递。间接测量的误差由误差传递公式进行估计。

1. 不确定度传递的基本公式

设间接测得量 N 与各个独立的直接测得量 x，y，z，$\cdots$ 等有下列函数关系

$$N = f(x，y，z，\cdots)，$$

对上式求全微分，有

$$dN = \frac{\partial f}{\partial x}dx + \frac{\partial f}{\partial y}dy + \frac{\partial f}{\partial z}dz + \cdots$$

上式表示，当 x，y，z，$\cdots$ 等有微小变化 dx，dx，dz，$\cdots$ 时，N 也将变化 dN。通常不确定度远小于测量值，故把 dx，dx，dz，$\cdots$，dN 看作不确定度，上式就是不确定度传递的基本公式，式中的 $\frac{\partial f}{\partial x}dx$，$\frac{\partial f}{\partial y}dy$，$\frac{\partial f}{\partial z}dz$，$\cdots$ 各项称为不确定度的分量。它们代表各个直接测量值的不确定度对总不确定度的贡献。$\frac{\partial f}{\partial x}$，$\frac{\partial f}{\partial y}$，$\frac{\partial f}{\partial z}$，$\cdots$ 称为不确定度的传递函数。由此可见，一个间接测量值的不确定度等于各个直接测量值的不确定度产生的不确定度分量的总和，并且各个不确定度的分量大小不仅取决于直接测量值不确定度的大小，还取决于不确定度的传递函数。

有时，也将函数先取对数后再求微分，这时有

$$\ln N = \ln f(x，y，z，\cdots)$$

及

$$\frac{dN}{N} = \frac{\partial \ln f}{\partial x}dx + \frac{\partial \ln f}{\partial y}dy + \frac{\partial \ln f}{\partial z}dz + \cdots$$

这也是不确定度传递的基本公式。

由各部分的不确定度分量组合成总不确定度，称为不确定度的合成。

2. 标准误差的传递公式（方和根合成法）

如果用标准误差来表示随机误差，由不确定度传递的基本公式可以证明，标准误差的传递公式为

$$\sigma_{\bar{N}} = \sqrt{\left(\frac{\partial f}{\partial x}\right)^2 \sigma_{\bar{x}}^2 + \left(\frac{\partial f}{\partial y}\right)^2 \sigma_{\bar{y}}^2 + \left(\frac{\partial f}{\partial z}\right)^2 \sigma_{\bar{z}}^2 + \cdots}$$

或

$$\frac{\sigma_{\bar{N}}}{\bar{N}} = \sqrt{\left(\frac{\partial \ln f}{\partial x}\right)^2 \sigma_{\bar{x}}^2 + \left(\frac{\partial \ln f}{\partial y}\right)^2 \sigma_{\bar{y}}^2 + \left(\frac{\partial \ln f}{\partial z}\right)^2 \sigma_{\bar{z}}^2 + \cdots}$$

其中，$\bar{N} = f(\bar{x}，\bar{y}，\bar{z}，\cdots)$。

这种合成方法称作不确定度的方和根合成法。表 1-2 列出了一些常用函数的不确定度传递公式。由表 1-2 可见，在计算间接测量的标准误差时，若函数关系为加减法，则用标准误

差较方便。

求一般函数关系的标准误差传递公式，可用下列步骤：

（1）对间接测量函数求全微分（或先取对数再求全微分）；

（2）合并同一类直接测量变量的系数；

（3）将微分号变为不确定度号，求平方和后开方。

做间接测量的数据处理时，应先算出各个直接测量值的平均值及平均值的标准误差，然后代入公式再算出间接测量值的平均值及标准误差。下面举一例加以说明。

例 1-1　对一圆柱体已测得其底面的半径 r 及高度 h 分别为

$$r = (2.34 \pm 0.06)\text{cm}$$

$$h = (16.32 \pm 0.14)\text{cm}$$

试求其体积。

解　因圆柱体的体积 $V = \pi r^2 h$，所以

$$V = \pi \bar{r}^2 h = 3.14 \times 2.34^2 \times 16.23 = 279.2(\text{cm}^3)。$$

$$\frac{\sigma_{\bar{V}}}{\bar{V}} = \sqrt{\left(\frac{\partial \ln V}{\partial r}\right)^2 \sigma_{\bar{r}}^2 + \left(\frac{\partial \ln V}{\partial h}\right)^2 \sigma_{\bar{h}}^2} = \sqrt{\left(\frac{2}{\bar{r}}\right)^2 \sigma_{\bar{r}}^2 + \left(\frac{1}{\bar{h}}\right)^2 \sigma_{\bar{h}}^2}$$

$$= \sqrt{\left(\frac{2}{2.34}\right)^2 \times 0.06^2 + \left(\frac{1}{16.23}\right)^2 \times 0.14^2} \approx \sqrt{1.3 \times 10^{-3}} = 0.036 = 3.6\%$$

$$\sigma_{\bar{V}} = \bar{V} \times 0.036 = 279.2 \times 0.036 = 10.0(\text{cm}^3)$$

所以有

$$V = (279 \pm 10)\text{cm}^3$$

从上例的解题过程中可归纳如下：

（1）标准误差一般取一位，对保留位数以后的数，采取只进不舍，以免产生估计不足。

（2）测量值最后一位应与标准误差所在位取对齐，尾数采用四舍五入。

（3）相对不确定度最多取两位，尾数只进不舍。

综上所述，在物理实验中测得各直接测量值后，间接测量值的结果及不确定度一般可按间接测量数据处理流程（见图 1-3）进行。

表 1-2　　常用函数的标准误差传递公式

函数表达式	标准误差传递（合成）公式
$N = x + y$	$\sigma_N = \sqrt{\sigma_x^2 + \sigma_y^2}$
$N = x - y$	$\sigma_N = \sqrt{\sigma_x^2 + \sigma_y^2}$
$N = xy$	$\dfrac{\sigma_N}{N} = \sqrt{\left(\dfrac{\sigma_x}{x}\right)^2 + \left(\dfrac{\sigma_y}{y}\right)^2}$
$N = \dfrac{x}{y}$	$\dfrac{\sigma_N}{N} = \sqrt{\left(\dfrac{\sigma_x}{x}\right)^2 + \left(\dfrac{\sigma_y}{y}\right)^2}$
$N = \dfrac{x^k y^m}{z^n}$	$\dfrac{\sigma_N}{N} = \sqrt{k^2\left(\dfrac{\sigma_x}{x}\right)^2 + m^2\left(\dfrac{\sigma_y}{y}\right)^2 + n^2\left(\dfrac{\sigma_z}{z}\right)^2}$
$N = kx$	$\sigma_N = k\sigma_x,\ \dfrac{\sigma_N}{N} = \dfrac{\sigma_x}{x}$

（续表）

函数表达式	标准误差传递（合成）公式
$N = \sqrt[k]{x}$	$\dfrac{\sigma_N}{N} = \dfrac{1}{k}\dfrac{\sigma_x}{x}$
$N = \sin x$	$\sigma_N = \lvert \cos x \rvert \sigma_x$
$N = \ln x$	$\sigma_N = \dfrac{\sigma_x}{x}$

1.2 有效数字及其运算

众所周知，测量都存在着误差，那么，测量所得出的结果应表达为几位数字呢？哪些数值是有实际意义的、有效的，这对于测量数据的运算和表示都是很重要的。

1.2.1 有效数字的概念

由于用实验仪器直接测量的数值都含有一定的误差，因此，测得的数据都只能是近似数，由这些近似数通过计算而求得的间接测量值也是近似数。显然，几个近似数的运算不可能使运算结果更准确些，而只会增大其误差。因此，近似数的表示和计算都有一些规则，以便确切地表示记录和运算结果的近似性。

从仪器上读数，通常都要尽可能估读到仪器最小刻度线的下一位。例如，一个长度测量数据（用米尺）为 14.5mm，它的前两位 14mm 可以从米尺上直接读出，是确切数字，而第三位数 0.5mm 是测量者估读出来的，估读的结果因人而异，别人也可能估读为 0.4mm 或 0.6mm，因此，这一位数是有疑问的，称为存疑数字。由于第三位数已可疑，在它以下各位数的估计已无必要，所以，测量时记录的可靠数字和一位可疑数字就称为有效数字。如上例 14.5mm 就是三位有效数字。有效数字包括从仪器上读出的确切数字和最后一位存疑数字，而且也只能有最后一位数字是存疑数字。反过来从有效数字的定义上也可看出它包含了一个测量数据的读出与所使用的仪器的精度，如上例 14.5mm，可得出米尺的精度为最后一位确切数字的位数，Δx 一般用来表示精度，即 $\Delta x_{米尺} = 1\text{mm}$。

在读取或书写有效数字时要特别注意 "0" 的位置。例如：某物体的质量为 0.704500kg，这样一个读数有几位有效数字呢？第一个零 "0" 不表示有效数字，它的出现是因为选用的单位大的原因，如果用 g 表示，则 704.500g，前面的 "0" 就没有了，但后面的两个 "0" 都是有效数字，少记一个就不能反映实验数据的确切程度及存疑数字的位置。所以，当 "0" 不是用作表示小数点位置时，"0" 和其他数码 1，2，3，4，…具有同等地位。1.0035m 或 2.3000m 有效数字均为 5 位。为了使有效数字的位数显而易见，我们按数字的标准式将上例写为 $7.04500 \times 10^{-1}\text{kg}$，也就是说，在小数点前一律取一位有效数字。采用不同单位而引起的数值上的不同，可用乘以 10 的幂来表示。

1.2.2 有效数字的运算规则

在进行数字计算时，参加运算的量可能很多，各量的有效数字也多少不一，因而，在运算过程中，数字越算越多，不胜繁杂。在掌握了误差及有效数字的基本知识后，便可找出一些规则，使计算尽可能简化，而且不会影响结果的精确度。

1. 加减法

例如：

$$
\begin{array}{r}
24.\underline{3} \\
+\quad 3.1\underline{76} \\
\hline
27.4\underline{76}
\end{array}
\qquad
\begin{array}{r}
27.6\underline{5} \\
-\quad 3.7\underline{48} \\
\hline
23.9\underline{02}
\end{array}
$$

计算时，我们将存疑数字加横线，以便与确切数字相区别，按四舍六入五凑偶的原则，最后结果应为 27.5 和 23.90。

在上例中，如果我们按位数对齐相加或相减，并以其中存疑位数最靠前的量为准，事先进行四舍五入，取齐诸量的尾数，则加、减的结果仍相同，具体算法如下：

$$
\begin{array}{r}
24.\underline{3} \\
+\quad 3.\underline{2} \\
\hline
27.\underline{5}
\end{array}
\qquad
\begin{array}{r}
27.6\underline{5} \\
-\quad 3.7\underline{5} \\
\hline
23.9\underline{0}
\end{array}
$$

总结以上运算可得出加减法的规律为：**和与差的有效数字的小数点后的位数和各分量中小数点后位数最少的相同，这个结论可以推广到多个量的相加或相减的计算中去。**

2. 乘除法

例如：　　　$5.34\underline{8} \times 20.\underline{5} = 109.\underline{6}$ 　　　　　　　$48216 \div 12\underline{3} = 39\underline{2}$

$$
\begin{array}{r}
5.34\underline{8} \\
\times\quad 20.\underline{5} \\
\hline
2674\underline{0} \\
000\underline{0} \\
1069\underline{6} \\
\hline
109.634\underline{0}
\end{array}
$$

$$
\begin{array}{r}
39\underline{2} \\
12\,\underline{3}\,\big)\,\overline{48216} \\
\underline{369} \\
113\underline{1} \\
110\underline{7} \\
\underline{246} \\
\underline{246} \\
\underline{0}
\end{array}
$$

在计算中，存疑数字只保留一位，后面的存疑数字是没有意义的，上面两个例子结果分别为 109.6 和 392。下面是有进位或退位的特殊情况，读者可列竖式验证。

$$
\begin{cases}
8.654 \times 4.6 = 39.8 \quad （多一位） \\
3.98 \div 8.654 = 0.46 \quad （少一位）
\end{cases}
$$

总结以上运算可得出乘除法的规则为：**积或商的有效数字的位数一般与各因子中位数最少的相同，有进位或退位时可多或少一位。**

3. 乘方、开方

不难证明，乘方、开方的有效数字与其底的有效数字位数相等。

4. 间接测量及其误差的有效数字

间接测量值的有效数字一般与由运算法则得到的相同，但由于误差的传递和积累，有时间接测量的误差较大，那么，在最后结果中，也应使测量结果的最后一位与绝对不确定度的所在位对齐，而舍去其他多余的存疑数字。

1.2.3 有效数字尾数的舍入规则

在进行具体的数字运算前，按照一定的规则确定一致的位数，然后舍去某些数字后面多余的尾数的过程称为数字修约，指导数字修约的具体规则称为数字修约规则。

一次性修约到指定的位数，不可以进行数次修约，否则得到的结果也有可能是错误的。

国家计量标准 JJG 1027—1991 规定（按国家标准文件：GB 8170—1987）：拟舍位数最左位数字小于 5 的，拟舍位数舍去；拟舍位数最左位数大于 5 的，舍去拟舍位数后，进 1；拟舍位数最左位数字等于 5 的，对其后有非零数的，则进 1；对其后无数字或为零的，若进位数是奇数的，则加 1；若进位数是偶数的，则舍去拟舍数字。

口诀：4 舍 6 入 5 看右，5 后有数进上去，尾数为 0 向左看，左数奇进偶舍弃。

例 1-2 将下列数字全部修约为四位有效数字。

（1）1.11840000

（2）1.11860000

（3）1.11859999

（4）1.11850001

（5）1.11750000

（6）1.11850000

解：

（1）尾数≤4，1.11840000→1.118

（2）尾数≥6，1.11860000→1.119

（3）尾数＝5，且 5 右面还有不为 0 的数，1.11859999→1.119

（4）尾数＝5，且 5 右面还有不为 0 的数，1.11850001→1.119

（5）尾数＝5，且 5 右面尾数为 0 则凑偶，1.11750000→1.118

（6）尾数＝5，且 5 右面尾数为 0 则凑偶，1.11850000→1.118

这样处理会导致"舍"和"入"的机会均等，避免在处理较多数据时因入多舍少带来的系统误差。

修约约定：在测量结果中的平均偏差、标准偏差、不确定度和百分误差等之类的位数修约，约定为看其首位非 0 数；当首位非 0 数字≤3 时，可保留两位数字，对第三位四舍五入；当首位非 0 数>3 时，取一位数字，第二位数四舍五入。

1.3 数据处理的基本方法

1.3.1 列表法

在记录和处理数据时，把数据列成表格，可以简明地表示有关物理量之间的对应关系，便于随时检查测量结果是否合理，及时发现和分析问题。在

数据处理的基本
方法微课视频

处理数据时，有时将计算的某些中间项列出来，可以随时从对比中发现运算的错误。所以，列表有利于我们找出有关量之间的规律性关系，对求出经验公式很有好处。列表要求如下：

（1）简单明了，便于看出有关量之间的关系。

（2）表明所列表格中各符号所代表的物理意义，并在标题栏中标明单位。单位不要重复地记在各数值的后面。

（3）表中数据要正确地反映测量结果的有效数字。

例 1-3　在拉伸法测金属丝的杨氏弹性模量实验中，用光杠杆测量金属丝的微小长度变化，用逐差法处理数据（见表 1-3）。

表 1-3　用列表法处理杨氏弹性模量实验数据

拉力 F/g	望远镜标尺读数 n/cm			每千克的读数增量/cm
	增量	减量	平均	
0	9.51	9.41	9.46	$N = \dfrac{n_5 - n_2}{3} = 0.59$
1000	10.08	9.93	10.00	
2000	10.57	10.58	10.58	$N = \dfrac{n_4 - n_1}{3} = 0.55$
3000	11.16	11.10	11.13	
4000	11.66	11.65	11.66	$N = \dfrac{n_3 - n_0}{3} = 0.55$
5000	12.34	12.34	12.34	

1.3.2　作图法

作图法能比列表法更形象地表示出物理量之间的变化规律，并能简单地从图像上获得实验需要的某些结果，在同一图像上，还可直接读出没有进行观测的对应于 x 的 y 值（内插法）。在一定条件下，也可从图像的延伸部分读到测量数据范围以外的点（外推法）。

作图法还具有多次测量取平均值的效果。作图规则如下：

（1）根据测得的数据的有效数字，选择坐标轴的比例及坐标纸的大小。原则上讲，数据中的可靠数字在图中应是可靠的，数据中不可靠的一位在图中应是估读的。根据此原则，坐标纸上的一小格对应数值中可靠数字的最后一位，要适当选择 x 轴与 y 轴的比例和坐标的起点。坐标范围应恰好包括全部测量值并略有富裕，最小坐标不必都从零开始。

（2）标明坐标轴。以自变量（实验中可以控制的量）为横轴，以因变量为纵轴。用粗实线在坐标纸上画坐标轴，在轴上注明物理量的名称、符号、单位（加括号），并在轴上每隔一定间距标明该物理量的数值。在图纸的明显位置写上图像的名称及某些必要的说明。

（3）标点。根据测量的数据用 "+"" "⊙"" "△"" "□" 等符号标出实验点，在一张图上同时画两条曲线时，实验点要以不同的符号标出。

（4）连线。由于每个实验点的误差情况不同，因此不能强求曲线通过每一个实验点而连成折线（仪表校止曲线除外）。而应按照实验点的总趋势连为光滑的曲线，要做到线两侧的实验点与线的距离最为接近且分布大体均匀，曲线正穿过实验点时可以在该点处断开。

（5）写明图像的特征。利用图上的空白位置注明实验条件和从图纸上得出的某些参数，如截距、斜率、极大值或极小值、拐点和渐近线等。

例 用伏安法测电阻所得数据如表 1-4 所示。

表 1-4　用伏安法测电阻所得数据

电压/V	0.00	1.00	2.00	3.00	4.00	5.00	6.00	7.00	8.00	9.00	10.00
电流/mA	0.00	2.00	4.01	6.05	7.85	9.70	11.83	13.75	16.02	17.86	19.94

在直角坐标纸上作图如图 1-2 所示。

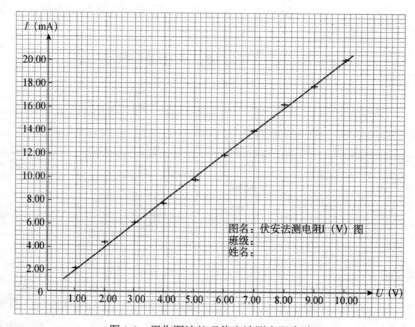

图 1-2　用作图法处理伏安法测电阻实验

1.3.3　逐差法

逐差法又称逐差计算法，一般用于等间隔线性变化测量中所得数据的处理。由误差理论可知，算术平均值是若干次重复测量的物理量的近似值。为了减小随机误差，在实验中一般都采取多次测量。但是在等间隔线性变化测量中，若仍用一般的求平均值的方法，我们将发现，只有第一次测量值和最后一次测量值起作用，所有的中间测量值全部抵消。因此，这种测量无法反映多次测量的特点。

以测量弹簧系数的例子来说明逐差法处理数据的过程。如有一长为 x_0 的弹簧，逐次在其下端加挂质量为 m 的砝码，共加 7 次，测出其对应长度分别为 x_1, x_2, $\cdots$, x_7，从这组数据中，求出每加单位砝码弹簧的伸长量 Δx。

这时，若用通常的求平均值的方法，则有

$$\overline{\Delta x} = \frac{1}{7m}\left[(x_1 - x_0) + (x_2 - x_1) + (x_3 - x_2) + \cdots + (x_7 - x_6)\right]$$

$$= \frac{1}{7m}(x_7 - x_0)$$

这种处理仅用了首尾两个数据，中间值全部抵消，因而损失掉很多信息，是不合理的。

若将以上数据按顺序分为 x_0, x_1, x_2, x_3 和 x_4, x_5, x_6, x_7 两组，并使其对应项相减，就有

$$\overline{\Delta x} = \frac{1}{4}\left[\frac{(x_4 - x_0)}{4m} + \frac{(x_5 - x_1)}{4m} + \frac{(x_6 - x_2)}{4m} + \frac{(x_7 - x_3)}{4m}\right]$$

$$= \frac{1}{16m}\left[(x_4 + x_5 + x_6 + x_7) - (x_0 + x_1 + x_2 + x_3)\right]$$

这种逐差法使用了全部的数据信息，因此，更能反映多次测量对减小误差的作用。

1.3.4 用最小二乘法求经验方程

作图法虽能方便且直观地将实验中各个物理之间的关系、变化规律用图像表示出来，但是，在图像的绘制上往往会引起附加误差。因此，对于同一组实验数据画出的曲线会因人而异，即使都画出的是直线，不同的人绘出的直线参数也会不同。因此，我们希望能用函数的形式来表示物理量之间的关系和变化规律，也就是从实验数据求出经验方程，这称为方程的回归问题。

方程的回归，首先要确定函数的形式。最简单的关系是一元线性关系。下面我们仅讨论一元线性回归问题（或称直线拟合问题）。某些曲线的函数可以通过数学变换改写为直线。例如，对函数 $y = ae^{-bx}$ 取对数得到 $\ln y = \ln a - bx$，这样 $\ln y$ 与 x 的关系就变成了线性关系。因此，一元线性回归也适用于某些类型的曲线。

设已知函数形式为 $y = b_0 + b_1 x$，可控制的物理量取值为 x_1，x_2，$\cdots$，x_n 时对应的物理量依次取值 y_1，y_2，$\cdots$，y_i。假设对 x_i 值的观测误差很小，而主要误差都出现在 y_i 的观测上。

按照两点决定一条直线的性质，只要从多组实验数据中任选两组就可得出一条直线，但这样得到的直线误差可能会很大。我们的任务是，从观测到的这多组实验数据中，求出一个误差最小的经验公式 $y = b_0 + b_1 x$，按照这一经验公式做出的图像，虽不一定能通过每一个实验点，但是，它以最接近所有实验点的方式平滑地穿过它们。在求此经验公式时，我们采用最小二乘法原理，它可以表示如下：

对应于每一个观测量 x_i，观测量 y_i 与最佳经验式 $b_0 + b_1 x$ 的偏差为 δy_i，即

$$\delta y_i = y_i - (b_0 + b_1 x_i)，\quad i = 1,\ 2,\ \cdots,\ n$$

最小二乘法原理就是：如果各观测量 y_i 的误差相互独立，且服从同一正态分布，那么，当 y_i 的偏差的平方和为最小时，将得到最佳经验公式。设 y_i 的平方和为 S，则应满足

$$S = \sum_{i=1}^{n} \delta y_i^2 = \sum_{i=1}^{n}\left[y_i - (b_0 + b_1 x_i)\right]^2 = S_{\min}$$

为此，将它对 b_0 和 b_1 求偏导，并令偏导为零，得

$$\frac{\partial S}{\partial b_0} = -2\sum_{i=1}^{n}(y_i - b_0 - b_1 x_i) = 0$$

$$\frac{\partial S}{\partial b_1} = -2\sum_{i=1}^{n}[(y_i - b_0 - b_1 x_i)x_i] = 0$$

即

$$\sum_{i=1}^{n} y_i - nb_0 - b_1 x_i = 0$$

$$\sum_{i=1}^{n} x_i y_i - b_0 \sum_{i=1}^{n} x_i - b_1 \sum_{i=1}^{n} x_i^2 = 0$$

设

$$n\overline{x} = \sum_{i=1}^{n} x_i, \quad n\overline{y} = \sum_{i=1}^{n} y_i, \quad n\overline{xy} = \sum_{i=1}^{n} x_i y_i, \quad n\overline{x^2} = \sum_{i=1}^{n} x_i^2$$

则，上两式即可完成

$$\overline{y} - b_0 - b_1\overline{x} = 0 \text{ 和 } \overline{xy} - b_0\overline{x} - b_1\overline{x^2} = 0$$

解方程，得

$$b_0 = \overline{y} - b_1\overline{x}, \quad b_1 = \frac{\overline{x}\,\overline{y} - \overline{xy}}{\overline{x}^2 - \overline{x^2}}$$

将解得的 b_0 和 b_1 代入直线方程，就得到了最佳经验公式

$$y = b_0 + b_1 x。$$

在用一元线性回归法处理数据时，我们假设了函数存在线性关系，那么，这种假设是否合理呢？这可由相关系数来判断。一元回归的相关系数定义为

$$r = \frac{\overline{xy} - \overline{x}\,\overline{y}}{\sqrt{\left(\overline{x^2} - \overline{x}^2\right)\left(\overline{y^2} - \overline{y}^2\right)}}$$

可以证明，r 的值在+1 和−1 之间，$|r|$ 的值接近于 1，说明实验数据点聚集在一条直线附近，用线性回归比较合理。相反，如 $|r|$ 的值接近于零，说明实验数据对所求的直线很分散，即用直线回归不妥，必须重新用其他函数重试。

1.4 实验预备知识

1.4.1 力热实验常用仪器介绍

1. 长度测量

物理实验中，长度测量是最基本的测量。测量长度的方法和仪器有多种多样，而最基本的测量工具是米尺、游标卡尺和螺旋测微器等，通常用量程和分度值表示这些仪器的规格。量程表示测量范围，分度值是仪器所标示的最小分划单位，它的大小反映仪器的精密程度。一般来说，分度值越小，仪器越精密。学习使用这些仪器要注意掌握它们的构造特点、规格性能、读数原理、使用方法及维护知识等，并注意在今后的实验中适当地选择和使用。

（1）游标尺（游标卡尺）

在米尺上附加一个能够滑动的有刻度化的小尺，叫游标，利用它可以把米尺估读的那位数值准确地读出来。

游标卡尺主要由两部分构成（图 1-3）：与量爪 A、A′ 相连的主尺 D（主尺按米尺刻度）以及与量爪 B、B′ 及深度尺 C 相连的游标 E。游标可贴着主尺滑动。量爪 A、B 用来测量厚度和外径，量爪 A′、B′ 用来测量内径，深度尺 C 用来测量槽的深度。它们的读数值，都是由游标的 O 线与主尺的 O 线之间的距离表示出来。F 为固定螺钉。

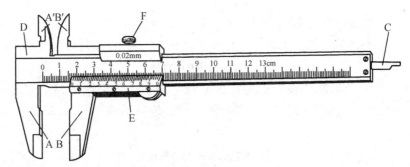

图 1-3　游标卡尺

要了解游标卡尺首先要了解一下游标。游标 E 是附在主尺 D 上的一个可移动的附件，利用它可以使测量数据更精确。以游标来提高测量精度的方法，不仅用在游标卡尺上，而且还广泛地用于其他仪器上，如分光计、经纬仪和测高仪等。游标的长度和分格数可以不同，但游标的基本原理和读数方法是相同的。

下面介绍游标卡尺的读数原理。游标卡尺在构造上的主要特点是：游标上 p 个分格的总长与主尺上 $p-1$ 个分格的总长相等。设 y 代表主尺上一个分格的长，x 代表游标上一个分格的长度，则有

$$px = (p-1)y \tag{1.1}$$

那么主尺与游标上每个分格的差值是：

$$\delta x = y - x = \frac{1}{p}y \tag{1.2}$$

以 $p=10$ 的游标卡尺为例，主尺上一分格是 1mm，那么游标上 10 个分格的总长等于 9mm，这样游标上一个分格的长度是 0.9mm，$\delta x = y - x = 0.1\text{mm}$。当量爪 A、B 合拢时，游标上的 O 线与主尺上的 O 线重合，如图 1-4 所示。这时，游标上第一条刻线在主尺第一条刻线的左边 0.1mm 处，游标上第二条刻线在主尺第二刻线的左边 0.2mm 处，……，依此类推。这就提供了利用游标进行测量的依据。如果在量爪 A、B 间放进一张厚度为 0.1mm 的纸片，那么与量爪 B 相连的游标要向右移动 0.1mm，

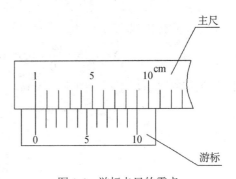

图 1-4　游标卡尺的零点

这时，游标的第一条线就与主尺的第一条线相重合而游标上所有其他各条线都不与主尺上任一条刻度线相重合；如果纸厚为 0.2mm，那么，游标就要向右移动 0.2mm，游标的第二条线就与主尺的第二条线相重合，……，依此类推。反过来讲，如果游标上第二条线与主尺的刻度线重合，那么纸片的厚度就是 0.2mm，……，如图 1-5 所示。

这种把游标等分为 10 个分格（即 $p=10$）的游标卡尺叫作"十分游标"。"十分游标"的 $\delta x = \frac{1}{10}\text{mm}$，这是由主尺的刻度值和游标卡尺刻度值之差给出的，因此，δx 不是估读的，它是游标卡尺能读准的最小数值，即是游标卡尺的分度值。

图 1-5 中测量纸片厚度的读数 1 由于用了游标，毫米以下这一位数是准确读出的。因此，根据仪器读数的一般规则，读数的最后一位应该是读数误差所在的一位，应该写为

$$l = 0.20\text{mm} = 0.020\text{cm}$$

最后加的一个"0"表示读数误差出现在最后这一位上。如果不能判定游标上相邻的两条刻度线哪一条与主尺重合或更相近些，则最后一位可估读"5"，即如图 1-6 所示，可读为

$$l = 0.55\text{mm} = 0.055\text{cm}$$

由此可见，使用游标可以提高读数的准确程度。游标卡尺的估读误差不大于 $\frac{1}{2}\delta x$（为什么？）。

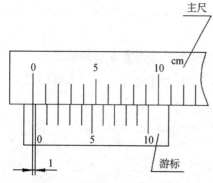

图 1-5 十分游标卡尺的原理

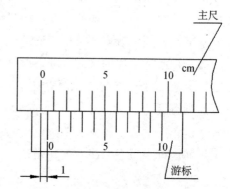

图 1-6 游标卡尺需要估读的情况

还有一种常见的游标是"二十分游标"（$p=20$），即将主尺上的 19mm 等分为游标上的二十格，或者将主尺上的 39mm 等分为游标上的 20 格，这样它们的分度值为

$$\delta x = 1.0 - \frac{19}{20} = 0.05(\text{mm})，\quad \delta x = 2.0 - \frac{39}{20} = 0.05(\text{mm})$$

因在这种情况下，主尺上两格（2mm）与游标上一格相当，如图 1-7、图 1-8 所示。

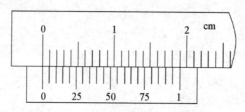

图 1-7 二十分游标卡尺（19mm）

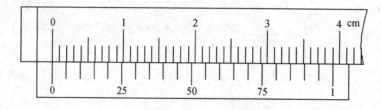

图 1-8 二十分游标卡尺（39mm）

二十分游标常在游标上刻有 0、25、50、75、1 等标度，以便于直接读数。如游标上第 5 根刻线（标 25）与主尺对齐，则读数的尾数为 $5 \times \delta x = 0.25\text{mm}$，即可直接读出。二十分游标的估读误差（$< \frac{1}{2}\delta x$）可认为在百分之一毫米这一位上，因此，如 $l = 0.55\text{mm}$，不再在后面加"0"。

另一种常用的游标是五十分游标（$p = 50$），即主尺上 49mm 与游标上 50 格相当，如图 1-9 所示。五十分游标的分度值 $\delta x = 0.02\text{mm}$。游标上刻有 0、1、2、3、…、9，以便读数。五十分游标的读数结果也写到百分之一毫米这一位上。

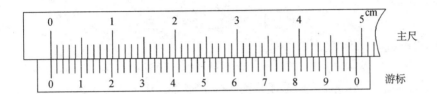

图 1-9　五十分游标卡尺

综上所述，游标卡尺的分度值是由主尺与游标卡尺刻度的差值决定的，亦即是由游标分度数目决定的；各种常用游标卡尺的读数都写到百分之一毫米这一位上。

需要提醒的是，游标只给出毫米以下的读数，毫米以上的读数要从游标 O 线（即"0"线）在主尺上的位置读出。

当测量大于 1mm 的长度时，就先从游标卡尺"0"线在主尺的位置读出毫米的整数位，再从游标上读出毫米的小数位，即用游标卡尺测量长度 l 的普遍表达式为

$$l = ky + n\delta x \tag{1.3}$$

k 是游标的"0"线所在处主尺刻度的整毫米数，n 是游标的第 n 条线与主尺的某一条线重合，$y = 1\text{mm}$。图 1-10 所示的情况，即 $l = 21.48\text{mm} = 2.148\text{cm}$。

用游标卡尺测量之前，应先把量爪 A、B 合拢，检查游标卡尺的 O 线是否与主尺 O 重合。如不重合，应记下零点读数，加以修正。即待测量 $l = l_1 - l_0$。l_1 为做零点修正前的读数值，l_0 为零点读数。l_0 可以正，也可以负。

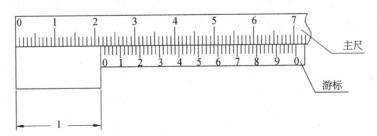

图 1-10　测量时需要进行零点修正

往后，在使用各种测量仪器时，一般都要注意校准零点或做零点修正。

使用游标卡尺时，可一手拿物体，另一手持尺，如图 1-11 所示。要特别注意保护量爪不被磨损。使用时轻轻把物体卡住即行读数，不允许用来测量粗糙的物体，并切忌把被夹紧的物体在卡口内挪动。

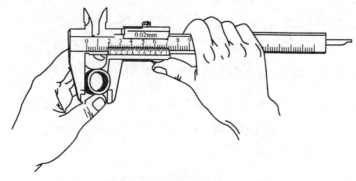

图 1-11　游标卡尺的测量方法

（2）螺旋测微器（千分尺）

螺旋测微器是比游标卡尺更精密的长度测量仪器，常见的一种如图 1-12 所示。它的量程是 25mm，分度值是 0.01mm。螺旋测微器结构的主要部分是一个微动螺旋杆。螺距是 0.5mm。因此，当螺旋杆旋转一周时，它沿轴线方向只前进 0.5mm。螺旋杆沿轴线方向前进 $\frac{0.5}{50}$mm（即 0.01mm）时，螺旋柄上的刻度转过一分格。这就是所谓机械放大原理。

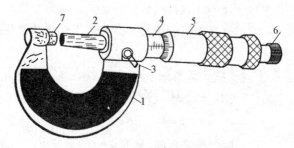

1—尺架；2—微动螺旋杆；3—锁紧装置；4—固定标尺；5—微分筒；6—棘轮旋柄；7—测砧

图 1-12　螺旋测微器

测量物体长度时，应轻轻转动螺旋柄后端的棘轮旋柄，推动螺旋杆，把待测物体刚好夹住时读数，可以从固定标尺上读出整格数（每格 0.5mm）。0.5mm 以下的读数则由螺旋柄圆周上的刻度读出，估读到 0.001mm 这一位上。如图 1-13（a）和（b）所示，其读数分别为 5.650mm（0.5650cm）和 5.150mm（0.5150cm）。

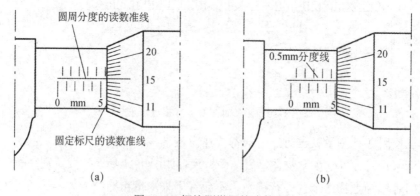

（a）　　　　　　　　　　（b）

图 1-13　螺旋测微器的读数方法

使用注意：

①记录零点读数，并对测量数据做零点修正。螺旋测微器的零点可以调整，各种牌号的螺旋测微器调零点的方法不同，可见仪器说明书。

②记录零点及将待测物体夹紧测量时，应轻轻转动棘轮旋柄推进螺旋杆，不要直接拧转螺旋柄以免夹得太紧，影响测量结果及损坏仪器，只要听到在转动小棘轮时发出喀、喀的声音，就不要再推进螺旋杆而进行读数了。

（3）读数显微镜

读数显微镜可以放大物体，还可测量物体的大小，主要用来精确测量微小物体大小。

①仪器构造。读数显微镜的构造如图1-14所示。它由两个主要部件组成：一个是用来观看被测物体放大像的带十字叉丝的显微镜；另一个是用来读数的螺旋测微器装置。

显微镜由目镜（C）、物镜（B）和十字叉丝［装在目镜筒（C）内］组成。主尺（F）是毫米刻度尺，测微鼓轮（E）的周界上等分为100个分格，每转一个分格显微镜移动0.01mm。转动测微鼓轮使显微镜移动的距离，可从主尺上的指示值（毫米整数）加上测微鼓轮上的读数（精确到0.01mm，估读到0.001mm）。

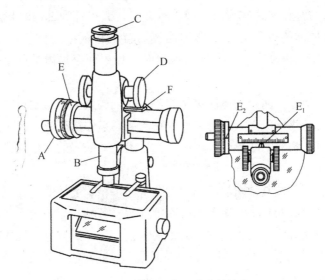

图 1-14 读数显微镜的结构

②使用步骤。

步骤1：将待测件置于工作台上，旋转反光镜调节手轮，改变反光镜的角度，使反光镜将待测件照亮。

步骤2：旋转目镜，改变目镜与十字叉丝之间的距离，直至十字叉丝成像最清晰。

步骤3：旋转调焦手轮（D）由下而上移动显微镜筒，改变物镜到待测件之间的距离，使待测件通过物镜成的像恰好在十字叉丝平面上，直到在目镜中能同时看清十字叉丝和放大的清晰的待测件的像并消除视差为止。

步骤4：转动测微鼓轮（A），使目镜中的纵向叉丝对准被测件的起点（另一条叉丝和镜筒的移动方向平行），从指标箭头（E₁）和主尺读出毫米的整数部分，从指标箭头（E₂）和测

微鼓轮上读出毫米以下的小数部分，两数之和即为被测件的起点读数 x。沿同方向继续转动测微鼓轮移动显微镜筒，使十字叉丝的纵向叉丝恰好停在被测件的终点，读得终点读数 x'，于是被测件的长度 $L = |x' - x|$。为了提高精度，可重复测量，取其平均值。

③注意事项。

● 在眼睛注视目镜之前，用调焦手轮对被测件进行调焦前，应先使物镜筒下降接近被测件，然后眼睛从目镜中观察，旋转调焦手轮使镜筒慢慢向上移动，这就避免了两者相碰挤坏被测件的危险。

● 防止空程误差。由于螺杆和螺母不可能完全密接，当螺旋转动方向改变时，它们的接触状态也将改变，因此移动显微镜使其从反方向对准同一目标的两次读数将不同，由此产生的误差称为空程误差。为防止空程误差，在测量时应向同一方向转动测微鼓轮使十字叉丝和各目标对准，若移动十字叉丝超过目标时，应多退回一些，再重新向同一方向转动测微鼓轮去对准目标。

2. 质量测量

质量是力学中三个基本物理量之一。国际单位制中量度质量的单位是千克（kg）。千克采用普朗克常数 h 的固定数值 $6.626\,070\,15 \times 10^{-34}$ 来定义，其单位为 Js，即 kgm^2s^{-1}。

质量的测量是以物体的重量的测量通过比较而得到。根据物体的重量和质量关系知 $P = mg$，式中 g 为重力加速度。在同一地点测量时，如果两个物体重量相等，即 $P_1 = P_2$ 或 $m_1 g = m_2 g$，则 $m_1 = m_2$。

这就是说，在同一地点，两个物体的重量相等，它们的质量也一定相等。物体的质量可用天平来测量，测量时把物体放入天平的左盘，在天平右盘中放砝码。由于天平的两臂是等长的，故当天平平衡时，物体的质量就等于砝码的质量。而砝码的质量值已标出，于是可求得物体的质量。

天平是一种等臂杠杆，按其称衡的精确程度分等级，精确度低的是物理天平，精确度高的是分析天平。不同精确度的天平配置不同等级的砝码。各种等级的天平和砝码的允许误差都有规定，可以查看产品说明书或检定书。天平的规格除了等级以外主要还有最大称量和感量（或灵敏度），最大称量是天平允许称量的最大质量。感量就是天平的摆针从标度尺上零点平衡位置（这时天平两个秤盘上的质量相等，摆针在标度尺的中间）偏转一个最小分格时，天平两称盘上的质量差。一般说来，感量的大小应该与天平砝码（游码）读数的最小分度值相适应（例如，相差不超过一个数量级），灵敏度是感量的倒数，即天平平衡时，在一个盘中加单位质量后摆针偏转的格数。

天平按其精确程度分为物理天平和分析天平。这里介绍一下物理天平。

（1）物理天平

①仪器描述。物理天平的构造如图 1-15 所示。在横梁 BB′ 的中点和两端共有三个刀口，中间刀口 a 安置在支柱 H 顶端的玛瑙刀垫上，作为横梁的支点。在两端的刀口 b 和 b′（因为刀口被秤盘吊钩遮挡，图中不能直接看到）上悬挂两个秤盘 P 和 P′。横梁下部装有读数指针 J，指针 J 装有灵敏度的感量砣 G。立柱 H 上装有标尺 S。根据指针在刻度标牌上的示数来判断天平是否平衡。

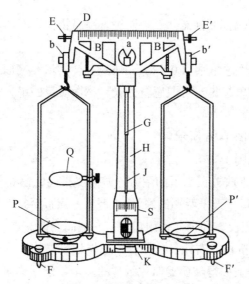

图 1-15 物理天平的构造

为了便利某些实验，在底板左面装有托架 Q。例如，用阿基米德原理测量物体的体积时，可将盛有水的烧杯放在托架上，以便于将物体浸沉在水中进行测量。

每架物理天平都配有一套砝码，实验室中常用的一种物理天平，最大称量为 500g，1g 以下的砝码太小，用起来很不方便，所以在横梁上附有可以移动的游码 D。横梁上有 50 个刻度，游码向右移动一个刻度，就相当于在右盘上加 0.02g 的砝码，即感量为 0.02g/格。

②操作步骤。

步骤 1：调水平。调节水平螺丝 F 和 F′使支柱铅直，这可由铅锤 R（图中未标出）的尖端与准钉 r（图中未标出）尖端是否对准来检查（有的天平利用底座上的水准泡来检查）。

步骤 2：调零点。天平空载时，转动止动旋钮 K，使刀承上升托起刀口，横梁即会摆动，观察指针 J 的摆动情况。当指针 J 在标尺 S 的中线（第 10 条刻线，称为零点）两边做等幅摆动时，天平即平衡了。如摆动中心不在零点，则应先制动，使刀承下降，然后调节横梁上两边的平衡螺母 E 和 E′的位置；再启动横梁，观察指针位置，……，如此反复调节，直到天平达到平衡。

步骤 3：称衡。将待测物体放置左盘，砝码放置右盘（包括移动游码），使天平达到平衡进行称衡。

步骤 4：将止动旋钮%向左旋转，使刀承下降，记下砝码及游码读数。把待测物体从盘中取出，砝码放回盒内，游码移到零位（最后把称盘摘离刀口），天平复原。

③操作规则。为了正确使用和保护物理天平，必须遵守以下操作规则：

● 天平的负载不得超过其最大称量，以免损坏刀口或压弯横梁。

● 在调节天平、取放物体、取放砝码（包括游码）及不用天平时，都必须将天平止动，以免损坏刀口。只有在判断天平是否平衡时才将天平启动。天平启动、止动时动作要轻，止动时最好在天平指针接近标尺中线刻度时进行。

● 待测物体和砝码要放在盘正中。砝码不得直接用手拿取，只准用镊子夹取。称量完毕，砝码必须放回砝码盒内特定位置，不得随意乱放。

● 天平的各部件及砝码都要注意防锈、防蚀。高温物体、液体及带腐蚀性的化学药品不得直接放在称盘内测量。

天平的仪器误差常取"感量乘以 0.5 格"，质量称衡的误差应取天平仪器误差与砝码、游码质量误差的叠加。为简单起见，可取感量为天平称衡质量的最大误差。

（2）托盘天平

①实验仪器结构，如图 1-16 所示。

②实验操作步骤（见图 1-17）。

步骤 1：要将托盘天平放置在水平的地方，游码要指向红色 0 刻度线。

步骤 2：调节平衡螺母（天平两端的螺母），调节零点直至指针对准中央刻度线（游码必须归"0"）。平衡螺母向相反方向调，使用口诀：左端高，向左调。

步骤 3：左托盘放称量物，右托盘放砝码。根据称量物的性状应放在玻璃器皿或洁净的纸上，事先应在同一天平上称得玻璃器皿或纸片的质量，然后称量待称物质。

步骤 4：砝码不能用手拿而要用镊子夹取，千万不能把砝码弄湿、弄脏（这样会让砝码生锈，砝码质量变大，测量结果不准确），游码也要用镊子拨动。

步骤 5：添加砝码从估计称量物的最大值加起，逐步减小。托盘天平只能称准到 0.1g。加减砝码并移动标尺上的游码，直至指针再次对准中央刻度线。

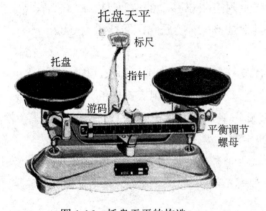

图 1-16　托盘天平的构造

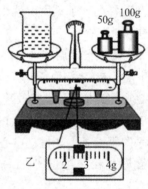

图 1-17　托盘天平的使用

（3）HC-C 标准系列电子天平

①使用须知。

● 请在使用前详细阅读操作手册，以免对天平造成不必要的损坏。

● 请将天平放置在工作环境稳定的水平台面上。

● 请确认当地电压值符合电子天平的电源标准值。

● 显示分度值 0.01g 和 0.001g 的天平建议开机预热 3～10min 后使用，并如果第一次开机使用、长时间停用过、环境温度变化较大或移动了使用位置，请经过校准后再使用。

● 远离电磁干扰源，如微波炉、手机等，过度的电磁干扰会造成读数波动，但当干扰降低后读数即会恢复正常。

● 请勿擅自打开天平外壳，否则将丧失厂家提供的保修服务。

②产品外观和操作面板说明（见图 1-18）。

③使用方法。

● 开机。插上电源线，打开电源开关，显示屏依次显示"最大称量值""内置蓄电池电压值"（如有配置蓄电池）"- - - - - -"，其中，"- - - - - -"的显示时间视传感器的稳定情况而定，勿将天平放在风口和不稳定的工作台上。最后显示"0.0 或 0.00 或 0.000"称重模式。

● 称重。

i. 开机预热稳定或校准后，显示称量模式"0.0 或 0.00 或 0.000"后即可以称重。

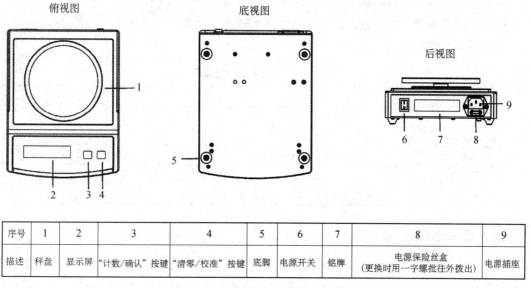

序号	1	2	3	4	5	6	7	8	9
描述	秤盘	显示屏	"计数/确认"按键	"清零/校准"按键	底脚	电源开关	铭牌	电源保险丝盒 （更换时用一字螺批往外拨出）	电源插座

图 1-18　产品外观和操作面板说明

ii. 轻柔地放置被测物体于称盘的中心位置上，显示屏上会即时地反映出承受的重量值，因为刚放上被测物后显示的重量值可能会因为震动引起显示数字不稳定，等到显示的数字不变后的数值即为被测物的实际质量值。

● 校准。在秤盘上不加任何物体的情况下，正常开机显示零点"0.0""0.00""0.000"后按住"TAR/CAL"清零/校准键不松手，约过 5s 后显示"--CAL-"时即刻松手，稍候，显示闪耀"标准砝码值"，将闪耀的"标准砝码值"的砝码置于盘上，显示"- - - - - -"等待状态，稍候，显示稳定的"标准砝码值"后拿去砝码，最后显示"0.0""0.00""0.000"，校准结束，校准流程如图 1-19 所示。如校准后称量还是不准确，则按上述过程重复校准几次。

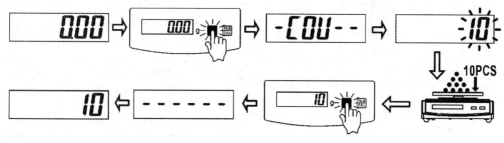

图 1-19　校准流程

④维护。正确操作天平，保持机壳和秤盘清洁。如有必要可使用蘸有中性洗涤剂的软布擦拭。检查秤盘下是否有碎屑等异物并清除。校准砝码保存在安全干燥的地方。不使用时请拔出电源插头。

⑤注意事项及错误代码。

- 使用前应按规定通电预热。
- 蓄电池电量充足且不使用天平时请拔出电源插头。
- 皮重和称物质量之和不得超过称量范围。
- 若称重不准确，需用标准砝码对天平校准。
- 如需取下天平上的秤盘，切勿将秤盘往上硬拨，以免损坏传感器。

出现错误请查表 1-5。

表1-5　电子天平错误检查表

错误信息	说明	处理方法
下横线 "------"	称重值为负值且小于显示范围	去除称重物，用砝码重新校准
上横线 "------"	超重报警符号，超过最大量程	去除称重物，用砝码重新校准
ERR-1	连续开关机造成	关机 3s 后再开机
ERR-2	称重未稳定	稍等一会儿即可
- - -Lb - -	内置蓄电池电量不足（如有配置）	插上电源线充电 4h 以上

3. 时间测量

我们可用任何自身重复的现象来测量时间隔。几个世纪以来人们一直用地球自转（一天时间）作时间标准，规定 1（平均太阳）日的 1/86400 为 1s。石英晶体钟充当次级时间标准，这种钟可达到一年中的计时误差为 0.02s。为满足更好的时间标准的需要，人们发展了利用周期性的原子振动作为时间标准（原子钟）。1967 年国际计量大会采用铯（Cs133）钟为基础的秒作时间标准，秒规定为 Cs133 的特定跃迁的 9192631770 个周期的持续时间。这一规定使时间测量的精确度提高到 10^{12} 分之一。时间和频率测量，如表 1-6 所示。

表1-6　时间和频率测量

名称	主要技术性能	特点和简要说明
铯束原子频率标准	频率 f_0=9192631770Hz 准确度优于 1×10^{-13}（1a） 稳定度 7×10^{-12}	用作时间标准。在国际单位制中规定，与铯 133 原子基态的两个超精细能级间跃迁相对应的辐射的 9192631770 个周期的持续时间作为时间单位：秒
石英晶体振荡器	频率范围很宽，频率稳定度在 $10^{-12}\sim10^{-4}$ 范围内，经校准一年内可保持 10^{-9} 的准确度。高质量的石英晶体振荡器，在经常校准时，频率准确度可达 10^{-11}	在时间频率精确测量中获得广泛应用。频率稳定度与选用的石英材料及恒温条件关系密切
电子计数器	测量准确度主要决定于作为时基信号的频率准确度及开关门时的触发误差。不难得到 10^{-9} 的准确度。若采用多周期同步和内插技术，测量精度可优于 10^{-10}	以频率稳定的脉冲信号作为时基信号，经过控制门送入电子计数器，由起始时间信号去开门、终止时间信号去关门，计数器计得时基信号脉冲数乘以脉冲周期即为被测时间间隔。用时间间隔为 1s 的信号去开门、关门，计数器所计的被测信号脉冲数即为被测信号频率

（续表）

名称	主要技术性能	特点和简要说明
示波器	测频率最高准确度约 0.5%	可测频率、时间间隔、相位差等, 使用方便, 准确度不特别高
秒表	机械秒表, 分辨率一般为 $\frac{1}{30}$ s, 电子秒表分辨率一般为 0.01s	

实验室里常用的时计, 一种以机械振子为基础; 另一种以石英振子为基础。前者便是机械秒表, 其最小分度值为 0.2s 甚至 0.1s, 要手动操作, 会引入误差。后者为数字毫秒计, 其数字显示的末位为 10^{-3}ms, 可电动操作。此外 1/100s 为最小刻度的电子秒表也属常用。

（1）停表

停表有各种规格和式样, 它们的构造和使用方法略有不同。这里只介绍我们使用的一种多功能电子手表的停表, 它具有基本秒表显示、累加计时、取样计时等功能, 它最小测量单位为 1/100s, 可累计 59 分 59.99s, 其外形如图 1-20 所示。

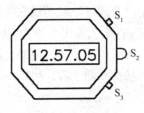

图 1-20　电子秒表

S_1 按钮: 启动/停止钮; S_2 按钮: 调整置位; S_3 按钮: 计时和秒表状态选择钮, 秒表复零钮。

使用方法:

①基本秒表显示 (相当于机械秒表的单针功能)。当 S_3 在秒表状态时, 应先使它复零, 然后按 S_1, 秒表开始计时, 再按 S_1 一次秒表计时停止。再按 S_3, 秒表即刻复零。

②累加计时。按 S_1 秒表开始计时, 再按一下 S_1, 秒表停止计时, 若继续再按 S_1 即开始累加计时, 如此可以重复继续累加。

（2）数字毫秒计

数字毫秒计是以石英晶体震荡周期控制计时的, 它的工作原理如图 1-21 所示。

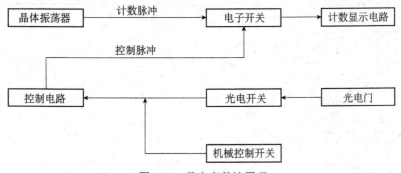

图 1-21　数字毫秒计原理

首先将晶体振荡器产生的等时高频振荡通过专门的电路转换成频率较低的计数脉冲。计数显示电路的作用是记录进入的电脉冲, 并用数码管显示出脉冲累计数字。计数的开始与终止是由电子开关来控制的, 当电子开关接通时, 计数脉冲进入计数电路, 开始计数;

电子开关断开时，终止计数。假如每秒钟产生 10^4 个计数脉冲，那么，一个计数脉冲就相当于 0.1ms。由累计的电脉冲数，可以计算出电子开关由接通到断开的时间间隔。计数显示电路中把这个时间间隔已经换算成毫秒显示出来。

数字毫秒计有两种计时控制方法：一种为机控，用机械接触来控制电子开关的通和断，使毫秒计"开始计时"和"停止计时"。另一种为光控，利用光信号来控制"开始计时"和"停止计时"。

1.4.2 电磁学实验预备知识

1. 电源

直流稳压电源虽型号各不相同，但在结构上却大同小异，都是将 220V 交流电经整流、滤波和稳压后变为直流输出。它的特点是稳压性好、内阻小、功率大、输出连续可调。但使用时要注意不能超过它的最大允许输出电压和电流。如 WYJ-30 型电源，其最大输出电压是 30V，最大输出电流为 3A。

干电池是很方便的直流电源，但它的功率较小、稳定性不高。在使用过程中，干电池的电动势不断下降，内阻不断增加，最后因内阻过大而报废。

2. 电阻

电阻可分为固定电阻和可变电阻两大类。无论使用哪一类电阻，使用时除了注意其阻值的大小，还要注意其额定功率。若额定功率为 P，电阻的阻值为 R，则允许通过的电流 $I = \sqrt{P/R}$。下面介绍两种可变电阻的结构及方法。

（1）电阻箱

ZX-21 型旋转式电阻箱的内部电路示意图和面板图如图 1-22 所示。在箱面上有 6 个旋钮和 4 个接线柱。使用时，转动旋钮使旋钮边缘的数字对准旋钮下面的倍率，该数字与倍率的乘积就是该旋钮上的电阻值。电阻箱上总的接入电阻与接入哪两个接线柱有关，总的接入电阻等于两接线柱之间各旋钮上的电阻之和。

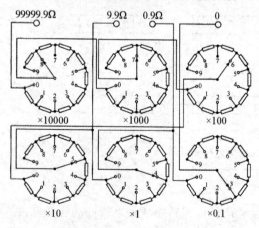

（a）内部电路示意图

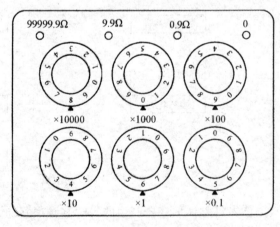

（b）面板图

（c）

图 1-22　ZX-21 型旋转式电阻箱

电阻箱的规格用如下参数表述：

①电阻箱的额定功率，是指电阻箱内每个电阻的额定功率。一般电阻箱的额定功率为 0.25W，可以由它算出各挡电阻允许通过的最大电流，见表 1-7。

表 1-7　电阻箱各挡的最大允许电流

电阻挡 R/Ω	×0.1	×1	×10	×100	×1000	×10000
最大允许电流 I/A	1.5	0.5	0.15	0.05	0.015	0.005

②总电阻，即最大可调电阻。ZX-21 型电阻箱的总电阻为 99999.9Ω。

③电阻箱的等级。电阻箱根据其误差的大小分为 7 个等级，分别为 0.01 级、0.02 级、0.05 级、0.1 级、0.2 级、0.5 级和 1.0 级。级别表示电阻箱相对误差的百分数。如 ZX-21 型电阻箱为 0.1 级，当阻值为 662Ω 时，则阻值误差为 662×0.1%≈0.7Ω。另外电阻箱每个旋钮上存在接触电阻，0.1 级电阻箱每个旋钮上接触电阻为 0.002Ω。当电阻较大时，接触电阻与之相比微不足道，但当阻值较小时，接触电阻却能引起很大的误差，因此，需要 0.1～0.9Ω（或 9.9Ω）的阻值时，应使用 0 和 0.9Ω（或 9.9Ω）两接线柱，以减小相对误差。

标明在级别中的误差与接触误差之和就是电阻箱的总误差。

（2）滑线变阻器

滑线变阻器的外形构造与等效电路如图 1-23 所示，涂有绝缘层的电阻线绕在长直瓷管上，电阻丝的两端固定在接线柱 A 和 B 上，瓷管上方有一滑动触头与接线柱 C 相连。

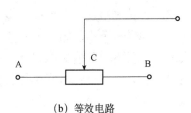

（a）外型构造　　　　　　　　　　　　　（b）等效电路

图 1-23　滑线变阻器

滑线变阻器的用途是控制电路中的电压和电流，它不像电阻箱那样能确切地读出电阻值。它在电路中有两种接法：

①限流电路。限流电路接法如图 1-24 所示，当滑动 C 时，改变了 A 和 C 之间的电阻 R_{AC}，也就改变了回路的总电阻，从而改变了回路中电流的大小，因而称为限流电路。

　　为了安全起见，在实验开始时，C 应滑到 B 端，使得 R_{AC} 最大，回路中电流最小，然后逐渐增大回路中的电流，但应注意不要超过滑线变阻器的额定电流。

　　为了能有效地调节回路中的电流，应使滑线变阻器的总电阻 $R > R_L$。需要精细调节电流时，还可采用二级限流，即将两个滑线变阻器 R_1 和 R_2 按限流的方式串联起来，阻值的选取应使得 R_1 是 R_2 的 10 倍以上，R_1 做粗调，R_2 做细调。

　　②分压电路，分压电路接法如图 1-25 所示。A 和 B 两端分别与电源的两极相连，再由 A 端和 C 端向负载 R_L 提供分压 U_{AC}。

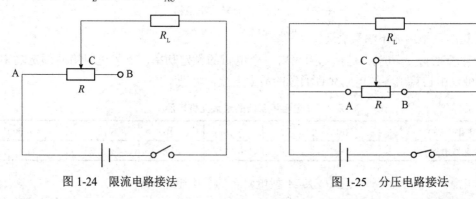

图 1-24　限流电路接法　　　　　　　　　图 1-25　分压电路接法

　　改变 C 在 A 和 B 之间的位置，即可改变输出电压 U_{AC}。因此称为分压电路。当 C 与 A 重合时，输出电压为 0；当 C 与 B 重合时，输出电压等于电源电压。实验开始时，应使 C 与 A 重合，输出电压为 0，以后逐渐增加，并且注意不要使变阻器上的电流超过额定值。

3. 直流电表

（1）电流计

电流计是最基本的直流电流表，也称表头。直流电流表是磁电系仪表，它由永久磁铁、转动线圈、游丝和指针构成，其基本原理是：处在磁场中的线圈通电时，会受到一力矩的作用而转动，从而带动指针的转动，直到与游丝的反扭力矩平衡。它的特点是：指针偏角的大小与通过线圈的电流成正比，电流方向不同时，指针偏转的方向也不同。电流计能直接测量的电流在几十 μA 到几十 mA 之间，如果要用它测较大的电流，则需要加分流电阻。

（2）电流表（安培表、毫安表、微安表）

在表头上并联一个小电阻，就构成了一个电流表。由于小电阻的分流作用，使电流表的量程扩大了。并联不同阻值的电阻就可以分别得到不同量程的电流表。

使用电流表时，应将它串联到待测电流的电路中，并注意正负端的接法，使电流从正端流入，从负端流出。

（3）电压表（伏特表）

在表头上串联一个高电阻，就构成了一个电压表。由于高电阻限流分压的作用，使电压表的量程扩大了。串联不同阻值的电阻就可以得到不同量程的电压表。

使用电压表时，应将它并联在待测电压电路的两端，电压表的正端与高电位端相连，负端与低电位端相连。

（4）使用电表时应注意的事项

各类电器仪表的面板上注有各种符号，以表明其用途、构造、准确度等。常用电器仪表符号见表 1-8。在使用电表时，应首先观察其面板上的标记符号，了解电表的规格及使用方法。

①电表的量程，即指针指满刻度时的分压值或电流值。有的电表是单量程的，有的电表是多量程的，如伏特表上有 1.5V、3V、7.5V 三个量程。如使用 1.5V 量程时，指针指满刻度时测量电压为 1.5V，如使用 3V（或 7.5V）量程时，指针指满刻度时测为 3V（或 7.5V）。

测量时应根据待测量的大小，选择合适的量程。如选择量程过小，待测量的值已超过了量程，则容易将电表烧坏；如果量程选择过大，指针的偏转就会很小，读到的数据就不准确。

通常要使得指针偏转在满刻度的 2/3 以上。对选择好的量程，测量值 A 按下式计算

表 1-8　常见电器仪表面板上的标记

名称	符号	名称	符号
指示测量仪表的一般符号	◯	磁电系仪表	⊓
检流计	⊕	静电系仪表	⊥
安培表	A	直流	—
毫安表	mA	交流（单相）	∼
微安表	μA	直流和交流	≃
伏特表	V	以刻度尺量程百分数表示的准确度等级，如 1.5 级	1.5
毫伏表	mV	以指示值的百分数表示的准确度等级，如 1.5 级	①.5
千伏表	kV	标度尺位置为垂直的	⊥
欧姆表	Ω	标度尺位置为水平的	⌒
兆欧表	MΩ	绝缘强度试验电压为 2kV	☆2
负端钮	–	接地用的端钮	⏚
正端钮	+	调零器	↶
公共端钮	*	II 级防外磁场及电场	Ⅱ　Ⅱ

$$A = n\alpha / N$$

式中，α 是该量程可测的最大值；N 为该量程对应的标度尺的总分度数；n 为电表指针指示的读数（分度数）。

②电表的等级。电表的准确度等级分为 7 级，分别为 0.1、0.2、0.5、1.0、1.5、2.5 和 5.0。利用等级为 K 的电表测得的数据可能包含的最大误差（绝对误差）为

$$\varDelta_{\mathrm{m}} = \pm A_{\mathrm{m}} K\%$$

式中，A_{m} 为所使用量程可测的最大值，如一个 0.5 级量程为 $100\mu A$ 的微安表，用它测得的任一数值的最大可能误差都是 $\pm 100\mu A \times 0.5\% = \pm 0.5\mu A$。

③电表的放置。标有"∩"标志的电表使用时只能水平放置，不得垂直放置。标有"⊥"标志的电表使用时只能垂直放置，不能水平放置。

（5）万用表

万用表是一种多用途电子测量仪器，也称为万用计、多用计、多用电表等，分为指针万能表和数字万能表两种类型。该表可测量直流电流、直流电压、交流电流、交流电压、电阻和音频电平等，主要用于物理、电气、电子等测量领域。

4. 电磁学实验操作规程

①了解各仪器的规格，使用方法。
②正确理解和连接电路。
③自己先检查电路及各仪器的初始状态（此时不可通电）。
④经教师检查电路后方可通电，进行观察测量。
⑤记录完数据后，断电，经教师检查数据后，再拆线路，并整理好仪器。

1.4.3　光学实验的一般要求

1. 光学实验知识简介

光学是物理学中一门古老的经典学科，最近二三十年以来又有了突飞猛进的发展，内容十分丰富。但是近代光学并不是否定了过去，相反地，它的基本概念和实验不仅建立在经典光学的基础上，而且又大大前进了一步。作为一门普通物理的实验课，应把主要精力放在基本实验技能和实验方法的训练上，放在研究一些最基本的光学实验现象上，当然也可初步接触一些新的概念和实验技术。因此，本书的光学实验题目包括了几何光学、波动光学等经典光学的主要方面。希望通过本课程的学习有助于学生在今后的学习和工作中灵活而适当地选用各种仪器。

学生在开始做光学实验前，至少已做过了力学、热学和电学实验，已经受到了一些基本实验的训练，这是做好光学实验的重要基础。但是光学实验又有它自己的特点。光学实验中遇到的两个最突出的问题，一个是精密仪器的调节和使用，另一个是理论和实验更紧密的结合。光学仪器的精密度较高，这些仪器在投入使用前，首先要进行调整和检验。各光学元件的共轴调节、分光仪的调节、迈克尔逊干涉的调节等都是光学实验中有代表性的基本训练。仪器的调节不是一个纯粹的技术问题，判断仪器是否处于正常的工作状态，选择最有效、最准确的方法，都要求调节者有明确的物理图像。

理论联系实际的问题往往在光学中显得特别突出。如果不掌握基本理论（特别像偏振、干涉等物理光学实验），几乎无从做起，更不用说对实验结果进行详细的理论分析了。为了收到好的效果，在实验前，要求学生做好理论上的准备；在实验过程中要尊重客观实际，详细地观察各种条件下的现象，记录有关数据，认真思考，对实验结果做出理论上的分析和解释。

这样不仅丰富了实验内容，提高了做实验的兴趣，而且反过来必然有助于巩固理论知识，加深对一些基本原理的理解。

实验课没有系统讲授的环节，各实验基本上由学生独立完成，教师则在课堂上做必要的讲解和指导，实验课能否收到良好的效果与学生的自觉性关系很大。因此，希望同学们做到课前准备充分；课上三勤——手勤（操作、实验、记录）、眼勤（观察、比较）、脑勤（思考、分析、提问题）；课后加以反思，自觉提高科学实验工作的素质，培养动手能力、理论联系实际能力、提出问题和解决问题的能力。

2. 光学仪器使用的注意事项

当初次接触原来没有使用过的仪器时，必须首先了解它的工作性能，像如何使用，应当注意什么问题等，然后在教师的指导下，才能开始工作；否则，容易造成不应有的损坏，以至影响教学工作的正常进行。

光学仪器是比较精密的仪器，因此比较"娇嫩"，如果使用维护不当，它的光学元件及机械部分都容易被损坏。

3. 光学仪器常见的损坏原因及操作规则

（1）物理和机械的原因

跌落、震动及挤压造成的损坏，往往使部分或全部元件无法使用；磨损的危害性也很大，当光学元件表面附有不清洁的物质（如尘埃等）时，用手或其他粗糙的东西去擦，致使光学表面留下划痕，轻者使成像模糊，重者根本不能成像。

（2）化学的原因

污损（由于手上的油污、汗渍或不洁液体的沉淀物等）、发霉及酸、碱对光学表面的腐蚀。

（3）操作规则

根据以上情况，在使用光学仪器时，必须注意遵守下列规则：

①轻拿、轻放，勿使仪器受震，更要避免跌落到地面。光学元件使用完毕，不得随意乱放，应物归原处。

②在任何时候都不得用手触及光学表面（光线在此表面折射或反射），只能接触磨砂过的表面（光线不经过的表面，一般磨成毛面），如透镜的侧面、棱镜的上、下底面等。

③不能对着光学元件说话、打喷嚏、咳嗽。

④光学表面有污垢时，不要私自处理，应向教师说明，在教师的指导下，对于没有镀膜的光学表面，可用干净的镜头纸轻擦。

⑤对于光学仪器的机械部分，也需注意正确使用，仪器中的机构构件往往也是比较精密的。除固定件外，元件旋钮调节留少许余地，尽量避免拧死拧坏。

⑥避免强光直射眼睛；避免接触长时间打开的表面温度较高的光源外壳以免发生烫伤。

第2章 物理实验基本训练

2.1 密度测量

密度是物质的基本特性之一，它与物质的纯度有关，而与物质的形状、光泽等外部特性无关。因此工业上常通过测定物质的密度来做原料成分的分析和纯度的鉴定。

当一个物体分布在线、面和空间上时，各微小部分所包含的质量对其长度、面积和体积之比，统称为密度，需要区别时可分为线密度、面密度和体密度。体密度常简称为密度。对于均匀物质来说，密度为物质的质量 m 与其体积 V 之比。

密度测量不仅在物理、化学研究中有重要意义，而且在石油、化工、采矿、冶金及材料工程中都同样具有重要意义。

2.1.1 固体密度测量

实验目的

1. 了解物理天平的构造，掌握天平的使用方法。
2. 掌握测量规则固体和不规则固体密度的方法。
3. 进一步巩固误差计算和有效数字的概念。

实验仪器

物理天平、砝码、游标卡尺、烧杯、温度计、待测物体等。

实验原理

（1）规则形状匀质固体的质量为 m，体积为 V，则其密度为

$$\rho = \frac{m}{V} \tag{2.1}$$

对于圆柱体，实验中我们用游标卡尺测量高度 h 和直径 d；用物理天平称质量 m，即可间接算出密度 ρ。

对于长方体，实验中我们用游标卡尺测量长度 a、宽度 b 和高度 c；用物理天平称量质量 m，即可间接算出密度 ρ。

（2）对于密度大于水的不规则形状（不溶于水）物体，其体积仍可用天平来测定，但要用流体静力法来确定。方法介绍如下：用天平称出物体在空气中的质量 m，然后用一根细线把物体拴好浸入水中，用天平称出物体在水中的质量为 m_1（见图 2-1），则物体在水中受到的浮力为

$$F = (m - m_1)g \tag{2.2}$$

根据阿基米德原理可知，浮力的大小等于物体排开同体积水的重量，即

$$F = \rho_水 gV \tag{2.3}$$

联立式（2.2）、式（2.3）两式，得物体体积为

$$V = \frac{m - m_1}{\rho_水} \tag{2.4}$$

由此可得物体的密度

$$\rho = \frac{m}{V} = \frac{m}{m - m_1}\rho_水 \tag{2.5}$$

式中，$\rho_水$ 为水在 $t℃$ 时的密度；m 和 m_1 均做单次测量。

注意：

（1）在空气中测量物体，受到空气浮力的影响，这是一种系统误差。因该项误差较小，可不考虑。

（2）拴物体用的细线，也是产生系统误差的原因之一。选择轻、细的丝线更好；否则 m 和 m_1 都要扣除细线的质量。

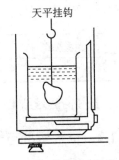

图 2-1　流体静力法称
物体质量

实验内容与步骤

一、基础部分

1. 圆柱体

（1）用游标卡尺测量金属圆柱体的直径、高度等，并计算出体积 V。

（2）调整和使用天平，称出圆柱体的质量 m。

（3）利用公式 $\rho = \dfrac{m}{V}$，求出物体的密度 ρ。

2. 长方体

（1）用游标卡尺测量金属长方体的长、宽、高等，并计算出体积 V。

（2）调整和使用天平，称出长方体的质量 m。

（3）利用公式 $\rho = \dfrac{m}{V}$，求出物体的密度 ρ。

3. 不规则形状石块

（1）称出石块在空气中的质量 m。

（2）称出石块完全浸没水中时的质量 m_1。

（3）利用公式 $\rho = \dfrac{m}{V} = \dfrac{m}{m - m_1}\rho_水$，求出石块的密度 ρ。

二、提高部分

1. 测量密度小于水且不溶于水的固体（如蜡烛）的密度。

2. 测量不溶于水的小颗粒固体密度。

注意事项

1. 在测量过程中，不要将具有腐蚀性的物体直接放在托盘上进行测量。
2. 使用天平自带的砝码。

思考题

1. 某同学首先调节天平横梁两端的配重螺母，支起横梁，指针指在刻度盘中间；再调节底脚螺钉，使底座水准仪中的气泡居中；然后进行称量。该操作是否正确？简要说明理由。
2. 某同学用物理天平称得某固体质量为38.4g，该结果是否正确？简要说明理由。
3. 用螺旋测微器测量一规则物体的直径，有关数据如表2-1所示。
螺旋测微器的分度值=0.01mm，初读数 d_0=−0.003mm，$\Delta_仪$=0.004mm。

表 2-1 测量数据

测量次数	1	2	3	4	5	6
指示值/mm	8.949	8.951	8.942	8.946	8.948	8.946

直径的测量结果：＿＿＿＿＿＿＿＿＿＿

2.1.2 空气密度与气体普适常数测量

气体普适常数是热力学中的一个重要常数，而气体密度是分子物理学中一个重要的物理量。本实验利用抽真空法能够较方便地测出该两个物理量。

空气密度与气体普适常数测量微课视频

空气密度与气体普适常数测量操作视频

实验目的

1. 学习真空泵的工作原理，用抽真空法测量环境空气的密度，并换算成干燥空气在标准状态下（零摄氏度、1 个标准大气压）的数值，与标准状态下的理论值比较。
2. 根据理想气体状态方程，推导变压强下气体普适常数的表达式，利用逐次降压的方法测出气体压强 p_i 与总质量 m_i 的关系并作图，由直线拟合求得气体普适常数 R，并与理论值比较。

实验仪器

XZ-1A 型旋片式真空泵、真空表、比重瓶、电子天平、水银温度计、游标卡尺。

实验原理

1. 真空

气压低于一个大气压的空间，统称为真空。其中，按气压的高低，通常又可分为粗真空（$10^3 \sim 10^5$Pa）、低真空（$10^{-1} \sim 10^3$Pa）、高真空（$10^{-6} \sim 10^{-1}$Pa）、超高真空（$10^{-12} \sim 10^{-6}$Pa）和极高真空（低于 10^{-12}Pa）五部分。其中在物理实验和研究工作中经常用到的是低真空、高真空和超高真空三部分。

用以获得真空的装置称为真空系统。获得低真空的常用设备是机械泵；用于测量低真空的常用仪器是热偶规、真空表等。

2. 真空表

（1）大气压：地球表面上的空气柱因重力而产生的压力。它和所处的海拔高度、纬度及气象状况有关。

（2）差压（压差）：两个压力之间的相对差值。

（3）绝对压力：介质（液体、气体或蒸气）所处空间的所有压力。

（4）负压（真空表压力）：如果绝对压力和大气压的差值是一个负值，那么这个负值就是负压力，即负压力=绝对压力−大气压＜0。

3. 旋片式真空泵工作原理

旋片式真空泵主要部件为圆筒形定子、偏心转子和旋片等，如图 2-2 所示。如图 2-3 所示，偏心转子绕自己中心轴逆时针转动，转动中定子、偏心转子在 B 处保持接触、旋片靠弹簧作用始终与定子接触。两旋片将偏心转子与定子间的空间分隔成两部分。进气口 C 与被抽容器相连通。出气口装有单向阀。当偏心转子由图（a）状态转向图（b）状态时，空间 S 不断扩大，气体通过进气口被吸入；偏心转子转到图（c）位置，空间 S 和进气口隔开；转到图（d）位置以后，气体受到压缩，压强升高，直到冲开出气口的单向阀，把气体排出泵外。偏心转子连续转动，这些过程就不断重复，从而把与进气口相连通的容器内气体不断抽出，达到真空状态。

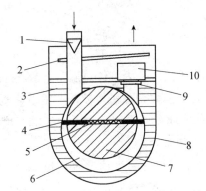

1—滤网；2—挡油板；3—真空泵泵油；4—旋片；5—旋片弹簧；6—空腔；
7—偏心转子；8—油箱；9—排气阀门；10—弹簧板

图 2-2　旋片式真空泵结构

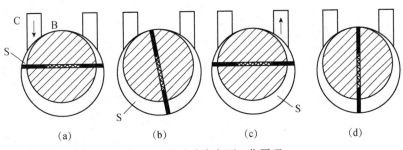

（a）　　　　　（b）　　　　　（c）　　　　　（d）

图 2-3　旋片式真空泵工作原理

4. 空气密度

空气的密度 ρ 由下式求出：$\rho = \dfrac{m}{V}$，式中，m 为空气的质量；V 为相应的体积。取一只比重瓶，设瓶中有空气时的质量为 m_1，而比重瓶内抽成真空时的质量为 m_0，那么瓶中空气的质量 $m = m_1 - m_0$。如果比重瓶的容积为 V，则 $\rho = \dfrac{m_1 - m_0}{V}$。由于空气的密度与大气压强、温度和绝对湿度等因素有关，故由此而测得的是在当时实验室条件下的空气密度值。如要把所测得的空气密度换算为干燥空气在标准状态下（0℃、1 标准大气压）的数值，则可采用下述公式

$$\rho_n = \rho \frac{p_n}{p}(1+\alpha t)(1+\frac{3}{8}\frac{p_\omega}{p}) \tag{2.6}$$

式中，ρ_n 为干燥空气在标准状态下的密度；ρ 为在当时实验条件下测得的空气密度；p_n 为标准大气压强；p 为实验条件下的大气压强；α 为空气的压强系数（0.003674℃$^{-1}$）；t 为空气的温度（℃）；p_ω 为空气中所含水蒸气的分压强（即绝对湿度值），$p_\omega = $ 相对湿度 $\times p_{\omega 0}$，$p_{\omega 0}$ 为该温度下饱和水气压强。在通常的实验室条件下，空气比较干燥，标准大气压与大气压强比值接近于 1，式（2.6）近似为

$$\rho_n = \rho(1+\alpha t) \tag{2.7}$$

5. 气体普适常数的测量

理想气体的状态方程为

$$pV = \frac{m}{M}RT \tag{2.8}$$

式中，p 为气体压强；V 为气体体积；m 为气体总质量；M 为气体的摩尔质量；T 为气体的热力学温度，其值 $T = 273.15 + t$；R 称为理想气体普适常量，也称为摩尔气体常量，理论值 $R = 8.31\mathrm{J/(mol \cdot K)}$。各种实际气体在通常压强和不太低的温度下都近似地遵守这一状态方程，压强越低，近似程度越高。

本实验将空气作为实验气体，空气的平均摩尔质量 M 为 28.8g/mol（空气中氮气约占 80%，氮气的摩尔质量为 28.0g/mol；氧气约占 20%，氧气的摩尔质量为 32.0g/mol）。

取一只比重瓶，设瓶中装有空气时的总质量为 m_1，而瓶的质量为 m_0，则瓶中的空气质量为 $m = m_1 - m_0$，此时瓶中空气的压强为 p，热力学温度为 T，体积为 V。理想气体状态方程可改写为

$$p = \frac{mT}{MV}R, \quad 即 p = \frac{m_1 T}{MV}R + C' \ (C' = -\frac{m_0 T}{MV}R，\ 为常数) \tag{2.9}$$

设实验室环境压强为 p_0，真空表读数为 p'，则 $p' = p - p_0 < 0$，式（2.9）改写为

$$p' = \frac{m_1 T}{MV}R + C' - p_0 = \frac{m_1 T}{MV}R + C \ (C 为常数) \tag{2.10}$$

式中，$C = C' - p_0$，测出在不同的真空表负压读数 p' 下 m_1 的值，然后作 $p' - m_1$ 关系图，求出直线的斜率 $k = \dfrac{RT}{MV}$，便可得到气体普适常数的值。

仪器简介

DH-UGC-A 型空气密度与气体普适常数测量仪

DH-UGC-A 型空气密度与气体普适常数测量仪主要由 XZ-1A 型旋片式真空泵、真空表、真空阀、比重瓶等组成，如图 2-4 所示。

仪器的主要技术参数如下。

（1）XZ-1A 型旋片式真空泵：抽气速率 1L/s，极限真空 6Pa，转速 1400r/min。

（2）真空表：量程 $-0.1 \sim 0$MPa，最小分度 0.002MPa。

（3）电子天平：量程 $0 \sim 1$kg，最小分辨率 0.01g。

（4）水银温度计：量程 $0 \sim 50$℃，最小分辨率 0.1℃。

实验内容与步骤

1. 测量空气的密度

（1）测量比重瓶的体积。用游标卡尺量出比重瓶的外径 D，长度 L，上底板厚度 δ_1，下底板厚度 δ_2，侧壁厚度 δ_0（侧壁厚度应该多量几次取平均值），算出比重瓶的体积 V。

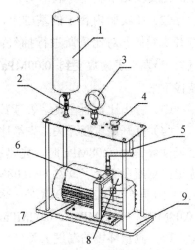

1—比重瓶；2—比重瓶开关；3—真空表；
4—真空阀；5—抽气管道；6—加油口；
7—真空泵；8—出气口；9—底座

图 2-4　DH-UGC-A 空气密度与气体普适常数测量仪

（2）将比重瓶的开关打开，放到电子天平上称出空气和比重瓶的总质量 m_1，然后将瓶口与真空管相接，参考图 2-4。

（3）将真空阀打开，插上真空泵电源，打开真空泵开关（打开开关前应检查真空泵油位是否在油标中间位置），待真空表读数非常接近 -0.1MPa 时（只需要等数分钟即可），先关上比重瓶开关，再关上真空阀门，最后才关闭真空泵（顺序千万不能弄错，否则真空泵中的油可能会倒流入比重瓶中）。

（4）将比重瓶从真空管中拔下来，注意这个过程应该缓慢进行，防止外界空气突然进入真空管中把真空表的指针打坏。

（5）将比重瓶放到电子天平上称出比重瓶的质量 m_0，算出气体质量，由公式 $\rho = \dfrac{m_1 - m_0}{V}$ 算出环境空气密度。

（6）由水银温度计读出实验室温度 t（℃），由公式 $\rho_n = \rho(1 + \alpha t)$ 算出标准状态下空气的密度，与理论值比较（空气的压强系数 $\alpha = 0.003674$℃$^{-1}$）。

2. 测定普适气体常数 R

（1）用水银温度计测量环境温度 t_1（℃）（此实验过程较长，环境温度可能发生变化，应该测出实验始末温度再取平均）。

（2）在实验内容 1 的基础上，将比重瓶与真空管重新连起来，先打开比重瓶开关，再打开真空阀，对比重瓶进行抽气；抽气速率可以通过调节真空阀实现（注意要匀速缓慢抽气），当真空表读数变到−0.09MPa 时，先迅速关闭真空阀，再关闭比重瓶开关，缓慢将比重瓶拔下来。

（3）称出比重瓶在真空表读数为−0.09MPa 时的质量 m_1。

（4）打开比重瓶开关，先给比重瓶充气，再将比重瓶与真空管相连；打开真空阀，当真空表读数变为−0.08MPa 时，先迅速关闭真空阀，再关闭比重瓶开关，缓慢将比重瓶拔下来，称出比重瓶在真空表读数为−0.08MPa 时的质量 m_1。

（5）同步骤（2）、（3）、（4）一样测出真空表读数分别为−0.07MPa、−0.06MPa、−0.05MPa、−0.04MPa、−0.03MPa、−0.02MPa、−0.01MPa、0MPa 时的质量。

（6）测量环境的温度 t_2（℃）。

（7）做出 $p'-m_1$ 图，拟合出直线的斜率 $k=\dfrac{RT}{MV}$，算出气体普适常数的值。

注意事项

1. 关闭阀门的顺序千万不能弄错，否则真空泵中的油可能会倒流入比重瓶中（先关真空阀，再关真空泵电源）。

2. 将比重瓶的瓶口从真空管中拔出来的过程应该缓慢进行，防止外界空气突然进入真空管中把真空表的指针打坏。

3. 应该保证环境温度不能变化太大。

4. 手不能长时间接触比重瓶，防止热传导引起瓶内气体温度改变。

思考题

1. 使用 XZ-1A 型旋片式真空泵开启和关闭过程的步骤是什么？为何如此操作？

2. 实验误差的来源有哪些？应如何尽量避免？

3. 气体普适常数的物理意义是什么？

2.2　杨氏弹性模量的测定

杨氏弹性模量的
测定微课视频

杨氏弹性模量的
测定操作视频

杨氏弹性模量是固体材料的重要力学性质，它反映了固体材料抵抗外力产生拉伸（或压缩）形变的能力，是选择机械构件材料的依据之一。杨氏弹性模量是固体材料在弹性形变范围内正应力与相应正应变的比值，其数值大小跟材料的结构、化学成分和加工制造方法有关。它的测量方法有静力学拉伸法和动力学共振法，本实验采用静力学拉伸法。

实验目的

1. 学习用拉伸法测量金属丝的杨氏弹性模量。
2. 了解光杠杆的结构和原理，掌握用光杠杆测量微小长度变化的方法。
3. 学会用逐差法处理数据。

实验仪器

杨氏弹性模量仪、光杠杆（望远镜、直尺、支架、反光镜装置）、砝码、螺旋测微器、钢卷尺、钢板尺、待测金属丝。

实验原理

长为 L、横截面积为 A 的均匀金属丝在拉力 F 作用下伸长 ΔL。根据胡克定律，在弹性限度内应力和应变成正比，即

$$\frac{F}{A} = E\frac{\Delta L}{L} \tag{2.11}$$

式中，F/A 为作用在物体单位面积上的力，称为应力；$\Delta L / L$ 为物体单位长度上的形变，称为应变。比例系数 E 称为所用材料的杨氏弹性模量，单位是 $N \cdot m^{-2}$。在物理意义上，杨氏弹性模量 E 代表材料拉伸时对弹性形变的抵抗能力。对钢材而言，在拉伸或压缩时其杨氏弹性模量相同；但要注意，对很多材料而言，E 不是常数。E 与横截面积 A 的乘积 EA，称为杆件的抗拉或抗压刚度。所以，在进行机械设计及对材料进行研究和使用时，杨氏弹性模量是一个必须考虑的重要参量。

下面介绍一种测定 E 的简单方法。

取一根长度是 L、横截面积是 A 的细长金属丝，当在外力 F 的作用下，伸长了 ΔL。由式（2.11）可知，只要测出 F、A、L 及 ΔL，即可求得杨氏弹性模量 E。在待测量中除 ΔL 外其他三个量是容易测出的。F 可从钢丝下所挂砝码的重量得出，L 用米尺量出，横截面积 A 用螺旋测微器测出钢丝直径后就可算出。由于 ΔL 数值很小，本实验采用光杠杆方法来测量。光学放大装置不仅在测量微小长度上非常有用，并且在小角度测量上也极为有用。由于其应用广泛，应通过本实验掌握其构造原理。

仪器简介

测 E 的装置如图 2-5 所示。被测金属丝 L 的上端固定在铁架上，下端夹在一小圆柱夹头上，夹头下方挂砝码，在小夹头上放置光杠杆的一个支脚 a，光杠杆的另两个支脚 b、c 放在固定架平台上。

当砝码改变时，钢丝长度有 ΔL 的变化，小夹头上光杠杆的一脚 a 的高度也有 ΔL 的变化，如图 2-6 所示，于是光杠杆上的反光镜 M 有 α 角变化。在反光镜 M 前 2m 左右处安置有望远镜和标尺。当反光镜 M 有 α 角度的变化时，引起的反射光将有 2α 角度变化。光标将由标尺上 S_0 位置变到 S 位置。图中，MN 为反光镜 M 改变前的法线，$M'N'$ 为反光镜 M 改变角度 α 后的法线。由图 2-6 可明显地看出反射光有 2α 角度变化。设反光镜 M 到标尺的距离为 D，光杠杆前后脚间垂直距离为 R。由于 α 角很小，则可得

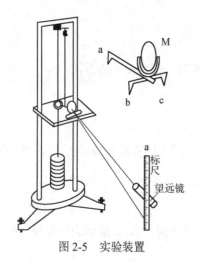

图 2-5　实验装置

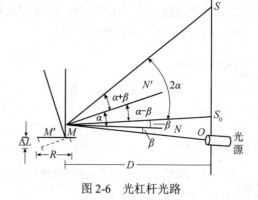

图 2-6　光杠杆光路

$$\alpha \approx \tan \alpha = \frac{\Delta L}{R}$$

$$2\alpha \approx \tan 2\alpha = \frac{S - S_0}{D}$$

故

$$\Delta L = \frac{R(S - S_0)}{2D} \tag{2.12}$$

R 与 D 为常数，故由 S 的测量即可算出微小长度 ΔL。

将式（2.11）和式（2.12）合并，可得

$$E = \frac{2DL}{AR} \frac{F}{S - S_0}$$

将 $A = \frac{\pi}{4} d^2$（d 为被测金属丝直径）、$\Delta S = S - S_0$ 代入上式，则得

$$E = \frac{8LD}{\pi d^2 R} \frac{F}{\Delta S} \tag{2.13}$$

式（2.13）中 L、D、R 和 d 均可直接测得，$\dfrac{F}{\Delta S}$ 的最佳估值可采用逐差法求出，故由式（2.13）可求得杨氏弹性模量。

使用光杠杆（见图 2-7）时，将支脚 b、c 放在支架的下梁平台三角形凹槽内，a 放在圆柱形夹头上端平面上。当钢丝受到拉伸时，随着圆柱夹头下降，光杠杆的 a 脚也下降，这时平面镜绕 bc 轴旋转。

图 2-7　光杠杆

望远镜由物镜、目镜、十字分划板组成。使用时首先调节目镜，直至看清十字分划板，再调节物镜直至看清标尺。这表明标尺通过物镜成像在十字分划板平面上。由于标尺像与十字分划板处于同一平面，所以可以消除读数时的视差（即消除眼睛上下移动时标尺像与十字叉丝之间的相对位移）。标尺是一般的直尺，不同的是中间刻度为 0。

实验内容与步骤

一、基础部分

1. 调节仪器

（1）调节支架、平台，分别使支架竖直放置、平台水平放置，并使小圆柱夹头在平台中间的小孔中能自由移动。在小圆柱体夹头下方的挂钩上放一起始砝码，使钢丝拉直。

（2）先将反射镜两前脚 b、c 置于工作平台的槽内，后脚 a 置于圆柱夹头上，再使反射镜镜面竖直，在反射镜正前方 1～2m 处放望远镜架和标尺。调节望远镜、标尺和反射镜的高度，使之等高，望远镜筒水平地对准反射镜，标尺竖直（见图 2-8）。

（3）在目镜旁用眼睛直接寻找反射镜中的标尺像，稍调一下反射镜的倾斜角即可找到。用眼睛找到后再从望远镜目镜中观察。

（4）调节望远镜目镜，使望远镜中的十字叉丝最清楚（即成像于目镜的焦平面）。调节物镜使标尺成像清晰。十字叉丝水平线对准标尺的刻度就是初读数 S_0（S_0 最好调节在标尺中的某一整数刻度线上）。

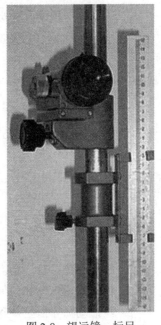

2. 测量钢丝的杨氏弹性模量

（1）每次增加 1 块砝码 [$m_{砝}$＝（360±1）g] 直至 7 块，逐次记下相应的读数 S_1、S_2、$\cdots$、S_7，然后每次取下 1 块砝码，再次记下相应的读数；求出同样砝码对应的平均读数 $\overline{S_i}$，$i=1$，2，3，$\cdots$，7。

图 2-8 望远镜、标尺

（2）实验过程中完成 L、D、d、R 的测量。

（3）由公式 $E = \dfrac{8LD}{\pi d^2 R} \dfrac{F}{\Delta S}$ 求出杨氏弹性模量。

二、提高部分

研究杨氏弹性模量与材料的性质、几何尺寸（A、L 等）、外作用力的关系。

注意事项

1. 在测量过程中，要防止光杠杆的 3 个脚、望远镜及标尺的移动。因此，加减砝码时要轻放轻取。

2. 用望远镜读数时，十字叉丝与刻度像之间不应相对移动。如果发现有视差，应微调望远镜目镜、物镜的聚焦加以消除。

思考题

1. 通过实验得到钢丝伸长并记录在表 2-2 中。

表 2-2　某位同学测量杨氏弹性模量实验的数据

	S_0	S_1	S_2	S_3	S_4	S_5	S_6	S_7
加重/cm	7.00	6.51	6.10	5.72	5.40	5.00	4.70	4.31
减重/cm	7.00	6.51	6.10	5.71	5.35	5.00	4.62	4.30
$\overline{S}$								

每块砝码的质量为（360 ± 1）g，请用逐差法求 $\dfrac{F}{\Delta S}$ 的值。

2. 某位同学用逐差法求出

$$\overline{\Delta S}=\frac{1}{4}\left[\left(\overline{S_4}-\overline{S_0}\right)+\left(\overline{S_5}-\overline{S_1}\right)+\left(\overline{S_6}-\overline{S_2}\right)+\left(\overline{S_7}-\overline{S_3}\right)\right]=(1.52\pm0.07)\times10^{-2}\,\text{m}$$，每块砝码的质

量为（360 ± 1）g。他计算 $\dfrac{F}{\Delta S}$ 的式子为 $\dfrac{360\times10^{-3}\times9.8}{1.52\times10^{-2}}$，请问是否正确？说明理由。

3. 光杠杆有什么优点？怎样提高光杠杆测量微小长度变化的灵敏度？

4. 由 E 的相对误差公式分析进一步提高杨氏弹性模量测量精度的途径是什么？

2.3　气轨上的物理实验

实验目的

1. 熟悉气垫导轨，学习使用数字毫秒计。

2. 观察匀速运动和匀加速运动，测量速度和加速度。

3. 验证动量守恒定律和牛顿第二定律。

气轨上的物理
实验微课

实验仪器

J2125 型气垫导轨、气源、存储式数字毫秒计、垫块。

实验原理

气轨上的物理
操作视频

1. 验证动量守恒定律

如果系统不受外力或所受外力的矢量和为零，则系统的总动量（包括方向和大小）保持不变。这一结论称为动量守恒定律。显然，在系统只包括两个物体且此两物体沿一条直线发生碰撞的简单情形下，只要系统所受的各外力在此直线方向上的分量的矢量和为零，则在该方向上系统的总动量就保持不变。

当两个滑块在水平气轨上沿直线运动时，由于气垫的托浮作用，滑块受到的摩擦力可忽略不计。这样，当发生碰撞时，系统（即两个滑块）仅受内力的相互作用，而在水平方向上不受外力，故系统的动量守恒。

设两个滑块的质量分别为 m_1 和 m_2，它们在碰撞前的速度分别为 v_{10} 和 v_{20}，碰撞后的速度分别为 v_1 和 v_2，则根据动量守恒定律有

$$m_1v_{10}+m_2v_{20}=m_1v_1+m_2v_2 \tag{2.14}$$

下面分两种情况讨论。

（1）弹性碰撞。弹性碰撞的特点是碰撞前后系统的动量守恒，机械能也守恒。用公式可表示如下

$$\frac{1}{2}m_1 v_{10}^2 + \frac{1}{2}m_2 v_{20}^2 = \frac{1}{2}m_1 v_1^2 + \frac{1}{2}m_2 v_2^2 \tag{2.15}$$

实验时，在两个滑块相碰端安装缓冲弹簧，相撞时，弹簧发生弹性形变，将两个滑块弹开，可以近似认为无机械能损失，碰撞前后总动能保持不变。

（2）完全非弹性碰撞。如果两个滑块碰撞后一起以相同的速度运动而不分开，就称为完全非弹性碰撞。碰撞前后系统的动量守恒，但机械能不守恒。

设完全非弹性碰撞后两个滑块一起运动的速度为 v，即 $v_1 = v_2 = v$，由式（2.14）可得

$$m_1 v_{10} + m_2 v_{20} = (m_1 + m_2)v \tag{2.16}$$

所以

$$v = \frac{m_1 v_{10} + m_2 v_{20}}{m_1 + m_2}$$

2. 验证牛顿第二定律

（1）测量滑块运动的瞬时速度 v。物体做直线运动时，其瞬时速度定义为

$$v = \lim_{\Delta t \to 0} \frac{\Delta s}{\Delta t} = \frac{\mathrm{d}s}{\mathrm{d}t} \tag{2.17}$$

根据这个定义，瞬时速度实际上是不可能测量的。因为当 $\Delta t \to 0$ 时，同时有 $\Delta s \to 0$，测量上有具体困难。我们只能取很小的 Δt 及相应的 Δs，用其平均速度来代替瞬时速度 v，即

$$v = \frac{\Delta s}{\Delta t} \tag{2.18}$$

尽管像这样用平均速度代替瞬时速度会产生一定误差，但只要物体运动速度较大而加速度又不太大，这种误差也不会太大。

（2）测量滑块运动的加速度 a。如图 2-9 所示，如果将气垫导轨的一端垫高，形成斜面，则滑块下滑时将做匀变速直线运动，有三个基本运动公式

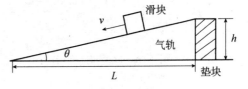

图 2-9　滑块下滑示意图

$$v - v_0 = a(t - t_0) \tag{2.19}$$

$$v^2 - v_0^2 = 2a(s - s_0) \tag{2.20}$$

$$s - s_0 = v_0(t - t_0) + \frac{1}{2}a(t - t_0)^2 \tag{2.21}$$

式中，s_0 和 s 及 v_0 和 v 分别为 t_0 和 t 时刻滑块的位置坐标和相应的瞬时速度。在实验中使用的毫秒计只能从 $t_0 = 0$ 时刻开始计时，所以运动方程变为

$$v - v_0 = at \tag{2.22}$$

$$v^2 - v_0^2 = 2as \tag{2.23}$$

$$s = v_0 t + \frac{1}{2}at^2 \tag{2.24}$$

此时 t_i 为滑块从 s_0 处到 s_i 处的运动时间，v_i 为滑块在 s_i 位置时的速度。

实验时，让滑块由导轨最高端（或某一固定位置）静止自由下滑，即可测得不同位置 s_0、s_1、s_2、…处各自相应的速度和加速度值，如图 2-10 所示。

仪器简介

1. 气垫导轨

气垫导轨由导轨、滑行器及有关实验附件组成。利用小型气源将压缩空气送入导轨内腔，空气再由导轨表面上的小孔中喷出，在导轨表面与滑行器内表面之间形成很薄的气垫层。滑行器就浮在气垫层上，与轨面脱离接触，因而能在轨面上做近似无阻力的直线运动，极大地减小了由于摩擦力引起的误差，使实验结果接近理论值。配用数字计时器记录滑行器在气轨上运动的时间，可以对多种力学物理量进行测定，对力学定律进行验证。

气垫导轨实验中的运动物体为滑行器（又称滑块）。图 2-11 为 L-QG-T-1200/5.8 型气垫导轨的滑行器。滑行器是由铝合金制成的，"∧"形槽两个互相垂直的内表面为滑行器的工作面，经过精加工，光滑而平整。滑行器上部有 5 条 T 形槽，可用螺钉和螺帽方便地在槽上固定各种附件。下面的两条 T 形槽的中心正好通过滑行器的质心，在这两条槽的两端安装碰撞器或挂钩，可使滑行器在运动过程中所受外力通过质心。在这两条槽的中部加装配重块后滑行器的质心高度不会改变。

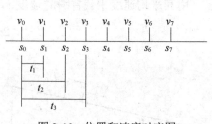

图 2-10　位置和速度对应图

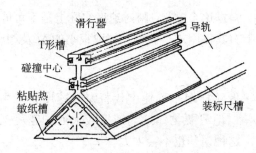

图 2-11　气垫导轨滑行器

2. 存储式数字毫秒计与数字计时器

存储式数字毫秒计与存储式数字计时器具有存储功能，可做计时、计数等使用。它还可与 J2125 型气垫导轨配合使用，来测量速度、加速度等物理量，并直接显示实验的速度和加速度的值。

实验内容与步骤

一、基础部分

检查光电门，使存储式数字毫秒计处于正常工作状态。给气垫导轨通气，轻轻推动滑块，观察滑块在气轨上的运动，包括和气轨两端的缓冲弹簧的碰撞情况。分别记下滑块经过两个光电门时的速度 v_1 和 v_2，试比较 v_1 和 v_2 的数值，若 v_1 和 v_2 之间的差别小于 v_1（或 v_2）的 1%时，则导轨接近水平，此时可近似认为滑块做匀速直线运动；若 v_1 和 v_2 相差较大，可通过调节导轨底座螺钉使导轨水平。

（一）验证动量守恒定律

1. 在弹性碰撞情形下

（1）在质量相等（即 $m_1 = m_2$）的两个滑块上，分别装上弹性碰撞器（弹性金属圈）。

（2）将滑块 m_2 置于两个光电门之间，令其初速度等于零（即 $v_{20} = 0$）。将滑块 m_1 放在气轨任意一端，令其运动，经过第一个光电门记录碰前速度为 v_{10}。两滑块相碰后，滑块 m_2 以速度 v_2 向前运动，滑块 m_1 以速度 v_1 运动，测出两滑块碰后运动速度 v_1 和 v_2。

（3）重复（2）步，进行多次测量。

（4）列表记录弹性碰撞前后的各个速度，计算碰撞前后的总动量。

（5）验证动量守恒定律。

2. 在完全非弹性碰撞情形下

（1）在质量相等（即 $m_1 = m_2$）的两个滑块上，分别装上完全非弹性碰撞器（尼龙塔）。

（2）将滑块 m_2 置于两个光电门之间，令其初速度等于零（即 $v_{20} = 0$）。将滑块 m_1 放在气轨任意一端，令其运动，经过第一个光电门记录碰前速度为 v_{10}。两滑块相碰后，滑块 m_2 和滑块 m_1 以相同的速度 v 向前运动，当 m_2 经过第二个光电门时记录的速度就是两滑块相撞后的速度 v。

（3）重复（2）步，进行多次测量。

（4）列表记录弹性碰撞前后的各个速度，计算碰撞前后的总动量。

（5）验证动量守恒定律。

（二）验证牛顿第二定律

1. 测量滑块在倾斜导轨上做匀加速直线运动时任意一位置处的瞬时速度 v

（1）在倾斜导轨上任意一位置处放置一光电门。

（2）使滑块从导轨最高处（或某一固定位置）静止自由下滑，由存储式数字毫秒计测出滑块经过光电门的速度，进行多次测量，取平均值。

（3）改变滑块的位置，再自由释放，然后重复步骤（2）。

2. 加速度的测量

（1）在倾斜气轨上任意两个位置处放置两个光电门。

（2）使滑块从导轨最高处（或某一固定位置）静止自由下滑，由存储式数字毫秒计测出滑块在两个光电门之间经过时的加速度 a，进行多次测量，取平均值。

（3）改变滑块位置，再自由释放，然后重复步骤（2）。

3. 验证牛顿第二定律

滑块受到的重力沿导轨平面的分力为 $mg\sin\theta$，由牛顿第二定律

$$F = ma \ , \quad F = mg\sin\theta$$

得

$$a = g\sin\theta = g\frac{h}{L}$$

比较本实验得出的加速度 a 与由牛顿第二定律得出的 $g\dfrac{h}{L}$ 是否吻合。

二、提高部分

用本实验的仪器，设计验证机械能守恒的实验方案。

注意事项

1. 气孔不喷气时，不准将滑行器在导轨上来回滑动。

2. 每次实验前，都要把气轨调到水平位置，包括纵向和横向水平，否则滑行器就不能顺利地滑行。

3. 气轨表面不允许有尘土污垢，使用前需用干净棉花蘸酒精将轨面和滑行器内表面擦净。

4. 接通气源后，须待导轨空腔内气压稳定、喷气流量均匀之后，再开始做实验。

5. 导轨与滑行器配合得很严密，轨面和滑行器内表面有良好的直线度、平面度和光洁度。所以，轨面和滑行器内表面要防止磕碰、划伤和压弯。

6. 在气垫导轨上做实验时，配合使用的附件很多，要注意将附件放在专用盒里，不要弄乱。尤其是各种螺旋弹簧，纠缠在一起后很不容易分开，软弹簧还容易损坏。轻质滑轮、挡光框及一些塑料零件，要防止压弯、变形、折断。

7. 不做实验时，导轨上不准放滑行器和其他东西。

思考题

1. 用平均速度代替瞬时速度的依据是什么？必须保证哪些实验条件？

2. 如果没有天平，我们是否能用气轨与存储式数字毫秒计来测出物体质量？简述其步骤。

3. 如果滑块在运动中受到一定的阻力作用，那么实验测得的加速度是否为滑块真实的加速度（在误差范围内）？此时公式 $a = g\sin\theta = g\dfrac{h}{L}$ 是否成立？为什么？

4. 当分别改变本实验的某一条件（如滑块以不同的初速度下滑，滑块上附加重物，改变导轨的倾斜度）时，对滑块的加速度是否影响？分析加速度的大小与哪些因素有关。

2.4　物体转动惯量测定

2.4.1　扭摆法验证转动惯量平行轴定理

转动惯量是表征转动物体惯性大小的物理量，是工程技术中重要的力学参数。刚体的转动惯量与刚体总质量、形状和转轴位置有关。对于形状简单且规则的刚体，可以通过计算求出它绕定轴的转动惯量。对于形状较复杂的刚体，用计算方法求它的转动惯量比较困难，故大都采用实验方法测定。转动惯量的测量，一般都是使刚体以一定形式运动，通过表征这种运动特征的物理量与转动惯量的关系，进行转换测量。本实验使物体做扭摆运动，由摆动周期及其他参数的测定计算出物体的转动惯量。

刚体对于某一给定轴的转动惯量是刚体内每一质点 m_i 和由该质点到定轴距离平方 r_i^2 的乘积之总和，即 $I = \sum m_i r_i^2$，因此转动惯量在 SI 中的单位为 $kg \cdot m^2$。

实验目的

1. 用扭摆验证转动惯量平行轴定理，测量弹簧的扭动常数。
2. 测定几种不同形状物体的转动惯量，并与理论值进行比较。

实验仪器

扭摆、转动惯量测试仪、各种规则形状的待测物体（实心塑料圆柱体、空心金属圆筒、金属细杆）、游标卡尺等。

实验原理

扭摆装置如图 2-12 所示，在其垂直轴上装有薄片状螺旋弹簧，用以产生恢复力矩。轴的上方可以装上各种待测物体，垂直轴与支座之间装有轴承，以减小摩擦，调节三个底脚螺钉可通过观察水准气泡使支座水平。

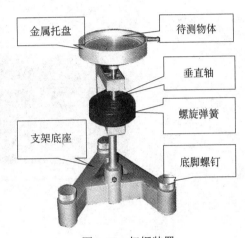

图 2-12　扭摆装置

当物体在水平面内转过 θ 角后弹簧产生恢复力矩 M。胡克定律表示为

$$M = -K\theta \tag{2.25}$$

式（2.25）中，K 为弹簧的扭转系数。在此力矩作用下物体转动，转动定律表示为

$$M = I\beta \tag{2.26}$$

式（2.26）中，I 为物体绕转轴的转动惯量；β 为角加速度。由式（2.25）、式（2.26）得

$$\beta = \frac{d^2\theta}{dt^2} = -\frac{K}{I}\theta = -\omega^2\theta$$

其中

$$\omega^2 = \frac{K}{I}$$

扭摆运动方程为

$$\theta = A\cos(\omega t + \phi)$$

谐振周期为

$$T = \frac{2\pi}{\omega} = 2\pi\sqrt{\frac{I}{K}} \tag{2.27}$$

由式（2.27）可知，测出振动的 T，再知道 I、K 其中一个量就可算出另一个量。

本实验使用一个几何形状规则的物体，它的转动惯量可以根据它的质量和几何尺寸用理论公式直接计算得到，再计算出本仪器弹簧的 K 值。若要测定其他形状物体的转动惯量只要将待测物体安放在本仪器顶部的各种夹具上，测定其摆动周期，由式（2.27）即可以计算该物体的转动惯量。

理论分析证明，若质量为 m 的物体通过其质心轴的转动惯量为 I_0，则当转轴平行移动距离 x 时，此物体对新轴的转动惯量为 $I_0 + mx^2$，即称为转动惯量的平行轴定理。

仪器简介

1. 扭摆

转动惯量测试仪如图 2-13 所示。

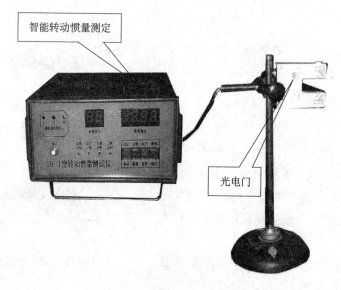

智能转动惯量测定

光电门

图 2-13　转动惯量测试仪

2. 转动惯量测试仪

本实验采用 TH-2 型智能转动惯量测试仪。

光电门由红外发射管和红外接收管组成，红外光在挡光杆扫过时被挡住，然后又重新照到接收管，产生一个脉冲。脉冲被送到计时器，计时器预先设置好，第一个脉冲到达开始计时，第 21 个脉冲到达停止计时，即测出扭摆完成 10 个周期所经历的时间（单位为秒）。按下"复位"按钮，显示"- - - -"，按"执行"按钮当第一个脉冲到达时开始计时。

实验内容与步骤

一、基础部分——验证转动惯量的平行轴定理

测量金属细杆质心离转轴距离为 5.00cm、10.00cm、15.00cm、20.00cm、25.00cm 时的摆动周期，计算其转动惯量的理论值和实验值，验证平行轴定理。

（1）测出塑料圆柱体的外径 D_1；金属圆筒的内外径 $D_外$、$D_内$；金属细长杆长度 l 及各物

体的质量（各测量 6 次）。

（2）调整扭摆基座底脚螺钉，使水平仪中气泡居中。

（3）装上金属载物盘，并调整光电探头的位置，使载物盘上挡光杆处于其缺口中央，且能遮住发射红外线的小孔。使用转动惯量测试仪测定摆动周期 T_0。

（4）将塑料圆柱体垂直放在载物盘上，测定摆动周期 T_1。计算圆柱体理论转动惯量 I_1 值，与测得的 T_0、T_1 值一起，利用式（2.27）求出 K 值。

（5）测定支架的摆动周期 T_3，计算支架的转动惯量。

（6）取下金属盘载物，装上金属细杆（金属细杆中心必须与转轴重合）。测定摆动周期 T_4。

（7）移动金属细杆，使金属细杆质心离转轴距离分别为 5.00cm、10.00cm、15.00cm、20.00cm、25.00cm，测定摆动周期 T，验证平行轴定理。

（8）用金属圆筒代替圆柱体，测定摆动周期 T_2。

（9）实验结束，整理摆放好实验仪器。

二、提高部分——测定刚体的转动惯量

（1）测量金属载物盘的周期。

（2）测量塑料圆柱体的直径、摆动周期，计算金属载物盘的转动惯量；计算塑料圆柱体的转动惯量理论值和实验值。

（3）测量金属圆柱体直径、摆动周期，计算金属圆柱体的转动惯量的理论值和实验值。

（4）测量金属细杆的摆动周期，计算金属细杆的转动惯量的理论值和实验值。

注意事项

（1）由于弹簧的扭转常数 K 值不是固定常数，它与摆角略有关系，摆角在 90° 左右时基本相同，在小角度时变小。

为了降低实验时由于摆动角度变化过大带来的系统误差，在测定各种物体的摆动周期时，摆角不宜过小，摆幅也不宜变化过大。

（2）光电探头宜放置在挡光杆的平衡位置处，挡光杆不能和它相接触，以免增大摩擦力矩。

（3）机座应保持水平状态。

（4）在安装待测物体时，其支架必须全部套入扭摆主轴，并将止动螺钉旋紧，否则扭摆不能正常工作。

思考题

1. 如何测量扭摆弹簧的扭转常数 K？

2. 如何验证平行轴定理？

3. 测量物体转动惯量还有什么其他方法？

4. 如何用本装置测量任意形状物体的转动惯量？

2.4.2 三线摆法测量物体的转动惯量

测定刚体转动惯量的实验方法有多种，如三线摆法、转动惯量仪法等。三线摆法是具有较好物理思想的实验方法，它具有设备简单、直观、测试方便等优点。为了便于与理论值比较，本实验中被测物体均采用形状简单规则的刚体。

实验目的

1. 用三线摆法测定刚体的转动惯量。
2. 验证转动惯量平行轴定理。

实验仪器

三线摆仪、卷尺、电子秒表、水准仪和待测物体（钢圆盘、钢圆环和两个完全相同的圆柱体）。

实验原理

1. 用三线摆法测定刚体的转动惯量

当三线摆（见图 2-14）处于平衡位置时，a_1、a_2、a_3 为上圆盘的悬挂点，b_1、b_2、b_3 为下圆盘的悬挂点，它们分别为两个等边三角形的顶点，其中悬线长 $\overline{a_1b_1} = \overline{a_2b_2} = \overline{a_3b_3} = L$，上、下圆盘间的垂直距离 $\overline{OO_1} = H$，r、R 分别为上、下圆盘的半径（上、下悬点到各自圆盘中心的距离）。将质量为 m 的待测物体放在下圆盘上，并使待测刚体的转轴与 OO_1 轴重合，因为下圆盘的质量为 m_0，则此时整个三线摆的质量为（$m_0 + m$）。

当下圆盘 B 转过 θ 角时，它相应升高到 h 的位置（见图 2-15）。当三线摆转角 θ 达到最大值 θ_m 时，它的势能为 $(m + m_0) \times g \times h_m$，动能为零。当三线摆通过平衡位置时，它的势能为零，转动动能为 $\frac{1}{2}J'\omega_m^2$。根据机械能守恒定律有

$$(m_0 + m)gh_m = \frac{1}{2}J'\omega_m^2 \tag{2.28}$$

式中，h_m 是下圆盘的最高位置（即三线摆转角达到最大值 θ_m 时）到它的平衡位置的间距；J' 是下圆盘和待测物的总转动惯量；ω_m 是下圆盘经平衡位置时的最大角速度；g 为重力加速度。

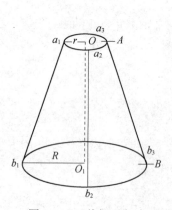

图 2-14 三线摆平衡时

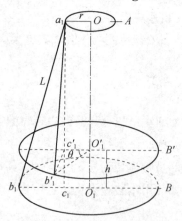

图 2-15 三线摆扭过 θ 角时

在 θ_m 足够小的情况下，三线摆做简谐运动，其运动方程为

$$\theta(t) = \theta_m \sin(\frac{2\pi}{T'}t + \alpha)$$

式中，T' 为下圆盘上有待测物时三线摆的振动周期；α 为振动初位相，则角速度为

$$\omega(t) = \frac{\mathrm{d}}{\mathrm{d}t}\theta(t) = \frac{2\pi}{T'}\theta_m \cos(\frac{2\pi}{T'}t + \alpha)$$

由此式可见

$$\omega_m = \frac{2\pi}{T'}\theta_m \tag{2.29}$$

将式（2.29）代入式（2.28）式得

$$(m_0 + m)gh_m = \frac{2\pi^2 J'}{T'^2} \cdot \theta_m^2 \tag{2.30}$$

由图 2-15 可得下列关系

$$\overline{a_1 c_1}^2 = L^2 - (R - r)^2$$

$$\overline{a_1 c_1'}^2 = L^2 - (R^2 + r^2 - 2Rr\cos\theta)$$

$$h = \frac{(R^2 + r^2 - 2Rr\cos\theta) - (R - r)^2}{\overline{a_1 c_1} + \overline{a_1 c_1'}}$$

由于转角小，上式分母中

$$\overline{a_1 c_1'} \approx \overline{a_1 c_1} = H$$

则上式可简化为

$$h = \frac{2Rr}{H}\sin^2\frac{\theta}{2}$$

当 θ 达到最大值 θ_m 时，有

$$h_m = \frac{2Rr}{H}\sin^2\frac{\theta_m}{2}$$

如上所述，则 θ_m 足够小，则

$$\sin\frac{\theta_m}{2} \approx \frac{\theta_m}{2}$$

代入上式得

$$h_m = \frac{2Rr}{H}(\frac{\theta_m}{2})^2 = \frac{Rr\theta_m^2}{2H} \tag{2.31}$$

将式（2.31）代入式（2.30）得

$$(m_0 + m)g \cdot \frac{Rr}{2H}\theta_m^2 = \frac{2\pi^2 J'}{T'^2} \cdot \theta_m^2$$

整理得

$$J' = \frac{(m_0 + m)gRr}{4\pi^2 H} \cdot T'^2 \tag{2.32}$$

如果从下圆盘上去掉待测物，则 $m = 0$，$T' = T_0$，$J' = J_0$。于是式（2.32）变为

$$J_0 = \frac{m_0 gRr}{4\pi^2 H} \cdot T_0^2 \tag{2.33}$$

式中，T_0 是无待测物时三线摆的振动周期；J_0 是下圆盘绕其中心轴的转动惯量。

令待测物以三线摆上、下圆盘中心轴线为转轴的转动惯量为 J，则根据转动惯量的叠加原理，有

$$J' = J_0 + J$$

即

$$J = J' - J_0 \tag{2.34}$$

上、下圆盘的半径可采用直接测量法和间接测算法，前者直接用卷尺测其直径求出；后者需先测出上、下圆盘三悬点所组成等边三角形的边长 $a_上$、$a_下$，则上、下圆盘半径分别为

$$r = \frac{\sqrt{3}}{3}a_上, \quad R = \frac{\sqrt{3}}{3}a_下 \tag{2.35}$$

因为
$$H = \sqrt{L^2 - (R - r)^2},$$

则
$$H = \frac{\sqrt{3}}{3}\sqrt{3L^2 - (a_下 - a_上)^2}。$$

2. 用三线摆验证转动惯量的平行轴定理

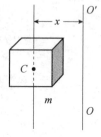

图 2-16　平行轴定理

若质量为 m 的物体绕着通过其质心轴线的转动惯量为 J_C，当转轴平行移动距离 x 时（见图 2-16），则此物体对新轴 OO' 的转动惯量为 $J = J_C + mx^2$。这一结论称为转动惯量平行轴定理。

实验时将质量均为 m，形状和质量分布完全相同的两个圆柱体对称地放置在下圆盘上（下圆盘有对称的两排小孔），测出两小圆柱体和下圆盘绕中心轴 OO' 的转动周期 T'，则可求出每个圆柱体对中心转轴 OO' 的转动惯量

$$J = \frac{1}{2}\left[\frac{(m_0 + 2m)gRr}{4\pi^2 H} \cdot T'^2 - J_0\right] \tag{2.36}$$

如果测出小圆柱中心与下圆盘中心之间的距离 x 及小圆柱体的半径 R，则由平行轴定理可求得

$$J_理 = \frac{1}{2}mR^2 + mx^2 \tag{2.37}$$

比较 J 与 $J_理$ 的大小，可验证平行轴定理。

仪器简介

图 2-17 是三线摆实验装置的示意图。在下圆盘的圆周上做一个内接等边三角形，从三角形的三个顶点接出三条等长的细线，连接到上端同样对称的水平悬挂的上圆盘的三个旋钮上，做成一个"三线悬盘"。上圆盘可绕自身的中心轴 OO' 转动，当它扭转一个不大的角度时，由于悬线的张力作用，最终将使下圆盘在一定的平衡位置左右往复扭动，这就是我们所说的"三线扭摆"。当下圆盘转动角度很小（$\theta < 5°$），且略去空气阻力时，三线摆的运动可近似看作简谐运动。

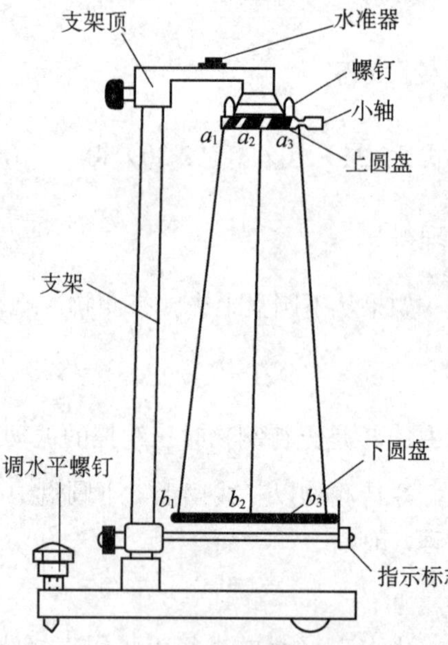

实验内容与步骤

一、基础部分——测定刚体的转动惯量

1. 调节上、下圆盘水平

将水准器置于上圆盘，调节支架水平螺钉，直至上圆盘水平。调节下圆盘水平时，需调节上圆盘的螺钉来改变三根悬线的长度，直至下圆盘也处于水平位置，此时三根悬线的长度应该相等。

图 2-17　三线摆示意图

测定仪器常数 H、r、R，并记录下圆盘的质量 m_0。

2. 测量下圆盘绕其中心对称轴的转动惯量

首先使下圆盘处于静止状态，轻轻转动上圆盘，带动下圆盘开始扭转振动（最大转角 θ_m 不超过 5°，动作要轻，避免水平方向上发生晃动）。待下圆盘作稳定摆动时，用电子秒表测出其扭转振动 100 个周期所用的时间 t_{100}，进行多次测量求平均值。

利用公式（2.33）求出下圆盘绕其中心对称轴的转动惯量。

3. 测量圆盘和圆环对自身对称轴的转动惯量

（1）将待测圆盘或者圆环放在下圆盘上，并使其中心与下圆盘的盘心重合。

（2）测量系统的扭转振动周期，方法和要求与上述相同。算出系统的扭转振动周期的平均值，记录圆盘和圆环的质量，利用式（2.32）、式（2.34）算出圆盘和圆环对自身对称轴的转动惯量。

4. 实验值和理论值的比较

利用卷尺测出圆盘的直径和圆环的内外直径，记录它们的质量，由下列各式分别算出各自的理论值。圆盘对自身对称轴的转动惯量为 $J_{理} = \frac{1}{2}mR^2$（R 为圆盘的半径），圆环对自身对称轴的转动惯量为 $J_{理} = \frac{1}{2}m(R_{内}^2 + R_{外}^2)$（$R_{内}$ 和 $R_{外}$ 分别为圆环的内外半径）。

将实验值与理论值比较，分别算出圆盘和圆环转动惯量的相对不确定度

$$E = \frac{|J - J_{理}|}{J_{理}} \times 100\%$$

二、提高部分——验证转动惯量的平行轴定理

（1）把两个完全相同的圆柱体相对于下圆盘转轴对称地放在下圆盘上。

（2）测定系统的扭转振动周期，方法和要求与上述相同。

（3）测定两个圆柱体中心轴线之间的距离，算出 x；测出圆柱体的直径，并记录一个圆柱体的质量 m，根据式（2.36）可以算出一个圆柱体对于平行于其自身对称轴且相距为 x 的转轴的转动惯量。

（4）将实验值与理论值比较，如果相符，则验证了转动惯量的平行轴定理。

注意事项

使下圆盘转动时，注意不要使下圆盘发生平动现象。

思考题

1. 在验证平行轴定理时，为什么要采用两个完全相同的圆柱以下圆盘中心为对称点安放的方法？

2. 若秒表的仪器误差为 0.01s，用此秒表一次测量 100 个周期，求测得的周期因秒表的仪器误差而造成的误差。

3. 平行轴定理 $J = J_C + mx^2$ 中，J_C 表示什么，x 又表示什么？

4. 如何测量上、下圆盘悬点至中心的距离？

2.5 不良导体导热系数的测定

不良导体导热系数
的测定微课视频

不良导体导热系数
的测定操作视频

导热系数是表征物体热传导性能的重要物理量，如航天器表面涂层材料。各种材料的导热系数不仅与构成材料的物质本身有关，而且与其结构、杂质含量及环境因素如温度、湿度、压力等有关，因此，材料的导热系数常需要由实验具体测定。测量导热系数的方法一般分为两类：一类是稳态法，另一类是动态法。在稳态法中，先利用热源在待测样品内部形成一稳定的温度分布，然后进行测量。在动态法中，待测样品中的温度分布是随时间变化的，如呈周期性的变化等。本实验采用稳态法测量。

实验目的

1. 了解热传导现象的物理过程。
2. 学习用稳态法测量不良导体的导热系数。
3. 学习求冷却速率的方法。
4. 学习用热电偶测量温度的方法。

实验仪器

TC-2 型导热系数测定仪、待测样品（橡胶）、热电偶、秒表。

实验原理

1882 年法国数学家、物理学家傅里叶给出了一个热传导的基本公式——傅里叶导热方程式。该方程式指出，在物体内部，取两个垂直于热传导方向、彼此相距为 h、温度分别为 θ_1、θ_2 的平行面（设 $\theta_1 > \theta_2$），若平行面面积为 S，在 Δt 时间内通过面积 S 的热量 ΔQ 满足下述表达式

$$\frac{\Delta Q}{\Delta t} = \lambda S \frac{\theta_1 - \theta_2}{h}$$

(2.38)

式中，$\frac{\Delta Q}{\Delta t}$ 为热流量，λ 为该物质的导热系数。λ 在数值上等于相距单位长度的两平面的温度相差 1 个单位时，在单位时间内通过单位面积的热量，其单位为 W/（m·K）。

若采用半径为 R_B、厚度为 h_B 的圆盘状待测样品，则式（2.38）即为

$$\frac{\Delta Q}{\Delta t} = \lambda \frac{\theta_1 - \theta_2}{h_B} \pi R_B^2$$

(2.39)

当传热达到稳定状态时，待测样品上下表面的温度 θ_1 和 θ_2 不变，待测样品上表面传入的热量与散热盘向周围环境散热的速率相等。因此，可通过散热盘在稳定温度 θ_2 时的散热速率来求出热流量 $\frac{\Delta Q}{\Delta t}$。

稳定时读出温度值 θ_1 和 θ_2 后，将待测样品移去，将加热盘与散热盘直接接触。当散热盘的

温度上升到高于稳定时的温度值 θ_2 若干摄氏度后，再移开加热盘，放上待测样品，让散热盘自然冷却。观测散热盘的温度 θ 随时间 t 变化情况，然后由此求出散热盘在 θ_2 的冷却速率 $\left.\dfrac{\delta Q}{\delta t}\right|_{\theta=\theta_2}$，而 $\left.mc\dfrac{\Delta\theta}{\Delta t}\right|_{\theta=\theta_2}$（$m$ 为散热盘的质量，c 为其比热容）就是散热盘在 θ_2 时的散热速率，即

$$\frac{\Delta Q}{\Delta t}=\left.mc\frac{\Delta\theta}{\Delta t}\right|_{\theta=\theta_2} \tag{2.40}$$

由样品和加热盘的传热速率[见式（2.39）]和散热盘在温度 θ_2 时的散热速率[见式（2.40）]可得材料样品的导热系数为

$$\lambda=\left.mc\frac{\Delta\theta}{\Delta t}\right|_{\theta=\theta_2}\frac{h_{\mathrm{B}}}{\theta_1-\theta_2}\times\frac{1}{\pi R_{\mathrm{B}}^2} \tag{2.41}$$

仪器简介

TC-2 型导热系数测试仪（见图 2-18）由三大部分组成。

（1）加热源：电热管加热盘。

（2）测试样品支架：支架、待测样品、散热盘、风扇。

（3）测温部分：热电偶、数字式毫伏表、杜瓦瓶。

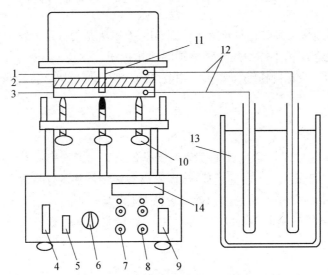

1—带电热管的加热盘；2—待测样品；3—散热盘；4—加热选择开关；5—风扇开关；6—传感器切换开关；7—散热盘传感器插座；8—加热盘传感器插座；9—电压表电源开关；10—水平调节螺钉；11—固定轴；12—热电偶；13—杜瓦瓶；14—数字式毫伏表

图 2-18 导热系数测试仪示意图

实验内容与步骤

一、基础部分

（1）测量并记录待测样品的厚度 h_{B} 及直径 D_{B}。

（2）将待测样品放在加热盘与散热盘中间，待测样品要求与加热盘、散热盘完全对准。调节底部的 3 个微调螺钉，使待测样品与加热盘、散热盘接触良好，但注意不宜过

紧或过松。

（3）将热电偶一端分别插在加热盘和散热盘小孔中，要求热电偶完全插入小孔中，并在热电偶上抹一些硅油或者导热硅脂，以确保热电偶与加热盘和散热盘接触良好。在安放加热盘和散热盘时，还应注意使放置传感器的小孔上下对齐（注意：热电偶高低端接反了，电压表显示为负值）。

（4）打开总电压和风扇开关，把加温电压按钮调到"高"，使 θ_1 迅速升到 4.00mV 后再把加温电压按钮调到"低"，待 θ_1 降至 3.50mV 时控制加温电压按钮使其变化在 ± 0.03mV 范围内，调整显示旋钮分别显示 θ_1 和 θ_2，每隔 2min 记录一次 θ_1 和 θ_2 的值，当散热盘 θ_2 在 10min 内保持不变时即可认为达到稳态，记录此时的 θ_1 和 θ_2 值。

（5）移去待测样品，使加热盘与散热盘直接接触，当 θ_2 高出 10℃（显示为高 0.4mV）左右时，移开加热盘，盖好待测样品让散热盘冷却，电扇仍工作，每隔 30s 记录一次 θ_2 值。

（6）关掉风扇和总电压开关，整理好实验仪器。

二、提高部分

测量并计算出良导体橡胶样品的导热系数。

注意事项

1. 注意热电偶电极连接的正负及所测对应温度 θ_1 和 θ_2 是否分别为发热盘与散热盘温度。
2. 想要达到稳态，需不停地反复调整加温电压按钮。
3. 停止加热后，冷却操作动作要快；测散热速率时，要每隔 30s 记录一次，时间要控制准确。

思考题

1. 要求 θ_1 和 θ_2 稳定时，温度 θ_1 的变化范围是什么？温度 θ_2 则是什么？
2. "待测样品上表面传入的热量与散热盘向周围环境散热的速率相等"是确定导热系数的关键，那么散热盘向周围环境的散热速率公式是什么？
3. "材料导热系数的测量"可以采用哪两种方法测量导热系数？

2.6 直流电桥测电阻

直流电桥，是指测量直流电阻或其变化量的电桥，一种用比较法测量电阻的仪器。其主要特点是测量精度高。连接电路时，接成菱形的电路，两个对角线点是输入，另外两个对角线点是输出，因其具有对称性，像桥在水中一样，所以叫桥式。和伏安法测电阻相比，电桥法将两个量（电压和电流）测量转换成一个量的平衡检测，平衡检测对阻值的变化很敏感，通过某种阻值式传感器还可以进行温度、湿度、压强等非电学量的测量。

电阻值的测量是基本电学量测量之一。测量电阻的方法有很多。直流电桥是常用的方法之一。电阻按照阻值大小区分，大致可分三类：阻值在 1Ω 以下的为低电阻；阻值在 1Ω～

100kΩ 的为中值电阻；阻值在 100kΩ 以上的为高电阻。不同阻值的电阻，测量方法是不尽相同的。用惠斯通电桥测量中值电阻时，可以忽略导线本身的电阻和接点处的接触电阻的影响（总称为附加电阻，一般附加电阻为 3～10Ω）。若待测 R_x 是低电阻，则这些附加电阻就不能忽略了。对惠斯通电桥加以改进而成的双臂电桥（又名开尔文电桥）消除了附加电阻的影响，适用于 10^{-6}～$10^2\Omega$ 电阻的测量，常用来测量金属材料的电阻率；电机、变电器绕组的电阻；低阻值线圈电阻；电缆电阻；开关接触电阻及直流分流器电阻等。

2.6.1　热敏电阻与热电阻温度特性的研究

热敏电阻和热电阻是利用物质的电阻率随本身温度变化而变化的热电阻效应制成的温度敏感元件，它们大多是由导体或半导体材料制成的。利用温度敏感元件制成的电阻温度计，可以用来检测随温度而变化的各种非电量，如速度、浓度、密度等物理量。

热敏电阻与热电阻
温度特性的研究
微课视频

热敏电阻与热电阻
温度特性的研究
操作视频

实验目的

1. 研究热敏电阻和热电阻的"电阻—温度"特性。
2. 学习箱式惠斯通电桥的原理及其使用方法。
3. 学习坐标转换，曲线变直线求系数的实验方法。

实验仪器

铂 Pt100、铜 Cu-50、热敏电阻等待测元件、QJ23 惠斯通电桥、保温杯、温度计。

实验原理

1. 热电阻

热电阻一般用纯金属制成，目前应用最广泛的是铂和铜，并已做成标准测温热电阻。金属电阻 R 一般随温度 t 的上升而增大，可用公式表示为

$$R_t = R_0 \left(1 + \alpha t + \beta t^2 + \gamma t^3 + \cdots\right)$$

式中，R_t 和 R_0 是处于 t℃和 0℃时的电阻值，α、β、γ 是电阻的温度系数。在温度范围较小时，金属电阻和温度的关系近似线性，即

$$R_t = R_0 \left(1 + \alpha t\right) \tag{2.42}$$

分别测出电阻值 R_t 和温度 t，以 R_t 为纵坐标，t 为横坐标作图，可得到一条直线（见图 2-19 中曲线 1）。求出直线截距 R_0、斜率 k，则金属电阻温度系数 $\alpha = k / R_0$。热电阻的温度特性方程也就确定了。

2. 热敏电阻

热敏电阻是指电阻值随温度的改变而发生显著变化热敏感元件，主要包括正温度系数（PTC）热敏电阻和负温度系数（NTC）热敏电阻。热敏电阻的主要特点是：①灵敏度较高，其电阻温度系数要比金属的大 10～100 倍以上，能检测出 1℃温度的变化；②工作温度范围

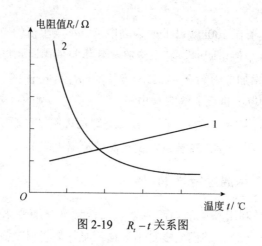

图 2-19 $R_t - t$ 关系图

宽,常温器件适用于-55~315℃,高温器件适用温度高于315℃(目前最高可达到2000℃),低温器件适用于-273~55℃;③体积小,能够测量其他温度计无法测量的空隙、腔体及生物体内血管的温度;④使用方便,电阻值可在0.1~100kΩ间任意选择;⑤易加工成复杂的形状,可大批量生产;⑥稳定性好、过载能力强。

热敏电阻的缺点是:测量温度范围狭窄,一致性与稳定性差。

(1)负温度系数 NTC 热敏电阻。NTC(Negative Temperature Coefficient)热敏电阻指在工作温度范围内,其电阻值随温度升高而减小的热敏电阻,其特征方程为

$$R_T = R_0 \mathrm{e}^{\frac{B}{T}} \tag{2.43}$$

式中,R_T 为在温度 T 时的电阻值,R_0 为 0K 温度时的电阻值,而 R_0 和 B 是与热敏电阻材料和形状有关的常数,如图 2-19 中曲线 2 所示。对一个给定的热敏电阻如何测定 R_0 及 B 呢?用代数求解的方法,只要将 t_1 和 t_2 时的测定电阻 R_1、R_2 代入式(2.43)即可求解,但是这两组数据均有误差,如果再用这两组数据求出的结果,误差可能很大。另外,也可测出多组关于 $R_T \sim T$ 的数据,据此作曲线,再由曲线形状确定 R_0 及 B 的值,但直接从曲线上确定这两个值仍很困难。为此,设法将曲线转化为直线,即对式(2.43)两边取对数,则有

$$\ln R_T = B\frac{1}{T} + \ln R_0 \tag{2.44}$$

可以看出,若以自变量 $\frac{1}{T}$ 为横坐标,$\ln R_T$ 为纵坐标,则式(2.44)对应的图像是一直线,斜率为 B,纵坐标上截距为 $\ln R_0$,所以常数 R_0 及 B 也就可确定。再将 R_0 与 B 代入式(2.43),即可写出 R_T 的表达式。

上述根据多种实验数据,寻找经验公式的方法是研究物理规律的一种重要方法,将曲线改为直线,也是数据处理的一种重要方法。

(2)正温度系数 PTC 热敏电阻。PTC(Positive Temperature Coefficient)热敏电阻是指在工作温度范围内,其阻值随温度升高而增大的热敏电阻,可专门用作恒定温度传感器。该材料是以 $BaTiO_3$ 或 $SrTiO_3$ 或 $PbTiO_3$ 为主要成分的烧结体,其中掺入微量的 Nb、Ta、Bi、Sb、Y、La 等氧化物进行原子价控制而使之半导体化,常将这种半导体化的 $BaTiO_3$ 等材料简称为半导(体)瓷;同时还添加增大其正电阻温度系数的 Mn、Fe、Cu、Cr 的氧化物和起其他作

用的添加物，采用一般陶瓷工艺成形、高温烧结而使钛酸铂等及其固溶体半导化，从而得到正特性的热敏电阻材料。其温度系数及居里点温度随成分及烧结条件（尤其是冷却温度）不同而变化。

在工作温度范围内，PTC 热敏电阻的电阻——温度特性可近似公式表示

$$R_T = R_{T_0} e^{B_p(T-T_0)} \tag{2.45}$$

式中，R_T、R_{T_0} 表示温度为 T、T_0 时电阻值，B_p 为该种材料的材料常数。

PTC 热敏电阻在工业上可用作温度的测量与控制，也用于汽车某部位的温度检测与调节，还大量用于民用设备，如控制瞬间开水器的水温、空调器与冷库的温度，利用本身加热做气体分析和风速机等方面。

仪器简介

惠斯通直流电桥是直流平衡电桥，原理如图 2-20 所示。当电阻箱的电阻 R_s 改变时，可使 BC 间的电流方向发生改变。R_s 为某一数值 R_{s1} 时，恰好使 $U_B > U_C$，电流由 B 流向 C，检流计 G 中指针向某一方向偏转；改变 R_s 数值为另一数值 R_{s2} 时，可以使得 $U_C > U_B$，电流由 C 流向 B，检流计 G 中指针向反方向偏转；当 R_s 改变为 $R_{s1} < R_s < R_{s2}$（或 $R_{s1} > R_s > R_{s2}$）中某一值时，恰好使 $U_B = U_C$，则检流计 G 中无电流流过，指针指零不动，称为电桥平衡。此时

$$U_{AB} = U_{AC} \qquad U_{CD} = U_{BD}$$

即

$$I_A R_A = I_B R_B \qquad I_x R_x = I_s R_s$$

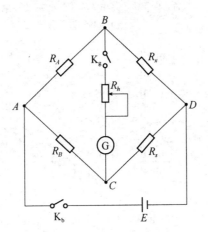

图 2-20　惠斯通电桥原理

因为检流计 G 中无电流，所以 $I_A = I_x$，$I_B = I_s$，上列两式相除，得

$$\frac{R_A}{R_x} = \frac{R_B}{R_s} \tag{2.46}$$

$$R_x = \frac{R_A}{R_B} R_s \tag{2.47}$$

式（2.46）即为电桥的平衡条件。由式（2.47）可知，若 R_A、R_B 为已知，只要改变 R_s 值，使 G 中无电流时记下 R_s，即可算得 R_x。

箱式电桥基本线路与上述相同，它只是把整个仪器都装在箱内，便于携带。常用的 QJ23 型电桥板面的外形如图 2-21（a）所示，内部电路如图 2-21（b）所示。箱式电桥中 R_A/R_B 称为比率臂，R_s 称为比较臂。其中比率臂数值可直接从它的刻度盘上读出，R_s 值可从比较臂的 4 个十进位读数盘上读出，R_x＝比率臂×比较臂。如比率臂＝0.1，比较臂＝9567，则 R_x＝956.7Ω。

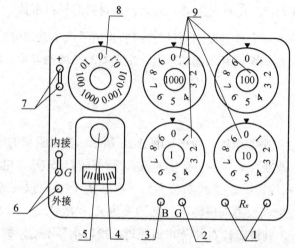

1—待测电阻R_x接线柱；2—检流计按钮开关；3—电源按钮开关；4—检流计；
5—检流计调零旋钮；6—外接检流计接线柱；7—外接电源接线柱；
8—比率臂，即电桥电路中的R_A/R_B之值，直接刻在转盘上；
9—比较臂，即电桥电路中的R_x（本处为4个转盘）

（a）面板图

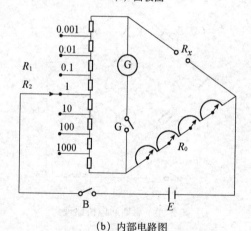

（b）内部电路图

图 2-21　QJ23 惠斯通电桥

实验内容与步骤

1. 熟悉 QJ23 惠斯通电桥的使用方法。将各线连接好，根据不同的温度值，适当选择单臂电桥比率臂，并把比较臂放在适当的位置，先按下电桥的"B"（电源）按钮，再按下"G"（检流计）按钮，仔细调节比较臂，使检流计指零，从比较臂的 4 个十进位读数盘上读出数据，与比率臂示值相乘，求出待测电阻 R_x。

2. 在室温下测出铂或铜电阻的阻值，然后将热水倒入保温杯中，待温度稳定后测出铂或铜电阻的相应阻值，搅拌使水慢慢冷却，每隔 4℃或 5℃测出相应阻值，测出 R_t—t 关系，再绘出相关曲线，求出相关常数。注意，在降温过程中，电桥时刻要跟踪，始终在平衡点附近。

3. 测出负温度系数 NTC 热敏电阻的 R_T—T 关系，并绘出 $\ln R_T$ 与 $\dfrac{1}{T}$ 相关曲线，求出常数 R_0 和 B，写出温度特性方程。

注意事项

1. 惠斯通电桥上按钮开关 B、G 开始使用时不能同时按下，要用跃接法测量。
2. 测量中要确保测量结果有 4 位有效数字。

思考题

1. QJ23 惠斯通电桥比率臂的倍率值选取的原则是什么？对结果会有何影响？
2. 为什么惠斯通电桥上按钮开关 B、G 开始使用时不能同时按下？应如何操作？
3. 用电桥测电阻时，线路接通后，检流计总往一边偏，电桥达不到平衡，试分析原因。

2.6.2　直流双臂电桥测低值电阻

实验目的

直流双臂电桥测
低电阻微课视频

1. 学习用双臂电桥测低电阻的原理和方法。
2. 了解测低值电阻时接线电阻和接触电阻的影响及其避免的方法。
3. 测定金属棒的电阻率。

实验仪器

直流双臂电桥测
低电阻操作视频

QJ44 型携带式直流双臂电桥、待测电阻若干、直尺、游标卡尺等。

实验原理

图 2-22 中 C_1、C_2 是电流端，通常接电源回路，从而将这两端的引线电阻和接触电阻折合到电源回路的其他串联电阻中；P_1、P_2 是电压端，通常接测量电压用的高电阻回路或电流为零的补偿回路，从而使这两端的引线电阻和接触电阻对测量的影响大为减少。采用这种接法的电阻称为四端电阻。

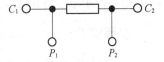

图 2-22　电阻的四端接法

本实验使用的是 QJ44 型双臂电桥，其工作原理如图 2-23 所示。图 2-23 中待测电阻 R_x 和比较用的标准低电阻 R_N 均采用四端接法。从电桥中看出，当桥臂电阻 R_1、R_2、R_3、R_4 取值较大时（>10Ω），与它们对应的导线电阻与接触电阻都可以忽略不计。待测电阻 R_x 和标准低电阻 R_N 的电压端 P_1、P_1'、P_2、P_2' 的附加电阻由于和高阻值桥臂串联，其影响就大大减少；两个靠外侧的电流端 C_1、C_1' 的附加电阻串联在电源回路中，对电桥没有影响；两个内侧的电流端 C_2、C_2' 的附加电阻和连线电路总和为 r，只要适当调节 R_1、R_2、R_3、R_4 的阻值，就可以消除 r 对测量结果的影响。

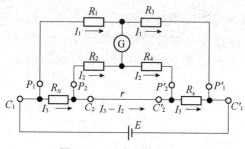

图 2-23　双臂电桥原理图

调节电阻 R_1、R_2、R_3、R_4，使流过检流计 G 的电流为零，电桥达到平衡，根据基尔霍夫定理得到以下三个回路方程

$$\begin{cases} I_1 \cdot R_1 = I_3 \cdot R_N + I_2 \cdot R_2 \\ I_1 \cdot R_3 = I_2 \cdot R_4 + I_3 \cdot R_x \\ I_2 \cdot (R_2 + R_4) = (I_3 - I_2) \cdot r \end{cases}$$

将上面三式联解，并消去 I_1、I_2 和 I_3 可得

$$R_x = \frac{R_3}{R_1} \cdot R_N + \frac{r \cdot R_4}{R_1 + R_4 + r} \cdot (\frac{R_1}{R_3} - \frac{R_2}{R_4}) \tag{2.48}$$

式（2.48）就是双臂电桥的平衡条件，可见 r 对测量结果是有影响的。为了使待测电阻 R_x 的值便于计算及消除 r 对测量结果的影响，可以设法使第二项为零。通常把双臂电桥做成同轴联动式，使得在调整平衡时 R_1、R_2、R_3 和 R_4 同时改变，而始终保持呈比例。即

$$\frac{R_1}{R_3} = \frac{R_2}{R_4} \tag{2.49}$$

在此情况下，不管 r 多大，第二项总为零。于是平衡条件简化为

$$R_x = \frac{R_3}{R_1} R_N \tag{2.50}$$

或

$$\frac{R_x}{R_N} = \frac{R_3}{R_1} = \frac{R_4}{R_2} \tag{2.51}$$

从上面的推导可以看出，双臂电桥的平衡条件和单臂电桥的平衡条件形式上一致，而电阻 r 可以消除在平衡条件中，因此 r 的大小并不影响测量结果，这是双臂电桥的特点。

仪器简介

1. QJ44 型双臂电桥面板布置图

QJ44 型双臂电桥面板布置图如图 2-24 所示。

2. 仪器结构

（1）QJ44 型双臂电桥比例臂由×100、×10、×1、×0.1 和×0.01 所组成。读数盘由一个十进盘和一个滑线盘组成。

（2）检流计包括一个调制型放大器、一个调零电位器和一个调节灵敏度电位器及一个检流计表头。表头上备有机械调零装置，在测量前，可预先调整零位。当放大器接通电源后，若表针不在中间零位，可用调零电位器，调整表针至中央零位。

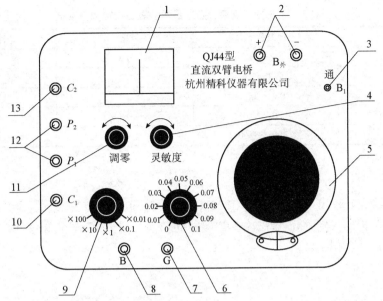

1—检流计；2—电桥外接工作电源接线柱；3—检流计电源开关；4—检流计灵敏度调节旋钮；
5—滑线读数盘；6—步进读数开关；7—检流计按钮开关；8—电桥工作电源按钮开关；
9—倍率读数开关；10、13—被测电阻电流端接线柱；11—检流计电气调零旋钮；
12—被测电阻电位端接线柱

图 2-24　QJ 型双臂电桥面板布置图

（3）在检流计和电源回路中设有可锁住的按钮开关。

（4）QJ44 型双臂电阻电桥的原理线路如图 2-25 所示。

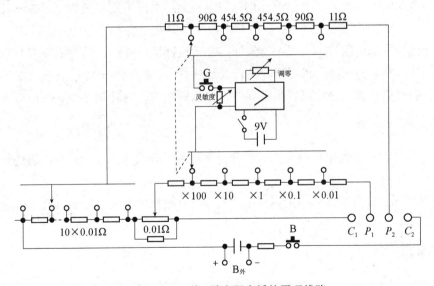

图 2-25　QJ44 型双臂电阻电桥的原理线路

3. 电桥量程倍率、有效量程、等级指数和基准值

电桥量程倍率、有效量程、等级指数和基准值如表 2-3 所示。

表 2-3　电桥量程倍率、有效量程、等级指数和基准值

量程倍率	有效量程/Ω	等级指数/C	基准值 R_N/Ω
×100	1～11	0.2	10
×10	0.1～1.1	0.2	1
×1	0.01～0.11	0.2	0.1
×0.1	0.001～0.011	0.5	0.01
×0.01	0.0001～0.0011	1	0.001

4. 使用方法

（1）将仪器连好专用电源线，插入 220V 插座，打开后面的电源开关，电桥就能工作。

（2）将被测电阻，按四端连接法，接在电桥相应的 C_1、P_1、C_2、P_2 的接线柱上，如图 2-26 所示，AB 之间为被测电阻。

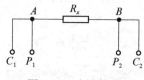

图 2-26　电路接线

（3）"B_1" 开关打到 "通" 位置，检流计工作电源接通，等待 5min 后，调节检流计指针指在零位上。

（4）估计待测电阻值大小，选择适当量程倍率位置，先按下 "G" 按钮，再按下 "B" 按钮，调节步进和滑线读数盘，使检流计指针在零位上，电桥平衡，被测电阻按下式计算：

待测电阻值（R_x）=量程倍率读数×（步盘读数＋滑线盘读数）

（5）在测量未知电阻时，为保护检流计指针不被打坏，检流计的灵敏度调节旋钮应放在最低位置，使电桥初步平衡后再提高检流计的灵敏度。在改变检流计的灵敏度或环境等因素的影响下，有时会引起检流计指针偏离零位，在测量之前，随时都可以调节检流计零位。

实验内容与步骤

1. 用开尔文直流双臂电桥与惠斯顿直流单臂电桥，分别测出 3 个待测电阻的阻值，对结果进行比较，并做分析说明。

2. 用直尺和螺旋测微计测出金属棒的直径 d，有效长度 l 及对应的阻值 R，用作图法计算金属棒的电阻率。

注意事项

1. 在测量电感电路和直流电阻时，应先按下 "B" 按钮，再按下 "G" 按钮，断开时，应先断开 "G" 按钮，后断开 "B" 按钮。

2. 测量 0.1Ω 以下阻值时，"B" 按钮应间歇使用。

3. 在测量 0.1Ω 以下阻值时，C_1、P_1、C_2、P_2 接线柱到被测量电阻之间的连接导线电阻为 0.005～0.01Ω，测量其他阻值时，连接导线电阻应不大于 0.05Ω。

4. 电桥使用完毕后，"B"和"G"按钮应松开，检流计工作电源开关应处于关闭位置，避免消耗电能，同时也能防止内部元件发热影响测量精度。

思考题

1. 开尔文直流双臂电桥与惠斯顿直流单臂电桥有哪些异同？
2. 直流双臂电桥的基本原理是什么？它是如何消除附加电阻的影响的？
3. 被测低电阻为何具有 4 个端连接？如果电位端与电流端连接错误会有什么现象？

2.7　电子元件的伏安特性

电子元件伏安特性
微课视频

电子元件伏安特性
操作视频

流经电子元件的电流随着外加电压的变化而变化的关系曲线，称为伏安特性曲线。若流经元件的电流与所加的电压成正比，则其伏安特性曲线为一直线，称为线性元件；若流经元件的电流与所加的电压不成正比，则其伏安特性曲线不是直线，这类元件被称为非线性元件。伏安特性曲线可帮助我们了解元件的导电特性，如各类晶体管的特性曲线，使我们了解晶体管的参数，在电路中正确地使用它。

实验目的

1. 测绘金属膜电阻和晶体二极管的伏安特性曲线。
2. 掌握伏安特性曲线测量中电流表的两种接法——内接法和外接法。

实验仪器

稳压电源、滑线变阻器、伏特表、毫安表、微安表、待测金属膜电阻、晶体二极管、开关等。

实验原理

1. 电子元件的伏安特性

任何一个二端元件的特性可用该元件上的端电压 U 与通过该元件的电流 I 之间的函数关系 $I = f(U)$ 来表示，即用 I—U 平面上的一条曲线来表征，这条曲线称为该元件的伏安特性曲线。

（1）线性电阻器的伏安特性曲线是一条通过坐标原点的直线，如图 2-27 所示，该直线的斜率等于该电阻器的电阻值。

（2）一般的半导体二极管是一个非线性电阻元件，其特性如图 2-28 所示。正向压降很小（一般的锗管为 0.2～0.4V，硅管为 0.6～0.8V），正向电流随正向压降的升高而急骤上升，而反向电压从零一直增加到十几伏至几十伏时，其反向电流增加很小，粗略地可视为零。可见，二极管具有单向导电性，但反向电压加得过高，超过管子的极限值，则会导致管子击穿损坏。

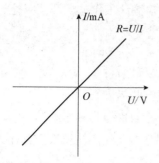

图 2-27 线性电阻的伏安特性曲线

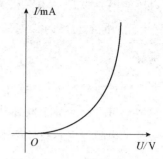

图 2-28 二极管的伏安特性曲线

（3）一般的白炽灯在工作时灯丝处于高温状态，其灯丝电阻随着温度的升高而增大，通过白炽灯的电流越大，其温度越高，阻值也越大，一般灯泡的"冷电阻"与"热电阻"的阻值可相差几倍至十几倍，所以电阻的大小与温度相关。

2. 测绘伏安特性曲线的方法

（1）电流表外接法（见图 2-29）：电流表测出的是通过被测元件 R 和电压表的电流总和。若电压表内阻为 R_v，被测元件阻值为 R_x，则

$$\frac{U}{I} = \frac{R_x R_v}{R_x + R_v} = R_x' \tag{2.52}$$

因而

$$R_x = \frac{U}{I - U/R_v} \tag{2.53}$$

在实验中，一般只能用 R_x' 来表示被测电阻 R_x，这就引进了系统误差，其相对误差为

$$E = \frac{R_x' - R_x}{R_x} = \frac{U/I - R_x}{R_x} = \frac{-R_x}{R_x + R_v} \times 100\% \tag{2.54}$$

从式（2.54）可见，只有当 $R_v \gg R_x$ 时，这种接法的误差才会很小，甚至其影响可以忽略。

结论：当待测电阻为低电阻（或 $R_v \gg R_x$）时，要采用电流表外接电路。

（2）电流表内接法（见图 2-30）：电压表测出的是被测元件 R 和电流表上的电压降的总和。若被测元件阻值为 R_x，毫安表的内阻为 R_A，则

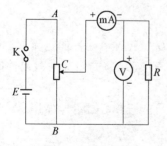

图 2-29 电流表外接法

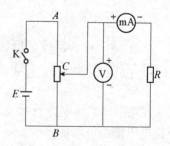

图 2-30 电流表内接法

$$\frac{U}{I} = R_x + R_A = R_x' \tag{2.55}$$

因而

$$R_x = \frac{U}{I} - R_A \tag{2.56}$$

实验中，只能测出 R'_x 来表示被测电阻的阻值 R_x，这就引入了系统误差，其相对误差为

$$E = \frac{R'_x - R_x}{R_x} = \frac{R_A}{R_x} \times 100\% \qquad (2.57)$$

可见，只有在 $R_A \ll R_x$ 时，这种接法的误差才会很小。

结论：当待测电阻为高电阻（或 $R_A \ll R_x$）时，要采用电流表内接法。

必须指出，尽管可以根据待测电阻的大小来选用一定的电路及电表配置以减小其伏安特性曲线测量中的误差，但误差毕竟存在，而且是来自电表内阻的影响。这部分误差可以通过测定电表的内阻后，计算加以修正。

实验内容与步骤

一、基础部分——测绘线性电阻（金属膜电阻）的伏安特性曲线

（1）采用电流表内接法连接电路，R_x 采用较大阻值的电阻（注意：分压器输出先置于零位）。

（2）接通电源，将分压器从小到大改变电压，观察电流表和电压表的偏转情况，从而选择合适的电流表和电压表量程。

（3）使电压从零逐渐增大，每隔 0.5V 记下相应的电流值（注意：计算电表在该量程中的误差，应以有效数字做好记录）。

（4）按等精度作图原则绘制线性电阻的伏安特性曲线，并用作图法求出其电阻值，与其标称值比较，求出其相对误差。

（5）采用电流表外接法连接电路，R_x 采用较小阻值的电阻，重复以上步骤。

二、提高部分——测绘晶体二极管的正向伏安特性曲线

正向特性曲线采用电流表外接法，接通电源，缓缓增加电压（如 0.00V, 0.10V, 0.20V, …），仔细观察电流表随电压的变化情况，选择合适的电压表、电流表的量程，然后开始正式测量其伏安特性，一般取 5～7 个测量点。注意：在电流变化大的地方电压的间隔应适当变小。

必须指出，当晶体管为硅材料时，其 PN 结上的电压降为 0.6～0.8V，所以加在该管的正向电压增大到 0.8V 后，尽管分压器输出电压继续调高，而二极管两端的电压却不再增加，而电流表的电流剧增，此时要防止电流过大烧毁二极管；若为锗材料的二极管，其 PN 结上的电压降为 0.2～0.4V，故正向电压不超过 0.4V。

注意事项

1. 注意电源极性，不要接反。
2. 不要带电操作，各项电路连接与修改，应在断电的情况下进行。
3. 电表不要超量程使用。

思考题

1. 在线性电阻伏安特性测量中，可从每个测量点求 R，也可用作图法求 R，试讨论其优劣。

2. 电表内阻引入的误差，在两种连接方法时，应分别如何校正？

3. 试根据补偿原理设计一电路来测量电压，使之不取用分流，故不存在分压，避免了电表内阻引起的系统误差。

2.8 电位差计精确测量电压或电动势

电位差计是测量电动势和电位差的主要仪器之一。由于它应用了补偿原理和比较测量法，所以测量精度较高，使用方便。它还常被用以间接测量电流、电阻和校正各种精密电表。在科学研究和工程技术中广泛使用电位差计进行自动控制和自动检测。

实验目的

1. 了解电位差计测量电位差或电动势的原理和方法。
2. 学习并掌握 UJ31 箱式电位差计的使用。
3. 用箱式电位差计标定微安表。

实验仪器

UJ31 箱式电位差计、工作电源、标准电池、检流计、滑线变阻器、电阻箱、微安表、导线、开关。

实验原理

若将伏特表并联在电池两端（见图 2-31），伏特表测得的是电路的路端电压 U，而不是电池的电动势 E_x。引起误差的根本原因在于电池内部有电流流过，产生内压降。要消除这个误差，就要求电池中无电流。但是没有电流流过，伏特表就没有读数，所以要测量电池电动势就要另行设计合适的测量电路。

1. 电位差计的补偿原理

电位差计是一种利用电压补偿原理测量电源电动势或精确测量电位差的仪器，它的基本原理可由图 2-32 所示电路说明。E_x 是待测电动势的电源，E_0 是电压可调电源，调节 E_0 使检流计指针指零，此时，回路中两个电源（E_0 和 E_x）的电动势必然大小相等，这说明待测电池的电动势 E_x 已经被可调电源的电动势 E_0 所"补偿"。若 E_0 可准确知道，则 E_x 即可测出。

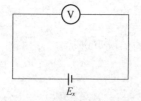

图 2-31　伏特表测量情况

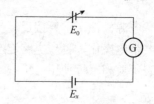

图 2-32　补偿原理

可见，补偿原理测电动势需要有一个电源 E_0，而且该电源应满足两项要求：①它的大小要便于调节，使 E_0 能够和 E_x "补偿"；②它的电压很稳定，并能准确读出。在实际使用中 E_0

常用分压方式获取。

2. 电位差计的工作原理

以 UJ31 低电势直流电位差计为例，讨论电位差计的工作原理。

常用的 UJ31 型电位差计的面板图如图 2-33 所示，电路原理图如图 2-34 所示。电路可分为两大部分：下半部为工作回路，上半部为补偿回路（其中左边为校准回路，右边为测量回路）。

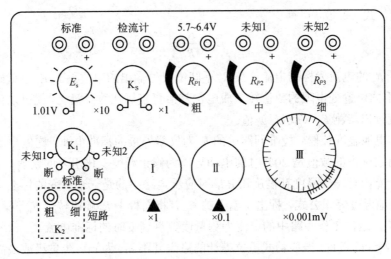

图 2-33　UJ31 型电位差计面板图

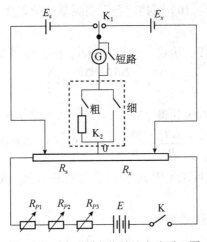

图 2-34　UJ31 型电位差计电路原理图

（1）工作电流标准化。将 K 合上，K_1 拨向 E_s，从"粗"到"细"分别按下"K_2"，调节工作回路的电阻 R_P（包括 R_{P1}、R_{P2}、R_{P3}），使 G 中无电流，此时校准回路处于补偿状态，则

$$E_s = I_0 R_s$$
$$I_0 = \frac{E_s}{R_s} \tag{2.58}$$

式（2.58）中，E_s、R_s 都是准确的或选定的，工作回路中电流 I_0 就能被精确地校准到所需要的值，这一步骤称为工作电流标准化。

（2）测 E_x（或 U_x）。I_0 校准后，R_P 不能再改变，立即将 K_1 拨向 E_x（或 U_x），调节 R_x（即转动图 2-33 中的测量盘 Ⅰ、Ⅱ、Ⅲ），使 G 中无电流，此时测量回路处于补偿状态，则

$$E_x = I_0 R_x$$

即

$$I_0 = \frac{E_x}{R_x} \tag{2.59}$$

由式（2.58）与式（2.59）可得

$$E_x = \frac{R_x}{R_s} E_s \tag{2.60}$$

此时流经 R_x 的电流为标准电流，在 R_x 不同位置处输出的电位差 $I_0 R_x$ 也就确定了。于是就可以把 R_x 不同位置处电阻的数值转换成电位差值直接标在测量盘上，就可以直接通过测量盘所标的刻度读出待测 E_x（或 U_x）值。

（3）标准电池温度补偿。校准回路中的 E_s 为仪器外接的标准电池，它的电动势随温度有微小变化，而它标出的数值是 20℃时的电动势，为修正温度变化引入的误差，在 UJ31 型电位差计面板上专门有一个温度补偿旋钮 R_s，对应于电路中的是一个可变的标准电阻 R_s。使用时，按标准电池温度修正公式，标出室温下的 E_{ts}，将面板上 R_s 旋钮转至 E_{ts} 值，然后调节 R_P 使 G 中无电流，这样工作回路中的电流为测量读数盘刻度时的标准电流。

（4）电位差计的量程。一般箱式电位差计的量限并不高，为 mV 数量级或最高不超过 2V。UJ31 型电位差计量程分为 17.1mV（最小分度 1μV，倍率开关 K_1 旋至×1）和 171.0mV（最小分度 10μV，倍率开关旋到×10）两挡。当需要测量比量限大的电动势（或电位差）时，可用分压箱来扩大其量限。

（5）电位差计的误差及其表达式。由式（2.60）根据相对误差关系可得

$$\frac{\Delta E_x}{E_x} = \frac{\Delta R_x}{R_x} + \frac{\Delta R_s}{R_s} + \frac{\Delta E_s}{E_s}$$

一般标准电池极为准确，不考虑其误差时，

$$\frac{\Delta E_x}{E_x} = \frac{\Delta R_x}{R_x} + \frac{\Delta R_s}{R_s} \leqslant 仪器的元件基本误差 \tag{2.61}$$

即由测量电阻 R_x 和调定用的标准电阻 R_s 相对误差之和引起的被测电动势的误差，应小于或等于仪器的元件基本误差。

电位差计基本误差 $|\Delta|$ 表达式为

$$|\Delta| = U_x(S\%) + b\Delta U \tag{2.62}$$

式中，S 为电位差计准确度等级；U_x 为测量盘示值；ΔU 为测量盘最小步进值（或分度值）；b 为附加误差项系数，实验型电位差计一般取 $b=0.5$。式（2.62）中的第一项是随被测电位差 U_x 的大小而变化的；第二项是恒定的，不随 U_x 的大小而改变。

实际使用中，滑动接触装置往往是误差的主要来源。因为：①滑触点的接触电阻会引起误差；②滑触点移动时会产生温差电动势；③滑线摩擦损耗也会产生误差，特别是经常使用的电位差计，这一项误差最大。所以电位差计要经常检验和校准，平时要注意保养。

实验内容与步骤

一、UJ31 箱式电位差计测电动势调节使用方法

（1）电路连接——将检流计、标准电池、工作电源与对应的接线柱连接。

（2）标准电池温度修正——先按仪器显示值或标准电池温度修正公式，算出室温下的 E_{ts}，将面板上 R_s 旋钮旋到修正后的 E_{ts} 值。

（3）工作电流标准化——将 K_1 拨向"标准"，按下 K_2 中的"粗"按钮，检流计指针偏离指零，调节 R_{P1}（粗）使检流计指针指零后，先按 K_2 中的"粗"按钮，再按 K_2 中的"细"按钮，调节 R_{P2}（中）及 R_{P3}（细），使检流计指针指零点。工作电流即被校准到所需的标准电流。

（4）测量电池电动势——在工作电流标准化后，将 K_1 拨向"未知 1"（或"未知 2"）。检流计偏离指零处，参照标准化时的方法，先后调节面板上 Ⅰ、Ⅱ、Ⅲ旋钮，使检流计指针回指零点。

（5）读数：

$$U_x = （Ⅰ盘读数×1+Ⅱ盘读数×0.1+Ⅲ盘读数×0.001）×倍率$$

测量次数及测量结果与误差表示按直接测量工作流程决定。其中仪器误差按式（2.62）计算。

二、基础部分——对 μA 表头作电压标定（即将电流刻度标定为电压刻度）

若要将 μA 表头作为 mV 表使用，必须对刻度重新标定。按图 2-35 接好电路，将 P、Q 接入电位差计"未知 1"或"未知 2"端相应的"+""−"接线柱。合上 K，改变 R_2 使 μA 表偏转一定格数。按箱式电位差计测电池电动势的实验步骤测出 P、Q 两端的电压值（mV），并标定在 μA 表的表面刻度板上。逐渐改变 R_2，每改变一次 R_2，测量一次 U_{PQ}，并标定在刻度板上，直至 μA 表满偏度为止。

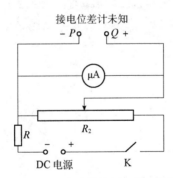

图 2-35　μA 表头作电压标定电路图

（1）列表记录数据。

（2）画下 μA 表面板刻度，分别标上 μA 值及测量所得的相应的 mV 值。

三、提高部分——利用电位差计测量微安表头的内阻

根据在"基础部分"中所得到的数据画出 U（mV）—I（μA）关系图，根据 U（mV）—

I（μA）关系图，求 μA 表头内阻。

注意事项

1. 正确连接线路，注意标准电池与工作电源正负极的连接；在修改电路时，要切断电路电源。

2. 测量时间间隔应尽可能短暂，而且每次补偿调零动作要快，指针指零后，应立即打开测量开关。

3. 标准电池切忌短路或倾斜。

4. 电位差计使用完毕，必须将面板上的开关 K_1 拨至"断"！

思考题

1. 如果电位差计没有严格校准，工作电流偏大，则测量结果是偏大还是偏小？

2. 在连接好电位差计的线路后，如果无论怎样调节 R_x（三个刻度盘 Ⅰ、Ⅱ、Ⅲ），检流计指针总向一边偏转，引起故障的原因可能是（　　）（多选）。

A. 工作电流回路发生断路　　　　　B. E、E_s、E_x 极性至少有一个接反

C. E_x 超过电位差计的量程　　　　D. 检流计调零位没调整好

3. 本实验使用的是 UJ31 型的电位差计，它的准确度等级 S 为多少？量程是多少？

4. 若在使用电位差计时不进行工作电流标准化，试问这样操作是否正确？为什么？

2.9　万用表的使用

万用表是共用一个表头，集电压表、电流表和欧姆表于一体的仪表。万用表具有用途多、量程广、使用方便等优点，是电子测量中最常用的工具。它可以用来测量电阻、交直流电压和直流电流。有的万用表还可以测量晶体管的主要参数及电容器的电容量等。掌握万用表的使用是电子技术的一项基本技能。

万用表的使用
微课视频

实验目的

1. 研究电表的接入误差。

2. 学会欧姆表的使用。

3. 掌握线路故障检查的一般方法。

万用表的使用
操作视频

实验仪器

万用表、电阻箱、电阻板、电源等。

实验原理

1. 万用表的电路原理

实验用的 MF-47 型万用表的外观如图 2-36 所示。

图 2-36　MF-47 型万用表的外观

（1）直流电压挡。当选择开关拨至 <u>V</u> 时，万用表就是一个多量程直流伏特表，各量程分别是 0.25V、1V、2.5V、10V、50V、250V、500V、1000V。

万用表在使用时往往不是固定在待测电阻上，而是测量时接上的，读数后撤离，所以接入误差成为经常要考虑的问题。下面讨论接入误差的成因及修正办法。

例如图 2-37 所示的电路，BC 间的电压显然等于 $\dfrac{R_2}{R_1+R_2}E$。如果把伏特表 V 接在 B、C 两点，测出的电压是否就是 U_{BC} 呢？不是的。由于伏特表 V 有一定的内阻 R_V，伏特表接入后电路的电压分配会发生改变，BC 间的电压变为 U'_{BC}，我们想要知道的是伏特表未接入时的电压 U_{BC}，但伏特表测出的却是 U'_{BC}，这两者之差称为接入误差 ΔU，定义为 $\Delta U = U_{BC} - U'_{BC}$，则

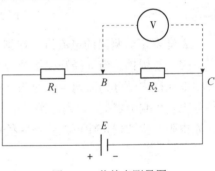

图 2-37　伏特表测量图

$$U'_{BC} = \frac{\dfrac{R_V R_2}{R_V + R_2}}{R_1 + \dfrac{R_V R_2}{R_V + R_2}}E = \frac{1}{1 + \dfrac{R_1(R_V + R_2)}{R_V R_2}}E$$

$$\frac{\Delta U}{U'_{BC}} = \frac{U_{BC} - U'_{BC}}{U'_{BC}} = \frac{U_{BC}}{U'_{BC}} - 1$$

$$= \frac{R_2}{R_1 + R_2}\left[1 + \frac{R_1(R_V + R_2)}{R_V R_2}\right] - 1$$

$$= \frac{R_1 R_2}{R_V(R_1 + R_2)}$$

观察图 2-37 的电路可知，$\dfrac{R_1 R_2}{R_1 + R_2}$ 正是以伏特表接入点 BC 为考察点的等效电阻 $R_{等效}$，故得

$$\frac{\Delta U}{U'_{BC}} = \frac{R_{等效}}{R_V} \tag{2.63}$$

根据式（2.63）很容易知道接入误差 ΔU 的大小，并在必要时可以修正测量值。

（2）直流电流挡。当选择开关拨至 <u>mA</u> 挡时，万用表就是一个多量程安培表，简化电路图如图 2-38 所示。各量程分别是 0.05mA、0.5mA、5mA、50mA、500mA。与测量电压类似，测电流时也有接入误差。若万用表的内阻为 R_A，以电表接入点为考察点，电路的电阻为 $R_{等效}$，则接入误差为

$$\frac{\Delta I}{I'} = \frac{R_A}{R_{等效}} \tag{2.64}$$

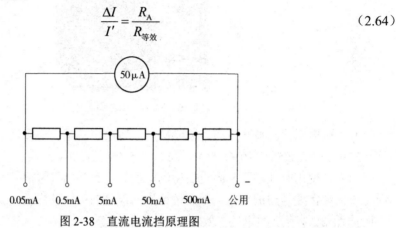

图 2-38　直流电流挡原理图

I' 即安培表测出的电流值。根据式（2.64）可以知道安培表接入误差的大小。

（3）欧姆挡。当选择开关拨至 Ω 挡时，万用表就是一个多量程的欧姆表（见图 2-39），其中虚线框内部分为欧姆表的内部结构，a 和 b 为两接线柱（表笔插孔）。待测电阻 R_x 接在 a 和 b 上。在欧姆表中，E 为电源（干电池），G 为表头（内阻为 R_g，满刻度电流为 I_g），R' 为限流电阻。由欧姆定律可知回路中的电流 I_x 由下式决定：

$$I_x = \frac{E}{R_g + R' + R_x} \tag{2.65}$$

可以看出，对给定的欧姆表，即 E、R_g、R' 给定，则 I_x 仅由 R_x 决定，即 I_x 与 R_x 之间有一一对应的关系。这样，在表头刻度上标出相应的 R_x 即成一欧姆表。

由式（2.65）可以看出，当 $R_x = 0$ 时，回路中的电流最大，为 $\dfrac{E}{R_g + R'}$。在欧姆表中设法改变表头的满度电流 I_g 使其等于此最大电流，即

$$I_g = \frac{E}{R_g + R'} \tag{2.66}$$

习惯上用 $R_{中}$ 表示 $R_g + R'$，称为欧姆表的中值电阻，即

$$R_{中} = R_g + R'$$

式（2.66）和式（2.65）改写为
$$I_g = \frac{E}{R_{中}} \tag{2.67}$$

和
$$I_x = \frac{E}{R_{中} + R_x} \tag{2.68}$$

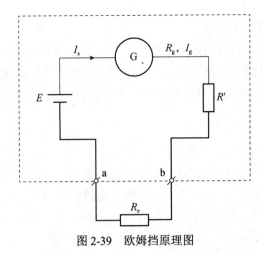

图 2-39　欧姆挡原理图

由式（2.68）可以看出，欧姆表的刻度是非线性（不均匀）的，正中那个刻度值即 $R_{中}$，这是因为 $R_x = R_{中}$ 时指针偏转为满度的一半，即 $I_x = \dfrac{1}{2} I_g$。当 $R_x \ll R_{中}$ 时，有 $I_x \approx \dfrac{E}{R_{中}} = I_g$，此时偏转接近满度，随 R_x 之变化也不明显，因而测量误差很大；当 $R_x \gg R_{中}$ 时，$I_g \approx 0$，因而测量误差也很大。所以在实用上通常只用欧姆表中间的一段来测量，例如，$\dfrac{1}{5} R_{中} \sim 5 R_{中}$ 这段范围。实际上欧姆表都有几个测量挡，每个测量挡的 $R_{中}$ 都不同，但每个测量挡的可用范围都是 $\dfrac{1}{5} R_{中} \sim 5 R_{中}$。例如，$R_{中} = 100\Omega$，则测量范围为 20～500Ω；$R_{中} = 1000\Omega$，则测量范围为 200～5000Ω。

前面已经指出，欧姆表的刻度是根据电源电动势 E 计算出的。但实际上电源电动势不可能总是正好等于 E，所以在欧姆表中还装有"欧姆零点"调节旋钮，以保证刻度正确。调节方法是：将表笔 a 和 b 短路（相接），调节"欧姆零点"旋钮使指针偏转满度，即指 0Ω。每次改变量程后都必须重新调节欧姆零点。在使用欧姆表时，要特别注意调节"欧姆零点"。

2. 万用表操作规程

（1）准备。认清所用万用表的面板和刻度，根据待测量的种类（交流或直流电压、直流电流或电阻）及大小，将选择开关拨至合适的位置（不知待测量的大小时，一般应选择最大量程先进行测试），接好表笔（万用表的正端应接红色表笔）。

（2）测量。使用伏特表或安培表时，应注意：

①安培表是用于测量电流的，它必须串联在电路中；伏特表是用于测量电压的，它应该与待测对象并联。

②表笔的正负不要接反。

③执表笔时，手不能接触任何金属部分。

④测试时应采用跃接法，即在用表笔接触测量点的同时，注视电表指针偏转情况，并随时准备在出现不正常现象时，使表笔离开测量点。

使用欧姆表时，应注意：

①每次换挡后都要调节欧姆零点。

②不得测带电的电阻，不得测额定电流极小的电阻（例如，灵敏电流表的内阻）。

③测试时，不得双手同时接触两个表笔金属部分，测高电阻时尤须注意。

（3）结束。使用完毕，务必将万用表选择开关拨离欧姆挡，应拨到交流电压最大量程处，以保安全。

3. 万用表检查电路

万用表常用来检查电路，排除故障。实验中往往遇到这样的情况，电路经仔细检查，连接没有错误，但合上开关后，不能正常工作，说明电路出了故障。产生故障的原因大致有以下几种：

①导线内部断线。

②开关或接线柱接触不良。

③电表或元件内部损坏。

不同的原因发生在不同的部位，故障有不同的表现，如果我们对电路是理解的话，一般可以根据故障的表现初步判断出产生故障的可能原因和发生故障的部位，再用万用表检查确定。也可以用万用表对电路做系统检查，方法有如下两种。

（1）伏特表法。在电源接通的情况下从电源两端开始，按对接点依电流顺序用万用表的伏特表检查电压分布，出现电压分布反常之点就是产生故障之处。例如在图 2-40 所示电路中，闭合开关后电流表无指示，用伏特表测出 $U_{ab} = U_{a'b'} = U_{cd} = U_{c'd'} = E$，这说明电源插座开关及变阻器两端均无故障，问题可能发生在表头回路中。再用伏特表测得 $U_{ed'} = U_{e'd'}$，$U_{fd'} \neq 0$，而 $U_{f'd'} = 0$。这时可判断故障发生在 ff' 之间（为什么？），可能是导线 ff' 断了，也可能是 f 或 f' 处接触不良。

伏特表法不必拆开电路，检测方便，可以较快发现故障位置，但不适于检查电压太小的部位。

（2）欧姆表法。将电路逐段拆开，特别要注意将电源和电表断开，而应使待测部分无其他分路。再用万用表的欧姆挡检查无源部分的电阻分布，特别要检查导线和接触点通不通。如图 2-40 所示的电路中，将 K 断开，测得 aa'、bb'、cc'、dd'、ee' 是通的（$R_x = 0$，$I_x = I_g$），而 ff' 不通（$R_x = \infty$，$I_x = 0$），则故障必发生在 ff' 间。如断开 f，测得 ff' 导线不通，则应换上用欧姆表检查过的好导线，如检查 ff' 也是通的，则故障为 f 处接触不好。

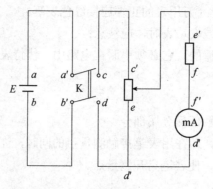

图 2-40　故障检查示意图

迅速查清并排除电路故障是电学实验的基本训练内容之一。在今后做电学实验时，将继续使用万用表检查电路，以培养分析问题、解决问题的能力。

实验内容与步骤

一、基础部分

1. 测量电阻盒上的电阻值

用欧姆表测出标称为 2.0kΩ、25kΩ、100kΩ 电阻的阻值，通过换挡，使测量值尽量靠近中值电阻。

2. 校准欧姆表

用电阻箱校准欧姆表×10 挡，其中值电阻为 165Ω，在 33～825Ω 校准 10 个点，其中必须包含端点和中值电阻，其他点任选，列表记下数据。（思考：为什么选择 31～1825Ω 这个区间？）

根据欧姆表刻度的特点，对校准数据做必要的说明。

3. 研究接入误差

（1）按图 2-41 所示连接电路。当 $U_{ad} = 10V$ 时，分别测量出 U_{ad}、U_{ab}、U_{cd}、U_{bc}、U_{bd}，并计算接入误差 ΔU 与读数误差 $\Delta U'$。

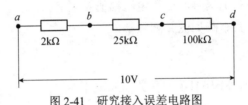

图 2-41 研究接入误差电路图

读数误差（电表读数的仪器误差）按 $\Delta U' = \pm U_{\mathrm{M}} \cdot A\%$（$U_{\mathrm{M}}$ 为量程，A 为电表等级），计算并说明在什么情况下读数误差最小。

（2）计算 $U_{ab} + U_{bc} + U_{cd}$，它是否接近于 U_{ad}？$U_{ab} + U_{bd}$ 是否接近 U_{ad}？解释一下为什么有较接近的，也有差别较大的？

（3）利用式（2.61）计算 ΔU_{ab}、ΔU_{bc}、ΔU_{cd} 和 ΔU_{bd}。与测量结果比较，对比较结果做出解释。

二、提高部分——用万用表检查电路故障

按图 2-40 所示连接电路，用伏特表法检查电路中的故障。

注意事项

1. 使用中，表笔的正负不要接反，手不能接触任何金属部分，测试时应采用跃接法。

2. 使用欧姆表，每次换挡后都要调节欧姆零点，不得测带电的电阻，不得测额定电流极小的电阻。

3. 使用完毕，务必将万用表选择开关拨离欧姆挡，应拨到交流电压最大量程处。

思考题

1. 用万用表的哪个挡位检测电路时，要求电路不能带电？

2. 万用表使用完毕要把旋钮放在哪个挡位？为什么？

3. 证明欧姆表的中值电阻只决定于 E 和 I_g，若欧姆表表头的满偏电流 $I_g = 50\mu A$，设计要求中值电阻为 $250k\Omega$，那么应该用多大的电源电压？

4. 为什么不宜用欧姆表测量表头内阻？能否用欧姆表测电源内阻？

2.10 示波器的使用

示波器的使用
微课视频

示波器的使用
操作视频

示波器是一种用途广泛的基本电子测量仪器，用它能观测电信号的波形、幅度和频率等电参数。用双踪示波器还可以测量两个信号之间的时间差，一些性能较好的示波器甚至可以将输入的电信号存储起来以备分析和比较。在实际应用中凡是能转化为电压信号的电学量和非电学量都可以用示波器来观测。

实验目的

1. 了解示波器的基本结构和工作原理，掌握使用示波器和信号发生器的基本方法。
2. 学会使用示波器观测电信号波形和电压幅值及频率。
3. 学会使用示波器观察李萨如图并测频率。

实验仪器

YB4320G 双踪示波器、SP1641B 型函数信号发生器。

实验原理

不论何种型号和规格的示波器都包括了如图 2-42 所示的几个基本组成部分：示波管（又称阴极射线管，Cathode Ray Tube，CRT）、Y 轴电压放大器、X 轴电压放大器、扫描信号发生电路（锯齿波电压发生器）等。

1. **示波管的基本结构**

示波管的基本结构（见图 2-43）主要由电子枪、偏转系统和荧光屏三部分组成，全都密封在玻璃壳体内，里面抽成高真空。

（1）电子枪：由灯丝、阴极、控制栅极、第一阳极和第二阳极五部分组成。灯丝通电后加热阴极，阴极是一个表面涂有氧化物的金属圆筒，被加热后发射电子。控制栅极是一个顶端有小孔的圆筒，套在阴极的外面。它的电位比阴极低，对阴极发射出来的电子起控制作用，只有初速度较大的电子才能穿过栅极顶端的小孔然后在阳极的作用下加速奔向荧光屏。示波器面板上的"辉度"调整就是通过调节电位以控制射向荧光屏的电子流密度，从而改变了荧光屏上的光斑亮度。阳极电位比阴极电位高很多，电子被它们之间的电场加速形成射线。当控制栅极、第一阳极与第二阳极之间电位调节合适时，电子枪内的电场对电子射线有聚集作

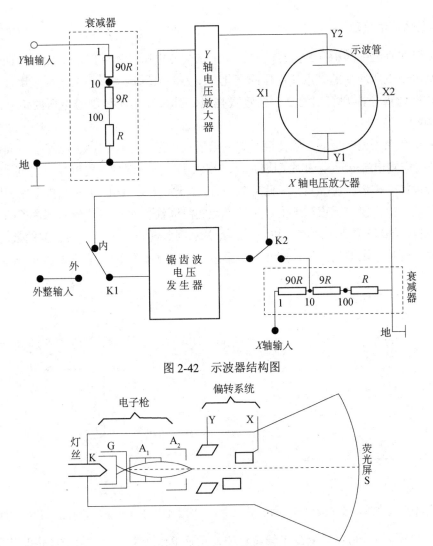

图 2-42　示波器结构图

K—阴极；G—控制栅极；A₁—第一阳极；A₂—第二阳极；Y—竖直偏转板；X—水平偏转板

K—阴极；G—控制栅极；A_1—第一阳极；A_2—第二阳极；Y—竖直偏转板；X—水平偏转板

图 2-43　示波管结构图

用，所以，第一阳极也称聚集阳极。第二阳极电位更高，又称加速阳极。面板上的"聚集"调节，就是调节第一阳极电位，使荧光屏上的光斑成为明亮、清晰的小圆点。有的示波器还有"辅助聚集"，实际上是调节第二阳极电位。

（2）偏转系统：它由两对互相垂直的偏转板组成，一对竖直偏转板，一对水平偏转板。在偏转板上加以适当电压，电子束通过时，其运动方向发生偏转，从而使电子束在荧光屏上产生的光斑位置也发生改变。

（3）荧光屏：屏上涂有荧光粉，电子打上去它就发光，形成光斑。不同材料的荧光粉发光的颜色不同，发光过程的延续时间（一般称为余辉时间）也不同。荧光屏前有一块透明的、带刻度的坐标板，供测定光点的位置用。在性能较好的示波管中，将刻度线直接刻在荧光屏玻璃内表面上，使之与荧光粉紧贴在一起以消除视差，光点位置可测得更准。

2. 波形显示原理

（1）仅在垂直偏转板（Y偏转板）加一正弦交变电压：如果仅在Y偏转板加一正弦交变电压，则电子束所产生的亮点随电压的变化在y方向来回运动，如果电压频率较高，由于人眼的视觉暂留现象，则看到的是一条竖直亮线，其长度与正弦信号电压的峰—峰值成正比（见图2-44）。

（2）仅在水平偏转板（X偏转板）加一扫描（锯齿）电压：为了能使y方向所加的随时间t变化的信号电压$u_y(t)$在空间展开，需在水平方向上形成一时间轴。时间t轴可通过在水平偏转板加一锯齿电压$u_x(t)$（见图2-45），由于该电压在$0\sim1$时间内电压随时间呈线性关系达到最大值，使电子束在屏上产生的亮点随时间线性水平移动最后到达屏的最右端。在$1\sim2$时间内（最理想情况是该时间为零）u_x突然回到起点（即亮点回到屏的最左端）。如此重复变化，若频率足够高的话，则在屏上形成了一条水平亮线（见图2-45），即t轴。

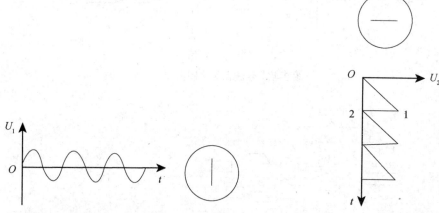

图2-44　仅在垂直偏转板加一正弦电压　　　图2-45　仅在水平偏转板加一扫描（锯齿）电压

（3）常规显示波形：如果在Y偏转板加一正弦电压（实际上任何想观察的波形均可）同时在X偏转板加一锯齿电压，电子束在竖直、水平两个方向的力的作用下，电子的运动是两相互垂直运动的合成。当两电压周期具有合适的关系时，在荧光屏上将能显示出所加正弦电压完整周期的波形图（见图2-46）。

3. 同步原理

（1）同步的概念：为了显示稳定图形（见图2-46），只有保证正弦波到I_y点时，锯齿波正好到I_x点，从而亮点扫完了一个周期的正弦曲线。由于锯齿波这时马上复原，所以亮点又回到A点，再次重复这一过程，光点所画的轨迹和第一周期的完全重合，所以在屏上显示出一个稳定的波形，这就是所谓的同步。

由此可知同步的一般条件为

$$T_x = nT_y, \quad n = 1, 2, 3, \cdots$$

式中，T_x为锯齿波周期；T_y为正弦周期。若$n=3$，则能在屏上显示出3个完整周期的波形。

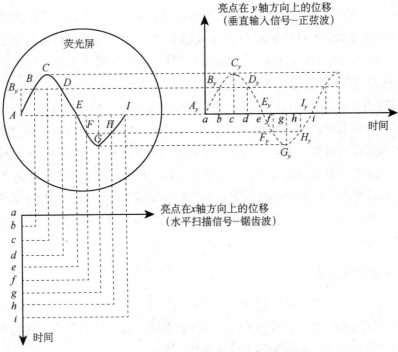

图 2-46 波形显示原理图

如果正弦波和锯齿波电压的周期稍微不同，屏上出现的是一移动着的不稳定图形（见图 2-47）。设锯齿波形电压的周期 T_x 比正弦波电压周期 T_y 稍小，比方说 $T_x = nT_y$，$n = 7/8$。在第一扫描周期内，屏上显示正弦信号 0～4 点的曲线段；在第二周期内，显示 4～8 点的曲线段，起点在 4 处；第三周期内，显示 8～11 点曲线段，起点在 8 处。这样，屏上显示的波形每次都不重叠，好像波形在向右移动。同理，如果 T_x 比 T_y 稍大，则好像在向左移动。以上描述的情况在示波器使用过程中经常会出现。其原因是扫描电压的周期与被测信号的周期不相等或不成整数倍，以致每次扫描开始时波形曲线上的起点均不一样所造成的。

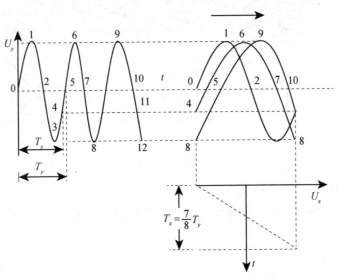

图 2-47 $T_x = 7/8 \, T_y$ 时的波形

（2）手动同步的调节：为了获得一定数量的稳定波形，示波器设有"扫描周期""扫描微调"旋钮，用来调节锯齿波电压的周期 T_x（或频率 f_x），使之与被测信号的周期 T_y（或频率 f_y）成整数倍关系，从而，在示波器屏上得到所需数目的完整被测波形。

（3）自动触发同步调节：输入 Y 轴的被测信号与示波器内部的锯齿波电压是相互独立的。由于环境或其他因素的影响，它们的周期（或频率）可能发生微小的改变。这时虽通过调节扫描旋钮使它们之间的周期满足整数倍关系，但过了一会可能又会变化，使波形无法稳定下来，这在观察高频信号时尤其明显。为此，示波器内设有触发同步电路，它从垂直放大电路中取出部分待测信号，输入扫描发生器，迫使锯齿波与待测信号同步，此称为"内同步"。操作时，首先使示波器水平扫描处于待触发状态，然后使用"电平"（LEVEL）旋钮，改变触发电压大小，当待测信号电压上升到触发电平时，扫描发生器才开始扫描。若同步信号是从仪器外部输入的，则称"外同步"。

4. 李萨如图形的原理

当 x 轴输入扫描信号时，示波器显示 y 轴输入信号的瞬变过程。当 x 轴输入正弦信号，y 轴输入另一正弦信号，两者信号频率成简单整倍数时，观察到的是电子束受两个互相垂直的简谐振动的合成信号，这种图形称李萨如图形（见图 2-48）。

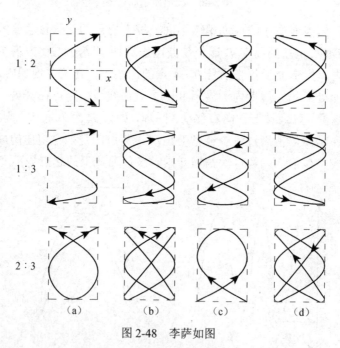

图 2-48　李萨如图

令 f_y 和 f_x 分别代表在 y 方向和 x 方向上正弦信号的频率，当荧光屏上显示出瞬时的李萨如图形时，在水平和垂直方向上分别做二直线与图形相切或相交，数出此二直线与图形的切点数或交点数，则

$$\frac{f_y}{f_x} = \frac{N_x}{N_y}$$

式中，N_x 为水平直线与图形相切的点数；N_y 为垂直直线与图形相切的点数。

或
$$\frac{f_y}{f_x} = \frac{N'_x}{N'_y}$$

式中，N'_x 为水平直线与图形相交的点数；N'_y 为垂直直线与图形相交的点数。

水平直线与图形相切点数为 1 点（a），垂直直线与图形的相切点数为 2 点（b、c）（见图 2-49(a)）

$$\frac{f_y}{f_x} = \frac{1}{2}$$

水平直线与图形的相交点数为 2 点（a、b）；垂直直线与图形的相交点数为 4 点（c、d、e、f）（见图 2-49(b)）。

$$\frac{f_y}{f_x} = \frac{2}{4}$$

在荧光屏上数得水平直线与图形的切点数（或相交点数）和垂直直线与图形的切点数（或相交点数），就可以从一已知频率 f_x（或 f_y）求得另一频率 f_y（或 f_x）。

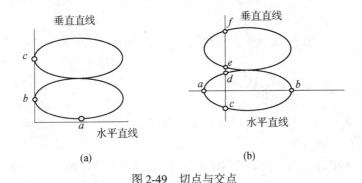

图 2-49　切点与交点

仪器介绍

一、YB4340G 双踪示波器面板分布图（图 2-50）及功能

1. 主机电源

（8）电源开关（POWER）：将电源开关按键弹出即为"关"位置，将电源接入，按电源开关，以接通电源。

（7）电源指示灯：电源接通时指示灯亮。

（2）辉度旋钮（INTENSITY）：顺时针方向旋转该旋钮，亮度增强。接通电源之前将该旋钮逆时针方向旋转到底。

（4）聚焦旋钮（FOCUS）：用亮度控制旋钮将亮度调节至合适的标准，然后调节聚焦旋钮直至轨迹达到最清晰的程度，虽然调节亮度时聚焦可自动调节，但聚焦有时也会轻微变化。如果出现这种情况，需重新调节聚焦。

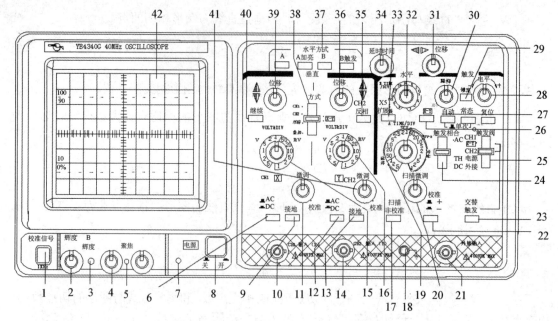

图 2-50 YB4340G 双踪示波器面板分布图

（42）显示屏：仪器的测量显示终端。

（1）校准信号输出端子（CAL）：提供（1±2%）kHz，（2±2%）$V_{P\text{-}P}$ 方波做本机 Y 轴、X 轴校准用。

2. 垂直方向部分

（10）通道 1 输入端[CH1 INPUT（X）]：该输入端用于垂直方向的输入。在 X-Y 方式时输入端的信号成为 X 轴信号。

（14）通道 2 输入端[CH2 INPUT（Y）]：和通道 1 一样，但在 X-Y 方式时输入端的信号仍为 Y 轴信号。

（6）、（9）、（12）、（13）交流—直流—接地耦合选择开关（AC—DC—GND）：选择输入信号与垂直放大器的耦合方式。

交流（AC）：垂直输入端由电容器来耦合。

接地（GND）：放大器的输入端接地。

直流（DC）：垂直放大器的输入端与信号直接耦合。

（15）、（16）衰减器开关（VOLTS/DIV）：用于选择垂直偏转灵敏度的调节。如果使用的是 10∶1 的探头，计算时将幅度×10。

（11）、（41）垂直微调旋钮（VARIABLE）：垂直微调旋钮用于连续改变电压偏转灵敏度，此旋钮在正常情况下应位于顺时针方向旋转到底的位置。将旋钮逆时针方向旋转到底，垂直方向的灵敏度下降到 2.5 倍以下。

（39）、（36）垂直移位（POSITION）：调节光迹在屏幕中的垂直位置。

（38）垂直方式工作开关：选择垂直方向上的工作方式。

通道 1 选择（CH1）：屏幕上仅显示 CH1 的信号。

通道 2 选择（CH2）：屏幕上仅显示 CH2 的信号。

双踪选择（DUAL）：同时按下 CH1 和 CH2 按钮，屏幕上会出现双踪并自动以断续或交替方式同时显示 CH1 和 CH2 上的信号。

叠加（ADD）：显示 CH1 和 CH2 输入电压的代数和。

（35）CH2 极性开关（INVERT）：按此开关时 CH2 显示反相电压值。

3. 水平方向部分

（19）主扫描时间因数选择开关（A time/div）：共 20 挡，在 0.1μs/div～0.5s/div 范围选择扫描速率。

（26）X-Y 控制键：如在 X-Y 方式时，垂直偏转信号接入 CH2 输入端，水平偏转信号接入 CH1 输入端。

（17）扫描非校准状态开关键：按下此键，扫描时基进入非校准调节状态，此时调节扫描微调有效。

（20）扫描微调控制键（VARIBLE）：此旋钮以顺时针方向旋转到底时处于校准位置，扫描由 time/Div 开关指示。该旋钮逆时针方向旋转到底，扫描减慢 2.5 倍以上。正常工作时，（17）键弹出，该旋钮无效，即为校准状态。

（31）水平位移（POSITION）：用于调节轨迹在水平方向上的移动。顺时针方向旋转该旋钮光迹向右移动，逆时针方向旋转该按钮，光迹向左移动。

（33）扩展控制键（MAG×5）：按下去时，扫描因数×5 扩展，扫描时间是 Time/Div 开关指示数值的 1/5。

（32）延时扫描 B 时间系数选择开关（B time/div）：共 12 挡，在 0.1μs/div～0.5ms/div 范围内选择 B 扫描速率。

（31）水平工作方式选择（HORIZ DISPLAY）。

主扫描（A）：按下此键主扫描单独工作，用于一般波形观察。

A 加亮（A INT）：选择 A 扫描的某区段扩展为延时扫描，可用此扫描方式。与 A 扫描相对应的 B 扫描区段（被延时扫描）以高亮度显示。

被延时扫描（B）：单独显示被延时扫描 B。

B 触发（B TRIG）：选择连续延时扫描和触发延时扫描。

4. 触发系统（TRIGGER）

（25）触发源选择开关（SOURCE）：选择触发信号源。

通道 1 触发（CH1，X-Y）：CH1 通道信号是触发信号，在 X-Y 方式时，波动开关应设置于此挡。

通道 2 触发（CH2）：CH2 上的输入信号是触发信号。

电源触发（LINE）：电源频率成为触发信号。

外触发（EXT）：触发输入上的触发信号是外部信号，用于特殊信号的触发。

（23）交替触发（ALT TRIG）：在双踪交替显示时，触发信号交替来自两个 Y 通道，此方式可用于同时观察两路不相关信号。

（21）外触发输入插座（EXT INPUT）：用于外部触发信号的输入。

（28）触发电平旋钮（TRIG LEVEL）：用于调节被测信号在某选定电平触发同步。

（29）电平锁定（LOCK）：无论信号如何变化，触发电平自动保持在最佳位置，不需人工调节电平。

（30）释抑（HOLDOFF）：当信号波形复杂，用电平旋钮不能稳定触发时，可用此旋钮使波形稳定同步。

（22）触发极性按钮（SLOPE）：触发极性选择，用于选择信号的上升沿和下降沿触发。

（27）触发方式选择（TRIG MODE）。

自动（AUTO）：在自动扫描方式时扫描电路自动进行扫描。在没有信号输入或输入信号没有被触发时，屏幕上仍然可以显示扫描基线。

常态（NORM）：有触发信号才能扫描，否则屏幕上无扫描显示。当输入信号的频率低于50Hz时，请用常态触发方式。

复位键（RESET）：当"自动"与"常态"同时弹出时为单次触发工作状态，当触发信号来到时，准备（READY）指示灯亮，单次扫描结束后熄灭，按下复位键（RESET）后，电路又处于待触发状态。

（24）触发耦合（COUPLING）：根据被测信号的特点，用此开关选择触发信号的耦合方式。

交流（AC）：这是交流耦合方式，触发信号通过交流耦合电路，排除了输入信号中的直流成分的影响，可得到稳定的触发。

高频抑制（HF REJ）：触发信号通过交流耦合电路和低通滤波器作用到触发电路，触发信号中的高频成分被抑制，只有低频信号部分能作用到触发电路。

电视（TV）：TV 触发，以便观察 TV 视频信号，触发信号经交流耦合通过触发电路，将电视信号送到同步分离电路，拾取同步信号作为触发扫描用，这样视频信号能稳定显示。TV-H 用于观察电视信号中行信号波形，TV-V：用于观察电视信号中场信号波形。注意：仅在触发信号为负同步信号时，TV-V 和 TV-H 同步。

直流（DC）：触发信号被直接耦合到触发电路，当触发需要触发信号的直流部分或需要显示低频信号以及信号空占比很小时，使用此种方式。

二、SP1641B 型函数信号发生器面板（见图 2-51）及使用说明

①频率显示窗口：显示输出信号的频率或外测频信号的频率。

②幅度显示窗口：显示函数输出信号的幅度。

③扫描宽度调节旋钮：调节此电位器可调节扫频输出的频率范围。在外测频时，逆时针旋到底（绿灯亮），为外输入测量信号经过低通开关进入测量系统。

④扫描速率调节旋钮：调节此电位器可以改变内扫描的时间长短。在外测频时，逆时针旋到底（绿灯亮），为外输入测量信号经过衰减"20dB"进入测量系统。

⑤扫描/计数输入插座：当"扫描/计数"按钮 ⑬ 功能选择在外扫描状态或外测频功能时，外扫描控制信号或外测频信号由此输入。

⑥点频输出端：输出标准正弦波 100Hz 信号，输出幅度 $2V$p-p。

⑦函数信号输出端：输出多种波形受控的函数信号，输出幅度 $20V$p-p（1MΩ 负载），$10V$p-p

（50Ω 负载）。

⑧函数信号输出幅度调节旋钮：最大为 20V。

⑨函数输出信号直流电平偏移调节旋钮：调节范围为-5～+5V（50Ω 负载），-10～+10V（1MΩ 负载）。当电位器处在关位置时，则为 0 电平。

⑩输出波形对称性调节旋钮：调节此旋钮可改变输出信号的对称性。当电位器处在关位置时，则输出对称信号。

⑪函数信号输出幅度衰减开关："20dB""40dB" 键均不被按下，输出信号不经衰减，直接输出到插座口。"20dB""40dB" 键分别被按下，则可选择 20dB 或 40dB 衰减。"20dB""40dB" 同时按下时为 60dB 衰减。

⑫函数输出波形选择按钮：可选择正弦波、三角波、脉冲波输出。

⑬"扫描/计数"按钮：可选择多种扫描方式和外测频方式。

⑭频率微调旋钮：调节此旋钮可微调输出信号频率，调节基数范围为从＜0.1 到＞1。

⑮倍率选择按钮：每按一次此按钮可递减输出频率的 1 个频段。

⑯倍率选择按钮：每按一次此按钮可递增输出频率的 1 个频段。

⑰整机电源开关：此按键按下时，机内电源接通，整机工作。此键释放为关掉整机电源。

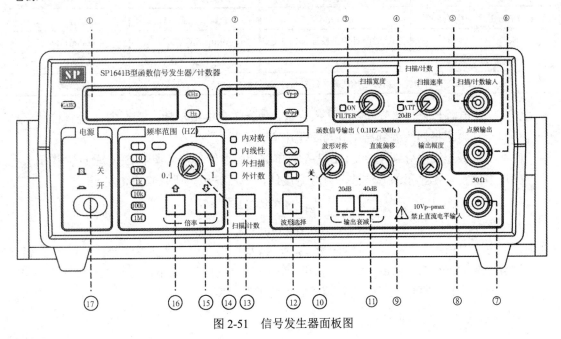

图 2-51　信号发生器面板图

下面介绍 50Ω 主函数信号。

（1）输出端连接 50Ω 匹配器的测试电缆，由前面板插座⑦输出函数信号。

（2）由倍率选择按钮 ⑮ 或 ⑯ 选定输出函数信号的频段，由频率微调旋钮调整输出信号频率，直到所需的工作频率值。

（3）由波形选择按钮 ⑫ 选定输出函数的波形分别获得正弦波、三角波、脉冲波。

（4）由信号幅度选择器 ⑪ 和⑧分别选定和调节输出信号的幅度。

（5）由信号电平设定器⑨选定输出信号所携带的直流电平。

（6）输出波形对称性调节旋钮⑩可改变输出脉冲信号空度比，与此类似，输出波形为三角或正弦时可使三角波调为锯齿波，正弦波调为正与负半周分别为不同角频率的正弦波形，且可移相180°。

实验内容与步骤

一、基础部分

1. 校准示波器

（1）示波器面板控制件的预置。仪器使用时面板控制件位置（以 CH1 输入为例），其他按键为弹出位置。示波器面板控制件的预置位置，如表 2-4 所示。

表 2-4　示波器面板控制件的预置位置

面板控制件	作用位置	面板控制件	作用位置
辉度（2）	顺时针 1/3 处	触发耦合（28）	AC
聚焦（4）	适中	电平锁定（32）	按下
垂直方式（42）	CH1	释抑（34）	逆时针旋到底
垂直位移（40）（43）	适中	触发方式（31）	自动
VOLTS/DIV（10）（15）	0.5V/div	水平显示方式（41）	A
微调（14）（19）	顺时针转至校准位置	A time/div（20）	0.5ms/div
触发源（29）	CH1	水平位移（35）	适中
交流—直流—接地耦合选择开关（11）、（12）、（16）、（18）			交流

（2）打开电源开关，调节辉度和聚焦旋钮，使光迹最细最清晰；调节 CH1 垂直位移、水平位移和光迹旋钮将扫线调到居中并与水平中心刻度平行。

（3）将探极连线接分别连接 CH1 输入端和 $V_{p\text{-}p}$ 校准信号端，调节 CH1 垂直位移和水平位移到适中位置，使显示的方波波形对准刻度线，最后算出电压峰峰值和周期。

$$V_{p\text{-}p} = A \times V/div$$

$$T = B \times time/div$$

式中，A 为波形在屏上所占垂直格数；B 为一个波形周期在屏上所占水平格数。在读 A 和 B 时，注意还要估读小格，V/div 和 A time/div 旋钮每一级对应一大格，每一大格分为 5 小格。

与标称值比较计算电压峰峰值和频率的相对不确定度。

2. 观测信号波形并测量电压峰峰值和频率

（1）信号发生器的调节。信号发生器面板控制件的预置位置如表 2-5 所示。

表 2-5　信号发生器面板控制件的预置位置

面板控制件	作用位置
函数输出波形选择按钮	任选一种波形
扫描宽度，扫描速率，波形对称，直流偏移	逆时针旋到底
频率范围选择开关	1kHz

（续表）

面板控制件	作用位置
频率调节旋钮（FREQUENCY）	1kHz 附近
幅度调节旋钮（AMPLITUDE）	调节使输出信号幅度适中
20dB，40dB，输出衰减	弹出
扫描/计数	均处于不亮状态

（2）把信号发生器信号加到示波器 CH2，调整扫描时间选择旋钮，观察到 1、2、…、n 个完整波形（$n>1$）（注意：此时示波器的垂直方式（42）、触发源（29），均应放在 CH2）。

（3）调节 CH2（X 轴）衰减器旋钮，和扫描时间选择旋钮，获得稳定波形（注：微调旋钮置于校准位置）。

（4）根据衰减器旋钮的（V/div）值（此时应置微调旋钮于标准状态）与屏幕刻度，读出电压峰峰值 V_{P-P}；根据扫描时间选择旋钮的（time/div 值）（此时应置微调旋钮于标准状态）与屏幕刻度，读出信号周期 T。

与信号发生器的标称值比较计算电压峰峰值和频率的相对不确定度。

二、提高部分

1. 观察李萨如图形

（1）按下示波器的 X-Y（30）键。

（2）将触发源（29）置于电源。此时就有 50Hz 的正弦交流电压进入"X 轴"。

（3）示波器的垂直方式（42）置于 CH2。

（4）从信号发生器取正弦交流信号由 CH2 输入"Y 轴"。

（5）分别观察 $f_y:f_x=1:2$、$1:1$、$3:2$、$2:1$、$3:1$ 的李萨如图形，并描绘这些李萨如图形，测量 f_y 的实际值，计算其不确定度。

2. 利用李萨如图形进行未知频率的测量

内容略。

注意事项

示波器光点的亮度不宜过高，且不能在某一位置停留时间太久。

信号发生器信号输出幅度不能过大，否则信号会失真。

思考题

1. 用示波器观察信号时，若荧光屏上出现下列图形（见图 2-52），问哪些旋钮位置不对？应如何调节？

2. 观察李萨如图形时，能否用示波器的"同步"把图形稳定下来？李萨如图形为什么一般都在动？主要原因是什么？

3. 示波器能否用来测量直流电压？如果能测，应如何进行？

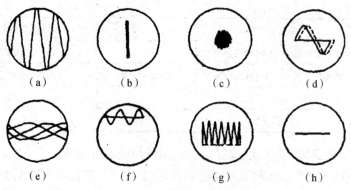

图 2-52 示波器荧光屏上显示的不正常图形

2.11 分光计的调整

分光计实验微课
视频

分光计（分光仪）是一种精确测量角度和分光的光学仪器。通过角度测量可间接地测出棱镜折射率、光波波长、色散率等一系列光学量。

分光计装置精密，结构复杂，使用时必须严格按操作程序调整。它的调整方法和操作技能在光学仪器中具有一定的普遍意义，而且它的基本光学结构又是许多光学仪器（如摄谱仪、单色仪、分光光度计等）的基础。

实验目的

1. 了解分光计的结构，掌握分光计的调整方法。
2. 使用分光计测定三棱镜的顶角。

实验仪器

JJY—1 型分光计及其附件、钠光灯。

实验原理

分光计有多种型号，其结构均大同小异，如图 2-53 所示。分光计一般由 4 个部件组成：平行光管、望远镜、载物台和读数装置。分光计的底座中心有一固定竖轴，称为分光计的中心旋转轴。除平行光管外，其余部件均可绕中心轴转动。

1. 平行光管

平行光管用来产生平行光束（见图 2-54）。管的一端装有消色差透镜，另一端内插入一套筒，套筒末端为一可调狭缝。旋转手轮（图 2-53 中 26）可调节狭缝宽度。伸缩套筒可改变狭缝至透镜之间的距离。当其间距等于透镜的焦距时，就能使照在狭缝上的光经过透镜后成为平行光射出。螺钉（图 2-53 中 25）可调节平行光管的俯仰倾斜程度。

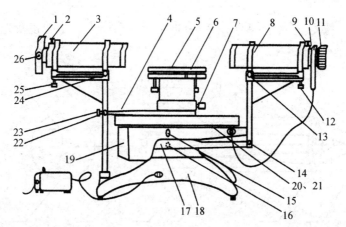

1—狭缝装置；2—狭缝装置锁紧螺钉；3—平行光管；4—制动架（二）；5—载物台；6—载物台调节螺钉（3 只）；
7—载物台锁紧螺钉；8—望远镜；9—目镜锁紧螺钉；10—阿贝式自准直目镜；11—目镜调节手轮；12—望远镜
仰角调节螺钉；13—望远镜水平调节螺钉；14—望远镜微调螺钉；15—转座与刻度盘止动螺钉；16—望远镜
止动螺钉；17—制动架（一）；18—底座；19—转座；20—刻度盘；21—游标盘；22—游标盘微调螺钉；
23—游标盘止动螺钉；24—平行光管水平调节螺钉；25—平行光管仰角调节螺钉；26—狭缝宽度调节手轮

图 2-53　JJY—1 型分光计外形图

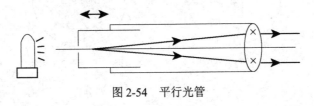

图 2-54　平行光管

2. 望远镜

望远镜用来观察平行光及确定它的方位（见图 2-55）。它由消色差物镜和目镜组成，A 筒为阿贝目镜。B 筒上装有全反射小棱镜（在其涂黑的端面上刻有透光小十字）和分划板（为了调节和测量，板上刻有上十字叉丝、中十字叉丝，上十字交点与透光小十字处于中十字的对称位置）。C 筒上有一固定物镜。移动 A 可以改变目镜与分划板之间的距离，使在目镜视场中能清晰地看到叉丝像，即目镜对叉丝调焦（见图 2-55）。前后移动 B 可以改变分划板与物镜之间的距离，使叉丝位于物的焦平面上，则无穷远处的物体一定会成像在分划板上，亦即望远镜适于接收并观察平行光。这时，若在物镜前放一垂直于望远镜光轴的平面镜，当灯泡照亮了十字叉丝，并将发光小十字（亮十字）投射出去，经物镜后变成平行光射到平面镜，反射后重新返回并成像在物镜的焦平面（十字叉丝）上，从而在目镜中可清晰看到小十字的反射像（称为自准直反射像）。由于小十字与上十字叉丝处于中十字叉丝的对称位置上，所以当望远镜光轴与平面镜垂直时，小十字的自准直反射像必与上十字叉丝重合（见图 2-55）。

3. 载物台

载物台是用来放置及改变待测器件（如平面镜、棱镜、光栅等）位置的平台。平台下方有呈正三角形分布的 Z_1、Z_2、Z_3 三只调平螺钉（图 2-53 中 6），可用来调节平台面使之与中心轴垂直。旋松螺钉（图 2-53 中 7），可调节平台的高度。平面镜及光栅放置方法有两种（见图 2-56），以便调节。

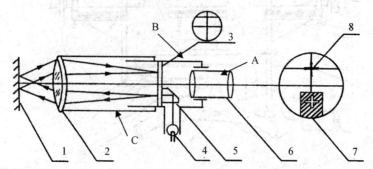

1—平面镜；2—物镜；3—分化板；4—小电珠；5—小棱镜；6—目镜；7—目镜视场；8—绿十字反射镜

图 2-55　阿贝式自准直望远镜的构造

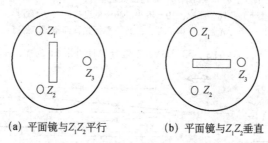

(a) 平面镜与Z_1Z_2平行　　　(b) 平面镜与Z_1Z_2垂直

图 2-56　载物平台上器件放置

4. 读数装置（见图 2-57）

读数装置由一个刻度盘 A（图 2-53 中 20）和一个游标盘 B（图 2-53 中 21）所组成，可分别与望远镜或载物台相连。它们的相对转动角度，可以从左右两个角游标上读出。刻度盘按圆周等分成 360 个大格，720 个小格，其大格值为 1°，小格值为 360°/720=30′。小于 30′的读数由游标读出。游标圆弧等分成 30 格，其弧长等于刻度盘的 29 小格，故为 1/30 游标，刻度盘每小格为 30′，则读数精度为 30′/30=1′，所以 JJY-1 型分光计游标上每一格对应的角度为 1′，此即为 JJY-1 型分光计的精度。

读数方法按游标原理读取：从游标的"0"线对准的刻度盘上读出 A 值（几度几分），再找游标上与刻度盘重合的刻线，并由游标上读出 B 值（几分），此二值之和即该位置所处的角度值，即 $\theta = A + B$。图 2-57 中的读数，刻度盘为 331°30′稍多一点，游标盘上的第 25 格恰好与刻度盘上的刻度对齐，因此读数为 331°30′ + 25′ = 331°55′。

为了消除刻度盘中心与分光计中心转轴的偏心而引起的误差（即所谓仪器的偏心差），在刻度盘对径方向设有两个对称的角游标。每次皆应读出两个游标的读数，并分别求出它们转过的角度，再取平均，以消除偏心差。

计算望远镜转过角度的方法：设起始位置两角游标的读数为 $\theta_左$ 与 $\theta_右$；测量位置时两游标的读数为 $\theta'_左$ 与 $\theta'_右$，则转过的角度为

$$\varphi = \frac{1}{2}\left(\left|\theta'_左 - \theta_左\right| + \left|\theta'_右 - \theta_右\right|\right)$$

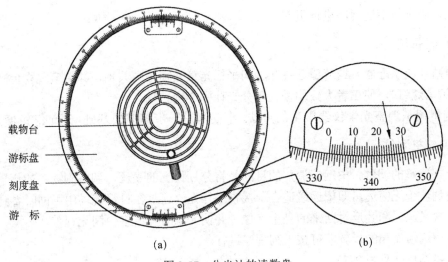

(a)　　　　　　　　　　　　　　　　　(b)

图 2-57　分光计的读数盘

必须指出：在计算望远镜转过的角度时，要注意望远镜是否经过了刻度盘零点（0°刻线）。当读数增大或减小而转过零点时，那个刻度值应加上 360°。例如，当望远镜由位置 I 转到位置 II 时，测得的数据如表 2-6 所示。

表 2-6　测得的数据

望远镜的位置	I	II
左游标	175° 45′（$\theta_{左}$）	295° 43′（$\theta'_{左}$）
右游标	355° 45′（$\theta_{右}$）	115° 43′（$\theta'_{右}$）

可见，左游标未经过零点，望远镜转过的角度为

$$\varphi = \theta'_{左} - \theta_{左} = 119°58'$$

而右游标经过了零点，这时应按如下计算

$$\varphi = \left(\theta'_{右} + 360°\right) - \theta_{右} = \left(115°43' + 360°\right) - 355°45' = 119°58'$$

仪器简介

JJY—1 型分光计原理与结构参看实验原理中相关的介绍。

实验内容与步骤

一、基础部分

（一）分光计的调整

实验前，要了解分光计的结构和性能。精密光学测量使用的都是平行光，分光计也是按此设计的。故在使用时须调整好分光计，以达到如下的要求：

● 望远镜能接收平行光。

● 平行光管能发出平行光。

● 望远镜和平行光管的光轴所组成的平面垂直于分光计的中心旋转轴。

● 望远镜光轴与平行光管光轴所组成的平面与载物台平面及刻度盘平面平行。

为此，必须按下述程序进行调整。

1. 目测粗调

用眼睛（或水准器）调节望远镜光轴和平行光管光轴等高共轴，并调节载物台平面水平（调三个调节螺钉），使三者大致均垂直于分光计中心旋转轴。

目测粗调是调整光学仪器常用的方法，不仅是进一步细调的基础，还可缩短调节时间。

2. 调整望远镜

（1）望远镜的调焦。望远镜调焦的目的是将分划板上的叉丝，调整到物镜的焦平面上，使望远镜调焦于无穷远，即望远镜适合于接收平行光。这时在目镜视场中可同时看到清晰的小十字（含叉丝）和其反射回来的亮十字像，并使叉丝与亮十字像间无视差。

（2）望远镜调焦的步骤，可按下列程序进行。

①目镜调焦（见表2-7）。

表2-7　目镜调焦

调节要求	清晰地看到叉丝和透光小十字	
调节	说明	视场显示
通电照明小十字及叉丝	叉丝较模糊	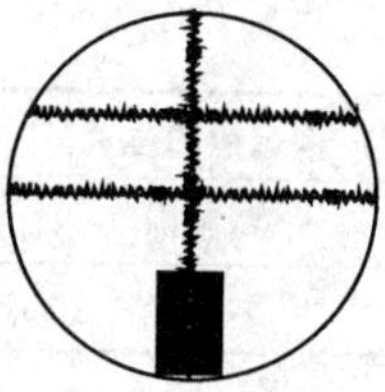
旋动目镜	使叉丝及小十字由模糊变成清晰为止	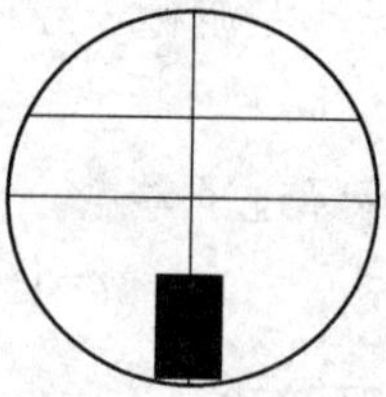

②物镜调焦（见表2-8）。

表2-8　物镜调焦

调节要求	使分划板处于物镜的焦平面上	
调节方法及标志	采用自准法，在视场中同时看清小十字及反射的自准像	
调节	说明	视场显示
将载物台面与台基紧贴后，置平面镜于平台上。再使望远镜光轴大致垂直平面镜	仔细调节望远镜的俯仰角及左右转动载物台，使视场中能看到小十字的反射自准像（可能较模糊）	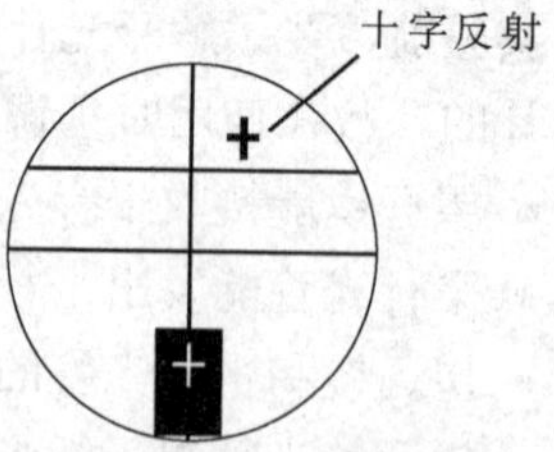

（续表）

调节	说明	视场显示
前后移动目镜系统，即调节分划板与物镜的间距	从目镜中能清晰地看到小十字反射自准像，此时叉丝，小十字及其像皆十分清晰	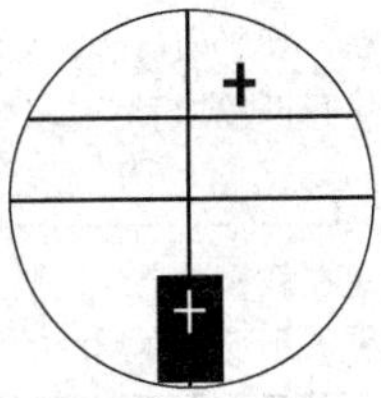
再调目镜系统以消除视差	眼睛上下左右移动时，小十字反射像与叉丝之间无相对位移	

③望远镜与载物台联合调节（见表 2-9）。

表 2-9　望远镜与载物台联合调节

调节要求	使望远镜光轴与仪器中心旋转轴垂直，并使载物台面与中心旋转轴垂直	
调节方法及标志	采用望远镜与载物台各半调节法，使平面镜在载物台的两个方位上前后两表面反射回来的小十字像始终与分划板"上十字叉丝"重合	
调节	说明	视场显示
旋转载物台，使平面镜前后两面反射的小十字自准像皆在望远镜视场之内	如看不到，可重复调节物镜调焦步骤，直到前后两面均能观察到小十字的自准像为止，设其中一面的小十字自准像与"上十字叉丝"距离为 h	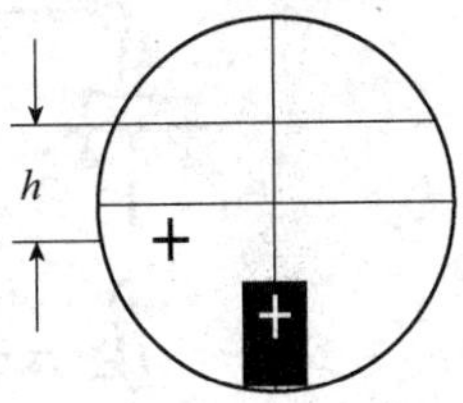
调节载物台的三个调节螺钉，使小十字的自准像靠近"上十字叉丝"，使之距离约为 $h/2$	即调节载物台使自准像到位的距离缩小一半	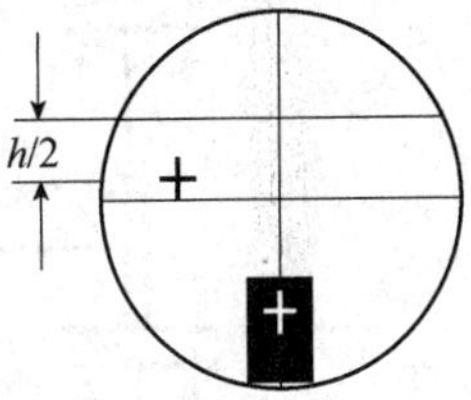
调节望远镜俯仰角，使小十字的自准像移至上十字叉丝	调节望远镜完成了自准像到位的另一半	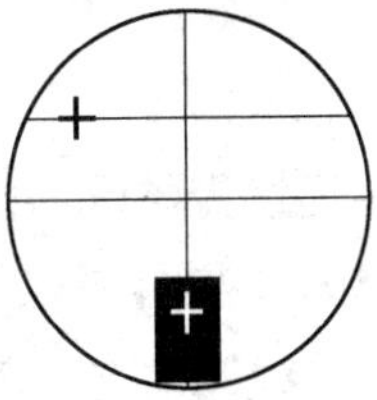
旋转载物台，使平面镜另一反射面的小十字自准像落在望远镜视场中，并用各半调节法使小十字自准像与"上十字叉丝"重合	为了检验望远镜光轴是否与分光计旋转轴垂直，以及检验光轴在载物台面的投影线是否与分光计旋转轴垂直。若调节好，即完成上述两个垂直操作	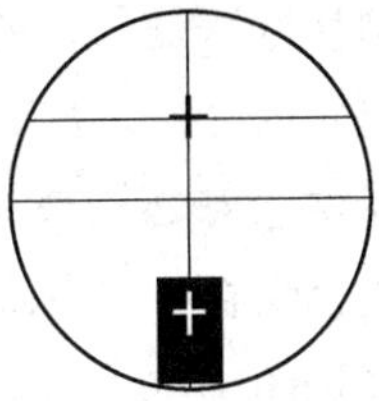

（续表）

调节	说明	视场显示
旋转载物台，使平面镜前后两面反射的小十字自准像均与"上十字叉丝"重合	均用望远镜与载物台各半调节之，直至满足要求	

改变平面镜在载物台上的位置，再用各半调节法，使小十字反射像与"上十字叉丝"重合，直到平面镜在载物台上任意两个位置，正反两面反射的小十字自准像均在"上十字叉丝"为止

至此，望远镜与载物台均调节完毕。

在调整过程中出现的某些现象是何原因？调整什么？应如何调整，这是要分析清楚的。例如，是调载物台还是调望远镜？调到什么程度？

● 载物台倾角没调好的表现及调整。假设望远镜光轴已垂直仪器主轴，但载物台倾角没调好（见图2-58）。平面镜A面反射光偏上，载物台转180°后，B面反射光偏下，在目镜中看到的现象是A面反射像在B面反射像的上方。显然，调整方法是把B面像（或A面像）向上（向下）调到两像点距离的一半，使镜面A和B的像落在分划板上同一高度。

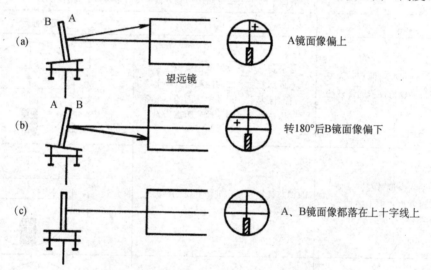

图2-58　载物台倾角没调好的表现及调整原理

● 望远镜光轴没调好的表现及调整。假设载物台已调好，但望远镜光轴不垂直仪器主轴（见图2-59）。在图2-59（a）中，无论平面镜A面还是B面，反射光都偏上，反射像落在分划板上十字线的上方。在图2-59（b）中，镜面反射光都偏下，反射像落在上十字线的下方。显然，调整方法是只要调整望远镜仰角调节螺钉（图2-53中12），把像调到上十字线上即可（见图2-59（c））。

● 载物台和望远镜光轴都没调好的表现和调整方法。其表现是两镜面反射像一上一下。先调载物台螺钉，使两镜面反射像的像点等高（但像点没落在上十字线上），再把像调到上十字线上（见图2-59（c））。

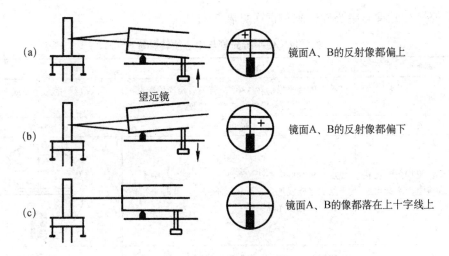

图 2-59　望远镜光轴没调好的表现及调整原理

3. 调整平行光管

调整平行光管的步骤，可按下列程序进行。

（1）调节平行光管产生平行光（见表 2-10）。

表 2-10　调节平行光管产生平行光

调节要求	使狭缝处在平行光透镜的焦平面上	
标志	在望远镜中能看到清晰的狭缝像，并与叉丝间无视差	
调节	说明	视场显示
目视：使平行光管光轴与望远镜光轴大致平行（注意：望远镜已调好，调节时只能动平行光管的调节螺钉）	拿下平面镜，使望远镜正对平行光管。调节平行光管俯仰角，使两者光轴大致共轴	
将光源均匀照亮狭缝，调节狭缝宽度，通过望远镜观察，使缝宽约为 0.3mm	在望远镜中看到模糊的狭缝像。说明这时平行光管射出的不是平行光	
改变狭缝与平行光管透镜间的距离，使狭缝在视场中成像清晰	呈清晰的狭缝像，说明狭缝成像在叉丝平面且与叉丝无视差，此时通过平行光管透镜的光已为平行光	

（2）使平行光管与中心旋转轴垂直（见表 2-11）。

表 2-11　使平行光管与中心旋转轴垂直

调节要求	使平行光管与望远镜共轴	
标志	使狭缝的水平像旋转 180°，若前后两次均落在"中十字叉丝"的水平横线上，或处于"中十字叉丝"水平横线的对称位置	
调节	说明	视场显示
微调平行光管俯仰角。使狭缝像中心线与中十字叉丝水平横线重合	使水平狭缝像中心线位于视场，并使之与中十字叉丝水平横线重合。若狭缝不偏心，此时平行光管已与望远镜光轴共轴	
将狭缝旋转 180°，使狭缝水平像旋转前后处于中十字叉丝水平横线的对称位置	若狭缝旋转 180° 后其水平像仍与中十字叉丝水平横线重合，说明已调好，且狭缝在平行光管中不偏心；若狭缝转 180° 后偏离了中十字叉丝水平横线，则应微调平行光管俯仰角拉回偏离的一半，使旋转 180° 前后狭缝的水平像相对于中十字叉丝横线对称	

　　至此，再将狭缝转 90°，使之竖直，即可应用，平行光管调节完毕。

　　除了因更换待测器件（如平面镜、三棱镜、光栅等）需微调载物台调平螺钉以外，不应再去调动已调好的望远镜及平行光管，否则又需重新统调。

（二）测三棱镜的顶角 A

1. 三棱镜的调整

　　将三棱镜（见图 2-60）放在载物台平面上，使三个调节螺钉每两个连线与三棱镜的镜面正交。点亮小灯照明叉丝。转动载物台使 AC 面正对望远镜时，调节 Z_1 使 AC 面与望远镜光轴垂直；然后调节 Z_2：使 AB 面正对望远镜，与望远镜光轴相垂直。直至由两个侧面（AB 和 AC）反射回来的亮十字自准像均与上十字叉丝重合。

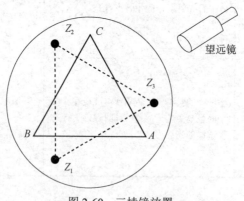

图 2-60　三棱镜放置

　　注意：三棱镜的调整仅是调节载物台的调平螺钉，不应调节望远镜。

2. 自准法测棱镜的顶角

当 AB 面对准望远镜，且反射回来的亮十字自准像与上十字叉丝重合时，记下两个游标的读数 $\theta_{左}$、$\theta_{右}$。然后再转动望远镜（此时游标盘不能动而刻度盘与望远镜一齐连动），使 AC 面反射回来的亮十字自准像与上十字叉丝重合，记下 $\theta'_{左}$、$\theta'_{右}$（见图 2-61）。

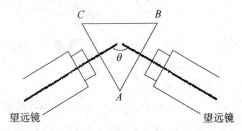

图 2-61　用自准法测三棱镜顶角

两次读数之差即为棱镜顶角 A 的补角 θ

$$\theta = \frac{1}{2}\left[\left|\theta'_{左} - \theta_{左}\right| + \left|\theta'_{右} - \theta_{右}\right|\right]$$

则三棱镜顶角 A 为

$$A = 180° - \theta \tag{2.69}$$

按以上步骤进行多次测量，并算出平均值。

根据式（2.69）求出 A 值，和标准值相比较，算出相对不确定度。

二、提高部分——用最小偏向角法测三棱镜材料的折射率

一束单色光以 i_1 角入射到 AB 面上，经棱镜两次折射后，从 AC 面射出来，出射角为 i'_2。入射光和出射光之间的夹角 δ 称为偏向角（见图 2-62）。当棱镜顶角 A 一定时，偏向角 δ 的大小随入射角 i_1 的变化而变化。而当 $i_1 = i'_2$ 时，δ 为最小（证明略），这时的偏向角称为最小偏向角，记为 δ_{min}。

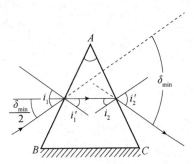

图 2-62　三棱镜最小偏向角原理图

$$i'_1 = \frac{A}{2}$$

$$\frac{\delta_{min}}{2} = i_1 - i'_1 = i_1 - \frac{A}{2} \tag{2.70}$$

$$i_1 = \frac{1}{2}(\delta_{min} + A)$$

设棱镜材料折射率为 n，则

$$\sin i_1 = n \sin i_1' = n \sin \frac{A}{2}$$

故

$$n = \frac{\sin i_1}{\sin \frac{A}{2}} = \frac{\sin \frac{\delta_{\min} + A}{2}}{\sin \frac{A}{2}}$$

（2.71）

由此可知，要求得棱镜材料的折射率 n，必须测出其顶角 A 和最小偏向角 $\delta_{\min}$。

下面介绍三棱镜最小偏向角的测量步骤。

（1）平行光管狭缝对准前方钠灯光源。

（2）旋松望远镜止动螺钉（图 2-53 中 16）和游标盘止动螺钉（图 2-53 中 23），把载物台及望远镜转至如图 2-63 中所示的位置（1）处，再左右微微转动望远镜，找出棱镜出射的钠灯光谱线。

（3）轻轻转动载物台（改变入射角 i_1），在望远镜中将看到谱线跟着动。改变 i_1，应使谱线往 δ 减小的方向移动（向顶角 A 方向移动）。望远镜要跟踪光谱线转动，直到棱镜继续转动，而谱线开始要反向移动（即偏向角反而变大）为止。这个反向移动的转折位置，就是光线以最小偏向角射出的方向。固定载物台（锁紧图 2-53 中的 23），再使望远镜微动，使其分划板上的中心竖线对准钠灯光谱线。

（4）测量。记下此时两游标处的读数 θ_1 和 θ_2，取下三棱镜（载物台保持不动），转动望远镜对准平行光管（见图 2-63 中的 (2)），以确定入射光的方向，再记下两游标处的读数 θ_1' 和 θ_2'。此时绿谱线的最小偏向角为

$$\delta_{\min} = \frac{1}{2} \left[|\theta_1 - \theta_1'| + |\theta_2 - \theta_2'| \right]$$

将 $\delta_{\min}$ 值和测得的棱镜 A 角平均值代入式（2.71）计算 n。

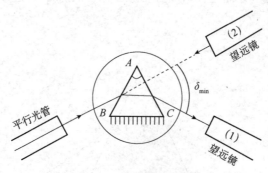

图 2-63　测最小偏向角方法

注意事项

（1）不能用手触摸仪器的光学面（如刻度盘及游标盘上的刻度、所附平面镜、三棱镜、光栅等的光学面），以免污损；若有污物或灰尘，应用专用擦镜纸或乙醚酒精擦洗。

（2）由于分光计的调节螺钉甚多，所以进行调整前，应先弄清各螺钉的作用和位置，使用时要轻旋缓动。将制动或锁紧螺钉拧紧后，该部件即被紧固，不能强行转动，以免损伤仪器。

思考题

图 2-64　题 2 图

1. 如何调节使望远镜聚焦于无穷远处，望远镜光轴与中心转轴相垂直，平行光管射出平行光？它们在视场中应如何判断？

2. 按图 2-64 放置三棱镜有何方便之处？

3. 在实验中如何确定最小偏向角的位置？

4. 若刻度盘中心 O 与游标盘的中心 O' 不重合（见图 2-65），则游标转过 ϕ 角时，从刻度盘上读出的角度 $\phi_1 \neq \phi_2 \neq \phi$，但 ϕ 总等于 ϕ_1 和 ϕ_2 的平均值，即

$$\phi = \frac{1}{2}(\phi_1 + \phi_2)$$

试证明之。

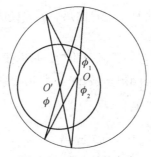

图 2-65　偏心差的产生

2.12　Pasco 实验

2.12.1　热机循环

热力发动机（热机）是指各种利用内能做功的机械，其原理是将燃料的化学能转化成内能再转化成机械能的机器动力机械的一类，如蒸汽机、汽轮机、燃气轮机、内燃机、喷气发动机等。热机通常以气体作为工质（传递能量的媒介物质叫工质），利用气体受热膨胀对外做功。自热机出现以来，人们一直从实验和理论上研究其效率问题。大量研究工作一方面为提高热机效率指明了的方向，另一方面推动了热学理论的发展。

实验目的

（1）研究热机将热转换为功的过程和原理。

（2）学会计算热机循环的效率。

（3）探索提高热机循环效率的方法。

实验原理

热机是依靠从热源吸收热量，向低温热源释放热量来工作的一种装置。其理论基础为：

理想气体方程式 $PV=nRT$，将热力系统视为理想气体，再经热力过程变化时，将满足理想气体方程式。

热力学第一定律：热力过程的变化，由能量守恒的推导，可得

$$dU = dQ - dW$$

式中，dU 为系统内能变化；dQ 为加入系统的热能；dW 为系统对外界所做的功。

内能函数 U 为状态函数，故热力系统经一循环过程，末状态等于初状态，其内能相同，故 $dU = 0$。

dQ 为热力过程加入系统的热能，其值和变化的过程有关。

绝热过程：$dQ = 0$。

等压过程：$dQ = nC_p dT$。

定容过程：$dQ = nC_v dT$。

式中，C_p、C_v 分别为气体的定压比热及定容比热。若系统吸热，dQ 为正值；若排热，dQ 为负值。

dW 为热力系统在热力过程中对外界所做的功，其形式为：$dW = PdV$，dW 为微量变化的功，在这一完整过程中做功为 $W = \int dW = \int PdV$，即热力系统 P—V 图曲线下的面积，故

等压过程：$W = P\Delta V = P(V_2 - V_1)$。

等温过程：$W = \int PdV = \int_{V_1}^{V_2} \frac{nRT}{V} dV = nRT \ln \frac{V_2}{V_1}$。

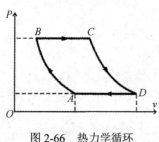

图 2-66　热力学循环

若系统膨胀，W 为正值；若系统压缩，W 为负值。

热力学第二定律：热机在一热力循环过程中，要将能量全部转换为功，这是不可能的，讨论其能量转换的比例，定义热机的效率 $\varepsilon = \dfrac{W_{total}}{Q_{in}}$，故热机的效率无法达到 100%。

本实验利用两个等压过程，两个等温过程构成一个循环，如图 2-66 所示。

其热机循环的过程介绍如下。

$A \to B$：等温压缩（系统做负功，系统放出热量），在温度 $T_A = T_B$ 下，使压力由 $P_A \to P_B$。此等温过程，对外做功 $W_1 = nRT_A \ln \dfrac{V_B}{V_A}$；吸收热量 $Q_{放} = -nRT_A \ln \dfrac{V_A}{V_B}$，或者都改为正值，容易理解一些。

$A \to B$：系统对外做功 $W_1 = -nRT_A \ln \dfrac{V_A}{V_B}$（负功），那么系统吸收的热量为负值，$Q_{吸} = nRT_A \ln \dfrac{V_B}{V_A}$，或者说是在放出热量 $Q_{放} = nRT_A \ln \dfrac{V_A}{V_B}$。

$B \to C$：等压膨胀（系统做正功，系统吸收热量），在压力（P_B）下，温度由 $T_B \to T_C$，此过程对外做功为 $W_2 = P_B(V_C - V_B)$，所吸收热量为 $Q_1 = nC_P(T_C - T_B)$。

$C \to D$：等温膨胀（系统做正功，系统吸收热量），在温度（T_C）下，压力由 P_C 降为 P_D，

此过程对外做功为 $W_3 = nRT_C \ln \dfrac{V_D}{V_C}$；所吸收热量 $Q_2 = nRT_C \ln \dfrac{V_D}{V_C}$。

$D \to A$：等压压缩（系统做负功，系统放出热量），在固定压力（P_D）下，温度由 $T_D \to T_A$，构成一循环过程，其做功为 $W_4 = P_D(V_A - V_D)$，放出热量 $Q_{放} = nC_P(T_A - T_D)$。

其所做总功 $W = W_1 + W_2 + W_3 + W_4$

$$= -nRT_A \ln \frac{V_A}{V_B} + P_B(V_C - V_B) + nRT_C \ln \frac{V_D}{V_C} - P_D(V_D - V_A)$$

加入热量 $Q_{in} = Q_1 + Q_2 = nC_P(T_H - T_L) + nRT_C \ln \dfrac{V_D}{V_C}$

$$nC_P(T_C - T_B) = \frac{C_P P_B(V_C - V_B)}{C_P - C_V} = \frac{P_B(V_C - V_B)}{1 - \dfrac{1}{\gamma}} = \frac{P_B(V_C - V_B)\gamma}{\gamma - 1}$$

其中，$\gamma = \dfrac{C_P}{C_V}$，空气（双原子气体）的 $\gamma = 1.40$。

故热机效率 $\varepsilon = \dfrac{W}{Q_{in}}$

$$= \frac{-nRT_A \ln \dfrac{V_A}{V_B} + P_B(V_C - V_B) + nRT_C \ln \dfrac{V_D}{V_C} - P_D(V_D - V_A)}{\dfrac{P_B(V_C - V_B)\gamma}{\gamma - 1} + nRT_C \ln \dfrac{V_D}{V_C}}$$

实验仪器

热机 TD-8572、大支架 ME-8735、200g 奥豪斯开槽配重砝码 SE-8726、钻孔配重（10g 和 20g）648-06508、塑料容器 740-183、拉线 699-011、旋转运动传感器 CI-6538、温度传感器 CI-6505B、压力传感器 CI-6534A。

实验内容及步骤

在本实验中，热机由一种中空的圆筒构成。当铝制空罐子浸入热水时，罐子中的空气开始膨胀，膨胀的空气推动活塞，活塞向上举起重物以此做功。当然，热机循环实验也可以将罐子浸入冷水中，以此来实现气压和圆筒中空气的体积回到实验开始的状态。

1. 计算机的安装

（1）将 Science Workshop750 接口匣电源打开，再开计算机主机。

（2）将温度、压强及滑轮转动感应器接到正确的插口，如图 2-67 所示。

（3）启动计算机桌面上 DataStudio 软件，在弹出的对话框中选择第二个选项进入"实验设置"页面，单击 SW 图标，具体按照图 2-68 所示接口的标注。分别对孔 1、2、A、B 和 C 选择正确的输入。

2. 仪器的安装和使用

总的实验过程分为 4 步：① $A \to B$，把 200g 重物放置于平台上；② $B \to C$，把铝制空气罐子从冷水移动到热水中；③$C \to D$，把 200g 重物从平台上移开；④$D \to A$，把罐子从热水移动到冷水中。下面详细介绍整个实验过程。

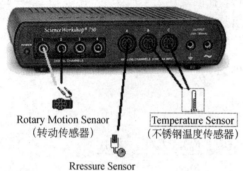

图 2-67　Science Workshop750 接口闸和窗口接口模拟图

（1）准备大约 20℃冷水及 80℃热水，约至容器的四分之三。

（2）将活塞调至刻度 20mm 左右，再将右边的插孔接上压力感应器。

（3）活塞仪左边的插孔接上铝制罐子，并将其放入 20℃的冷水中，此时温度感应器也一并放在冷水中，同时按下计算机上的"启动"键，迅速把 200g 砝码放在活塞仪上（两人协作，这三个动作同时进行）。

（4）等到活塞不再移动后，迅速将铝制空气室移至 80℃的热水中。

（5）待活塞停止上升后，移走其上所有的砝码。

（6）再次等待活塞停止上升，再迅速将铝制空气室移至 20℃的冷水中。

图 2-68　热机装置

（7）直到活塞不再下降，按下计算机上的"停止"键，实验结束，至左下角"显示"窗口中读取所得的数据。"显示"栏中先选择"图表"，再选择"压力通道"，出现压力（纵轴）和时间（横轴）的关系图，单击横轴上的时间，选择体积"V=pi*r*r*x*100"，这时出现 P—V 图。

（8）绘出的 P—V 图，显示出整个循环过程。计算循环路径所包围的面积（即热机循环对外所做的功），并和理论值比较。

（9）计算出本热机的效率，并与理想热机效率 $\varepsilon = 1 - \dfrac{T_L}{T_H}$ 比较。

数据处理

（1）将循环图表打印出来。在图表的 4 个角上面标明 A、B、C、D。确定 A、B、C、D 点的温度。在图表上标注箭头以此显示出循环过程的方向。

（2）确定 $A \to B$、$B \to C$、$C \to D$、$D \to A$ 这 4 个过程属于哪种类型（例如：等温），确定这些过程中的物理过程（例如：放上重物，放入热水中）。

（3）确定并且标注哪两个过程中气体热能增加。

（4）在 $B \to C$ 过程中气体等压膨胀，气体从热源吸热，计算此过程中气体热量增加 Q_H，然后计算以下参数：

①我们不知道初始体积 V，但我们可以根据测量罐子的体积和圆筒里面初始空气的体积从而计算出 V，当然塑料管中的体积是被忽略的。

$$V = (\pi r^2 h)_{\text{can}} + (Ah_0)_{\text{cylinder}}$$

这里 A 是活塞的横截面积。

用等压条件下理想气体定律 $V_A / T_A = V_D / T_D$ 来计算 V_D。

②用等温条件下理想气体定律计算 V_C：$P_C V_C = P_D V_D$。

③计算 $Q_{C \to D}$。在等温条件下，$Q = nRT \ln (V_f / V_i)$，因为 $PV = nRT$，所以 $Q_{C \to D} = P_D V_D \ln (V_D / V_C)$，绝对压强 $P = P_{\text{仪表}} + P_{\text{大气}}$。

④计算 $Q_{B \to C}$，在等压条件下，$Q = nCp\Delta T$，并且因为空气为二原子分子气体，$C_p = 7/2\,R$，$nR = PV/T$，$Q_{B \to C} = \dfrac{7}{2}\dfrac{P_C V_C}{T_C}(T_C - T_B)$。

⑤计算 $Q_H = Q_{B \to C} + Q_{C \to D}$。

（5）根据测量到曲线内的面积来计算气体所做的功 W。

（6）计算效率 $e = \dfrac{W}{Q_H} \times 100\%$。

注意事项

（1）配重砝码为 200g，禁止超重。

（2）旋转运动传感器、温度传感器和低压传感器均为精密电子仪器，禁止对其碰撞。

（3）铝制空罐子在冷热水中转换时，动作要迅速，以免外界对其影响，引入实验误差。

思考题

（1）经过热机做功 $A \to B \to C \to D \to A$ 循环后，理论上会回到 A 点，但实验的结果并没有回到 A 点，试着讨论其原因并提出改善的方法。

（2）热机在循环过程中，如果其效率 $e = 1$，并不违反热力学第一定律，但为什么实际做不到？

（3）为什么 P—V 图的面积等于热机在一次循环过程中将热能转换为机械能的数值？

（4）若 $B \to C$ 的循环步骤温度差异变大，将对整个实验有何影响？试讨论之。

（5）如何提高热机的效率？

2.12.2 碰撞过程中冲量的研究

两物体发生碰撞，在短暂的时间内速度有很大的变化。由动力学基本原理可知，在碰撞的时间间隔内物体相互的作用力将非常大。称这种在短暂时刻发生远大于普通力的力称为碰撞力。碰撞可分为完全弹性碰撞、一般碰撞和完全非弹性碰撞。碰撞力的冲量称为碰撞冲量，它是过程量，表述了对物体作用一段时间的积累效应，是改变物体机械运动状态的原因。本实验采用动力学小车系统和传感器技术实现冲量的实时测量。

实验目的

1. 理解冲量的物理意义，掌握测量冲量的方法。

2. 验证动量定理。

3. 比较完全弹性碰撞、一般碰撞和完全非弹性碰撞过程中的冲量变化。

实验仪器

计算机（含 Data Studio 软件）、Pacso 物理实验组合仪、数据采集接口器。

实验原理

当一个物体撞击一个障碍物，随着撞击的发生作用到物体上的力会发生变化。为了描述碰撞瞬间的作用，引入冲量的概念。冲量 I 是作用力 F 在时间 t 内的积累效果。要注意的是，它是积累效果，不是瞬时效果。它描述的是作用力在一段时间内总的"作用"多大和方向。

$$I = \int_0^t F \mathrm{d}\tau \qquad (2.72)$$

冲量取决于力和时间两个因素，较大的力在较短的时间内的积累效果，可以和较小的力在较长时间内的积累效果相同。为了减小碰撞过程的冲击力，我们通常采用各种方法增大碰撞时间，如较大的驾驶室空间、安全气囊、车内的安全带、弹性绳索、有弹性的安全网等。

物体在一个过程始末的动量变化量等于它在这个过程中所受的力的冲量，这个关系叫作动量定理

$$I = \Delta P = mV_f - mV_i \qquad (2.73)$$

式中，m 为物体的质量；V_i 和 V_f 分别为物体碰撞前后的物体的速度，即冲量等于物体动量的改变量，不论是完全弹性碰撞、一般碰撞还是完全非弹性碰撞。

仪器介绍

实验装置如图 2-69 所示。1.20m 的水平导轨的一端为运动传感器，用于测量动力学小车的运动情况，如小车的位移、速度和加速度随时间的变化。导轨的另一端为力传感器，用于测量动力学小车碰撞过程中的受力情况。力传感器的测力端分别有弹簧、磁体（和小车的磁体同极）、金属和橡皮泥，分别用于模拟完全弹性碰撞、一般碰撞和完全非弹性碰撞。

图 2-69　实验装置图，水平导轨左端为力传感器，中间为动力学小车，导轨右端为运动传感器

实验内容和步骤

一、基础部分

（1）用电子秤测量出动力学小车的质量 m。

（2）调整导轨底部螺丝使导轨保持水平，在力传感器上安装弹簧，把小车轻置于水平导

轨上方，使之能与弹簧水平碰撞。

（3）把运动传感器的输入插头接到数据采集接口器的 1、2 端口或 3、4 端口（注意黄色插头只能接奇数端口）。把力传感器的输入插头接到数据采集接口器的 A 端口或 B 端口或 C 端口，如图 2-70 所示。

图 2-70　运动传感器和力传感器和数据采集接口器的接线

（4）打开计算机中的 Data Studio 软件，选择"创建实验"。单击实验设置窗口的数据采集接口器的 A 端口，选取力传感器，其中采样率选取 200；而后打开数据采集接口器的 1、2 端口，选取运动传感器，其中采样率选取 40，如图 2-71 所示。单击"校正传感器"，分别校正两个传感器，而后单击"确认"按钮。可选择手动取样，也可单击"采样选取"进行取样设置。如延迟启动窗口可设置当"位置""高于"0.700m 时启动，自动停止窗口可设置当"位置""低于"0.700m 时停止。

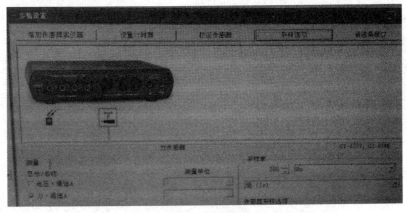

图 2-71　实验设置窗口的数据采集接口器

（5）把主窗口左下"显示"中的"图表"拖到左上"数据"中的"力，通道"，此时主窗口右边出现一个横坐标为时间、纵坐标为力的坐标系。再把"数据"中的"速度，通道 1 和 2"拖到右边的坐标系，此时主窗口右边同时出现两个坐标系（力—时间、速度—时间）。

（6）按下力传感器侧面的"Tare"按钮，使得力传感器归零。注意每次碰撞前力传感器都需要归零。选择运动传感器顶部的"人"按钮。给动力学小车一个初速度，使之与力传感器碰撞。此时主窗口中显示出整个碰撞过程中力和速度随时间的变化情况。合理调整曲线的大小。单击主窗口中"Σ"，选中全部显示和区域，如图 2-72 所示。记录下碰撞过程中力—时间和速度—时间的变化曲线。从力—时间坐标系可知曲线下方面积即冲量大小，作为测量过程中的理论值。从速度—时间坐标系可获得碰撞前后的速度大小。根据小车的质量可计算出碰撞前后动量的改变量。计算其相对不确定度。

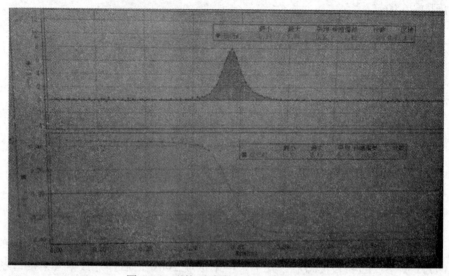

图 2-72　碰撞后速度和力随时间的变化

（7）卸下力传感器的弹簧，换上磁体，重复上述实验内容，得出相应的实验图形曲线，计算其冲量。

二、提高部分

卸下力传感器的弹簧，分别换上金属和橡皮泥，重复上述实验内容，得出相应的实验图形曲线，计算冲量。

注意事项

1. 测量过程中，保持水平导轨处于水平位置。
2. 力传感器最大作用力小于 50N。
3. 每次碰撞前力传感器要归零。

思考题

1. 为什么计算得到的动量变化与测得的冲量并不完全相同，说出可能的原因？
2. 分析动力学小车在完全弹性碰撞、一般碰撞和完全非弹性碰撞过程中，动量和冲量的关系。

第 3 章　物理实验基本技术

3.1　简谐振动与弹簧劲度系数的测量

20 世纪 90 年代以来，集成霍尔传感器技术得到了迅猛发展，各种性能的集成霍尔传感器层出不穷，在工业、交通、无线电等领域的自动控制中，此类传感器得到了广泛的应用。如磁感应强度测量、微小位移、周期和转速的测量，以及液位控制、流量控制、车辆行程计量、车辆气缸自动点火和自动门窗等。为使原有传统的力学实验增加新科技内容，并使实验装置更牢靠，现将原焦利秤拉线杆升降装置易断及易打滑等弊病进行了改进，采用指针加反射镜与游标尺相结合的弹簧位置读数装置，提高了测量的准确度。在计时方法上采用了集成开关型霍尔传感器测量弹簧振动周期。此项改进，既保留了经典的测量手段和操作技能，同时又引入了用霍尔传感器来测量周期的新方法，让学生对集成霍尔开关传感器的特性及其在自动测量和自动控制中的应用有进一步的认识。

实验目的

1. 掌握弹簧振子做简谐运动的规律。
2. 用伸长法测量弹簧劲度系数，验证胡克定律。
3. 测量弹簧做简谐振动的周期，求得弹簧的劲度系数。

实验原理

弹簧在外力的作用下会产生形变。由胡克定律可知：在弹性变形范围内，外力 F 和弹簧的形变量 Δy 成正比，即

$$F = K\Delta y \tag{3.1}$$

式中，K 为弹簧的劲度系数，它与弹簧的形状、材料有关。通过测量 F 和相应的 Δy，就可推算出弹簧的劲度系数 K。

将弹簧的一端固定在支架上，把质量为 M 的物体垂直悬挂于弹簧的自由端，构成一个弹簧振子。若物体在外力的作用下离开平衡位置少许，然后释放，则物体就在平衡点附近做简谐振动，其周期为

$$T = 2\pi\sqrt{\frac{M + pM_0}{K}} \tag{3.2}$$

式中，p 是待定系数，它的值近似为 1/3；M_0 是弹簧自身的质量，pM_0 称为弹簧的有效质量。通过测量弹簧振子的振动周期 T，就可由式（3.2）计算出弹簧的劲度系数 K。

集成开关型霍尔传感器简称霍尔开关，是一种高灵敏度磁敏开关。其脚位分布如图 3-1 所示，实际应用参考电路如图 3-2 所示。在图 3-2 所示的电路中，当垂直于该传感器的磁感

应强度大于某值时，该传感器处于"导通"状态，这时在 OUT 脚和 GND 脚之间输出电压极小，近似为零；当磁感强度小于某值时，输出电压等于 V_{CC} 到 GND 之间所加的电源电压。利用集成霍尔开关这个特性，可以将传感器输出信号接入周期测定仪，测量物体转动的周期或物体移动所需时间。

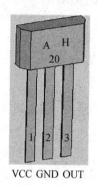

图 3-1　霍尔开关脚位分布图

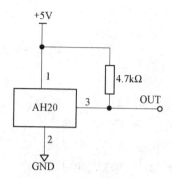

图 3-2　AH20 参考应用电路

实验仪器

如图 3-3 所示，实验仪器包括新型焦利秤、多功能计时器、弹簧、霍尔开关组件、磁钢、砝码和砝码盘等。

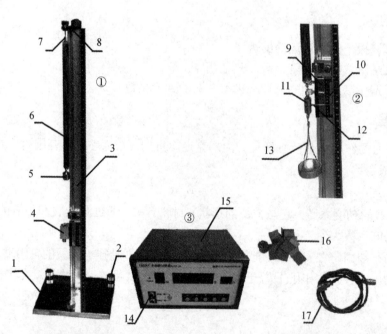

1—底座；2—水平调节螺钉；3—立柱；4—霍尔开关组件（上端面为霍尔开关，下端面为接口）；
5—砝码（简谐振动实验用，开展实验时，在砝码的底面放置直径为12mm的小磁钢）；6—弹簧；
7—挂钩；8—横梁；9—反射镜；10—游标尺；11—配重砝码组件；12—指针；13—砝码盘；
14—传感器接口（霍尔开关）；15—计时器；16—砝码；17—霍尔开关组件与计时器专用连接线

图 3-3　简谐振动与弹簧劲度系数实验仪

实验内容

1. 用焦利称测定弹簧的劲度系数 K

（1）将水泡放置在底板上，调节底板上的 3 个水平调节螺丝，使焦利秤立柱垂直。

（2）在立柱顶部横梁上挂上挂钩，再依次安装弹簧、配重砝码组件及砝码盘；配重砝码组件由两只砝码构成，中间夹有指针，砝码上下两端均有挂钩；配重砝码组件的上端挂弹簧，下端挂砝码盘；实验结构图如图 3-3 中②所示。

（3）调整游标尺的位置，使指针对准游标尺左侧的基准刻线，然后锁紧固定游标的锁紧螺钉；滚动锁紧螺钉左边的微调螺丝使指针、基准刻线及指针像重合，此时可以通过主尺和游标尺读出初始读数。

（4）先在砝码托盘中放入 500mg 砝码，然后再重复实验步骤（3），读出此时指针所在的位置值。先后再放入托盘中 9 个 500mg 砝码，通过主尺和游标尺读出每个砝码被放入后小指针的位置值；再依次从托盘中把这 9 个砝码一个个取下，记下对应的位置值（读数时要正视并且确保弹簧稳定后再读数）。

（5）根据每次放入或取下砝码时弹簧受力和对应的伸长值，用作图法或逐差法，求得弹簧的劲度系数 K。

2. 测量弹簧作简谐振动时的周期并计算弹簧的劲度系数

（1）取下弹簧下的砝码托盘、配重砝码组件，在弹簧上挂入 20g 铁砝码（砝码上有小孔）。将小磁钢吸在砝码的下端面（注意磁极，否则霍尔开关将无法正常工作）。

（2）将霍尔开关组件装在镜尺的左侧面，霍尔元件朝上，接口插座朝下，如图 3-3 中①所示；把霍尔开关组件通过专用连接线与多功能计时器的传感器接口相连。

（3）开启计时器电源，仪器预热 5～10min。

（4）上下调节游标尺位置，使霍尔开关与小磁钢间距约 4cm；确保小磁钢位于砝码端面中心位置并与霍尔开关敏感中心正面对准，以使小磁钢在振动过程中有效触发霍尔开关，当霍尔开关被触发时，计时器上的信号指示灯将由亮变暗。

（5）向下垂直拉动砝码，使小磁钢贴近霍尔传感器的正面，这时可观察到计时器信号指示灯变暗；然后松开手，让砝码上下振动，此时信号指示灯将闪烁。

（6）设定计时器计数次数为 50 次，按执行开始计时，通过测量的时间计算振动周期及弹簧的劲度系数。

（7）将伸长法和振动法测得的弹簧劲度系数进行比较。

3. 用新型焦利称测量本地区的重力加速度（选做）

弹簧劲度系数用振动法求得，通过测出力与伸长量关系，用胡克定律求出重力加速度。

思考题：

1. 简述胡克定律。

2. 是否可以在弹簧弹性限度内使用弹簧，随意拉伸弹簧？

3. 实验完成后，需要对实验仪器进行整理，特别是对弹簧如何处理？

4. 简述砝码的保管要求。

3.2 热电偶的标定和测温

热电偶的标定与
测量微课视频

在金属和半导体中存在电位差时会产生电流，存在温差时会产生热流。从电子论的观点来看，不论电流还是热流都与电子运动有关，故电位差、温度差、电流、热流之间会存在交叉关系，这就构成了热电效应。

1821 年德国物理学家塞贝克（T. J. Seeback）发现：当两种不同金属导线组成闭合回路时，若在两接头维持一温差，回路就有电流和电动势产生，后来称此为塞贝克效应。其中产生的电动势称为温差电动势，上述回路称为热电偶。

热电偶的标定与
测量操作视频

温差电动势一般表示为

$$\varepsilon = \alpha(T - T_0) + \beta(T - T_0)^2 + \cdots$$

式中，α、β 为温差电动势的系数。

两种金属构成回路有塞贝克效应，两种半导体构成回路同样有温差电动势产生，而且效应更为显著。在金属中温差电动势约为几微伏每度，而在半导体中常为几百微伏每度，甚至达到几毫伏每度。因此金属的塞贝克效应主要用于温度测量，而半导体则用于温差发电。在金属塞贝克效应测温中，铂-铂铑热电偶可用高达 1700℃ 的温度测量；镍铬-镍铝热电偶有更高的灵敏度和与温度成正比的电动势；铜-康铜热电偶在高于室温直至 15K 的温度范围仍具有高灵敏度；低于 4K 的温度可用特种金钴合金-铜热电偶或金铁合金-镍镉热电偶。热电偶温度计的优点是热容量小，灵敏度高，反应迅速，测温范围广，还能直接把非电学量温度转换成电学量，因此，在自动测温、自动控温等系统中得到广泛应用。

实验目的

1. 了解热电偶测温原理。
2. 学习标定热电偶的方法。
3. 熟悉电位差计的使用。

实验仪器

FB-820B 型加热/致冷控温实验仪、UJ-36 型电位差计、待测热电温导线、温度计。

实验原理

热电偶亦称温差电偶，是由 A、B 两种不同材料的金属丝的端点彼此紧密接触而组成的。当两个接点处于不同温度时（见图 3-4），在回路中就有直流电动势产生，该电动势称温差电动势或热电动势。温差电动势的大小除了和组成的热电偶材料有关外，还决定于两接点的温度差。将一端的温度 t_0 固定（称为冷端，实验中利用冰水混合物），另一端的温度 t 改变（称为热端），温差电动势亦随之改变。电动势和温差的关系较复杂，其第一级近似式为

$$\varepsilon = \alpha(T - T_0) \tag{3.3}$$

式中，α 称为热电偶的温差电系数，其大小取决于组成热电偶的材料，对于不同金属组成的热电偶，α 是不同的，其数值等于两接点温度差为 1℃ 时所产生的电动势。

为了测量温差电动势，就需要在图 3-4 所示的回路中接入电位差计，但测量仪器的引入不能影响热电偶原来的性质，例如，不影响它在一定的温差 $t \sim t_0$ 下应有的电动势 E_x 值。要做到这一点，实验时应保证一定的条件。根据伏打定律，即在 A、B 两种金属之间插入第三种金属 C 时，若它与 A、B 的两连接点处于同一温度 t_0（见图 3-5），则该闭合回路的温差电动势与上述只有 A、B 两种金属组成回路时的数值完全相同。所以，我们把 A、B 两根同化学成分的金属丝的一端焊在一起，构成热电偶的热端（工作端）；将另两端各与铜引线（即第三种金属 C）焊接，构成两个同温度（t_0）的冷端（自由端）。铜引线与电位差计相连，这样就组成一个热电偶温度计（见图 3-6）。通常将冷端置于冰水混合物中，保持 $t_0 = 0℃$，将热端置于待测温度处，即可测得相应的温差电动势，再根据事先校正好的曲线或数据求出温度 t。如果选用的热电偶是由铜-康铜组成的（康铜是铜、镍合金），由于其中有一根金属丝和引线一样，其材料也是铜，因而实际上在整个电路中只有两个接点（不同金属的连接点），所以铜-康铜热电偶也可以用如图 3-7 所示这种接法。

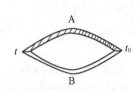

图 3-4　热电偶基本构成

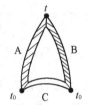

图 3-5　改进型热电偶

本实验选用的铜-康铜组成的热电偶被集成在 FB-203 型多挡恒流智能校温实验仪中，通过温控仪面板右下角的两个旋钮可测热电偶两端输出的温差电动势。

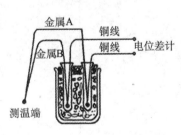

图 3-6　改进型热电偶测量电路

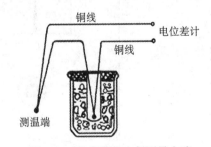

图 3-7　铜-康铜热电偶测量电路

仪器简介

1. FB-820B 型加热/致冷控温实验仪（见图 3-8）

（1）加热/致冷控温实验仪，能够根据设定的温度自动调节，最后达到稳定的设定温度。

（2）当需要对加热井进行降温时，直接按下"加热井散热"按钮。

（3）致冷井控温范围为 0℃～30℃室温，一般在低于 30℃室温环境下才可以控温到 0℃，控温稳定时间与环境温度有关，环境温度越低，控温速度越快；为加快致冷速度，可选择"致冷（快）"挡。

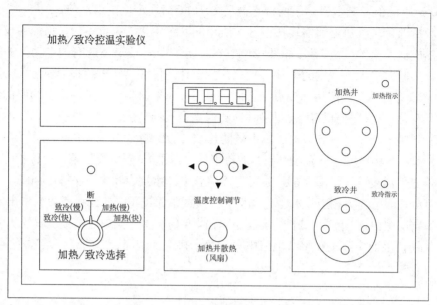

图 3-8 加热/致冷控温实验仪面板图

2. UJ-36 型电位差计使用方法

（1）仪器的调整。将待测电动势的两极正确接在面板上的"未知"接线柱上，注意极性不能接反。将旋钮"断"拨向"×1"处，调整检流计调零旋钮，使指针指零待用，如图 3-9 所示。

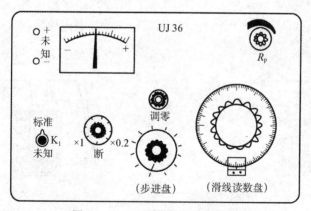

图 3-9 UJ-36 型电位差计面板图

（2）工作电流标准化。将面板上 K_1 拨向"标准"端，此时检流计指针偏离指零位置，调节旋钮 R_p，使指针回到指零处。工作电流即被校准到所需要的标准电流。

（3）测量电动势。将 K_1 拨向"未知"，检流计偏离指零处，调节面板上的大刻度盘，使指针又回指零点，读下刻度盘所指示的值即为 E_x。若超过 10mV，应调节小刻度（步进盘）。E_x 计算公式为

$$E_x =（步进盘读数 ＋ 滑线读数盘读数）×倍率$$

实验内容与步骤

一、基础部分——升温法和降温法对热电偶进行精确定标

（1）熟悉 UJ-36 型电位差计各旋钮的功能，掌握测量电动势的基本要领。

（2）对热电偶进行定标，并求出热电偶的温差电系数 α。

用实验方法测量热电偶的温差电动势与工作端温度之间的关系曲线，称为对热电偶定标。本实验采用常用的比较定标法，即用一标准的测温仪器（如标准水银温度计或已知高一级的标准热电偶）与待测热电偶置于同一能改变温度的调温装置中，测出 $E_x \sim t$ 定标曲线。具体操作如下：

①将温控仪右下角的温差电动势接线柱连接到电位差计"未知"的两端，注意正、负极的正确连接。将热电偶的冷端置于冰水混合物或者空气中，用水银温度计测出冷端温度，由 FB-820B 型加热/致冷控温实验仪调节热端温度和显示。

②标定 UJ-36 型电位差计工作电流。注意：在测量过程中应经常注意仪器工作电流有否变动，若有变动，隔一段时间应再标定一次，以免工作电流改变而影响测量精度。

③测量待测热电偶的电动势。铜-康铜热电偶，当温度范围在 0～200℃变化时，电动势的范围为 0.000～8.72mV，所以将电位差计倍率开关 K_1 置"×1"挡。先给热端加温，当热端和冷端温差达到 20℃左右时开始测量热电偶的温差电动势，然后每隔 10℃左右测一组（t, E_x），直至 140℃为止，记录 10 组数据。由于升温测量时，温度是动态变化的，故测量时可提前 2℃进行跟踪，以保证测量速度与测量精度。测量时，一旦达到补偿状态应立即读取温度值和电动势值。测量时，也常采用降温法，即先升温至150℃，然后每降低 10℃测一组（t, E_x），这样可以测得更精确些，但需花费较长的实验时间。

（3）α 的理论值为 0.0436mV/℃，求测量结果的相对不确定度 E。

二、提高部分——测量温度

利用已定标的热电偶，测量某一温度，如环境温度、人体体温等。

注意事项

（1）在使用电位差计时，要注意三个"零"。

（2）升温过程中，要保持升温速率的相对稳定，先选择较小的电流挡，然后根据情况逐渐增大电流；降温时采用自然降温。

（3）根据电位差计的精确度，确定实验数据的有效数字位数。

（4）做完实验后，将电位差计面板上"倍率"开关旋到"断"。

思考题

（1）有一个未定标的热电偶，能否直接测量温度？为什么？

（2）如何使工作电流标准化？

（3）测量时为什么要估算并预置测量盘的电位差值？接线时为什么要特别注意电压极性是否正确？

（4）热电偶的定标曲线应如何做？怎样用热电偶的定标曲线来确定被测温度？

（5）用什么方法在 E_x—t 曲线上得到校正点之外其他点的电动势和温度之间的关系？

3.3 液体表面张力系数的测定

液体表面张力系数测定微课视频

液体的表面张力是表征液体性质的一个重要参数。测量液体的表面张力系数有多种方法，拉脱法是测量液体表面张力系数常用的方法之一。该方法的特点是，用仪器直接测量液体的表面张力，测量方法直观，概念清楚。用拉脱法测量液体表面张力，对测量力的仪器要求较高，由于用拉脱法测量液体表面的张力范围为 $1\times10^{-3}\sim1\times10^{-2}$N，因此需要有一种量程范围较小、灵敏度高且稳定性好的测量力的仪器。近年来，新发展的硅压阻式力敏传感器张力测定仪正好能满足测量液体表面张力的需要，它比传统的焦利秤、扭秤等灵敏度高，稳定性好，且可显示数字信号，利于计算机实时测量，为了能对各类液体的表面张力系数的不同有深刻的理解，在对水进行测量以后，再对不同浓度的酒精溶液进行测量，这样可以明显观察到表面张力系数随液体浓度的变化而变化的现象，从而对这个概念加深理解。

实验目的

1. 用拉脱法测量室温下液体的表面张力系数。
2. 学习力敏传感器的定标方法。

液体表面张力系数测定操作视频

实验原理

1. 液体分子受力情况

液体表面层分子的受力情况与液体内部不同。在液体内部，分子在各个方向上受力均匀，合力为零。而在表面层，由于液面上方气体分子数较少，使得表面层的分子受到向上的引力小于向下的引力，合力不为零，这个合力垂直于液体表面并指向液体内部，如图 3-10 所示。

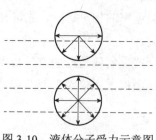

图 3-10 液体分子受力示意图

表面层的分子有从液面挤入液体内部的倾向，从而使得液体的表面自然收缩，直到达到动态平衡（即表面层中分子挤入液体内部的速率与液体内部分子热运动而达到液面的速率相等）。这时，就整个液面来说，如同拉紧的弹性薄膜。这种沿着表面，使液面收缩的力称为表面张力。想象在液面上划一条线，表面张力就表现为直线两侧的液体以一定的拉力相互作用。这种张力垂直于该直线且与线的长度成正比，比例系数称为表面张力系数。

2. 拉脱法测量液体表面张力系数的方法

测量一个已知周长的金属片从待测液体表面脱离时需要的力，求得该液体表面张力系数的实验方法称为拉脱法。

把金属片弯成圆环状，并将该圆环吊挂在力敏传感器上，然后把它浸到待测液体中。当缓缓提起力敏传感器（或降低盛液体的器皿）时，金属圆环就会拉出一层与液体相连的液膜。使液面收缩的表面张力 f 沿液面的切线方向，角 ϕ 称为湿润角（或接触角）。如图 3-11 所示，当继续提起圆环时，ϕ 角逐渐变小而接近为零，这时所拉出的液膜里外两个表面的张力 f 均垂直向下，设拉起液膜破裂时的拉力为 F。由于表面张力的作用，力敏传感器所受到的力逐渐达到一个最大值 F（当超过此值时液膜即破裂），则 F 应是金属圆环重力 m_0g 与液膜拉引金属圆环的表面张力之和。由于液膜有两个表面，若每个表面的力为 $f = \alpha L$（L 为圆形液膜的周长），则有

$$F = (m + m_0)g + 2f$$

式中，m 为粘附在圆环上的液体质量，m_0 为圆环质量，因表面张力的大小与接触面周边界长度成正比，则有

$$2f = \pi\alpha(D_1 + D_2)$$

式中，F 为脱离力，D_1，D_2 分别为圆环的外径和内径，α 为液体的表面张力系数，单位是 N/m。α 在数值上等于单位长度上的表面张力。

$$\alpha = \frac{F - (m + m_0)g}{\pi(D_1 + D_2)}$$

由于金属圆环很薄，被拉起的液膜也很薄，m 很小可以忽略，于是公式可以简化为

$$\alpha = \frac{F - m_0g}{\pi(D_1 + D_2)} \tag{3.4}$$

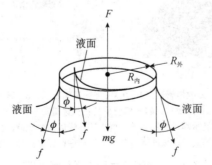

图 3-11　圆环从液面缓慢拉起受力示意图

表面张力系数与液体的种类、纯度、温度和它上方的气体成分有关。实验表明，液体的温度越高，α 值越小，所含杂质越多，α 值也越小。只要上述条件保持一定，α 值就是一个常数。

实验证明，当环的直径在 3cm 附近，液体和金属环接触的接触角近似为零。

3．利用硅压阻式力敏传感器测量表面张力

硅压阻式力敏传感器由弹性梁和贴在梁上的传感器芯片组成，其中芯片由四个硅扩散电阻集成一个非平衡电桥，当外界压力作用于金属梁时，在压力作用下，电桥失去平衡，此时将有电压信号输出，输出电压大小与所加外力成正比，即

$$U = KF$$

式中，F 为外力的大小，K 为硅压阻式力敏传感器的灵敏度，U 为传感器输出电压的大小。

表面张力系数

$$\alpha = \frac{U_1 - U_2}{K\pi(D_1 + D_2)} \tag{3.5}$$

其中，U_1——圆环拉断液面的一瞬间数字电压表显示拉力峰值，U_2——圆环拉断液面后，静止时数字电压表其读数值。

实验装置

图 3-12 为实验装置图，其中，液体表面张力测定仪包括硅扩散电阻非平衡电桥的电源和测量电桥失去平衡时输出电压大小的数字电压表。其他装置包括防滑座、微调升降台、装有力敏传感器的固定杆、盛液体的玻璃器皿和吊环。

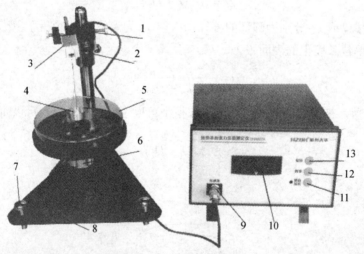

1—传感器固定座；2—防滑座；3—力敏传感器；4—吊环；5—玻璃器皿；6—升降台；7—调节螺丝；8—底座；
9—传感器接口（5 芯）；10—电压显示窗口；11—峰值保持：按此键后，指示灯亮，进入峰值保持测量模式，
此时测试仪将动态记录测量值，并显示测量的最大值，再次按下峰值保持键后，指示灯灭，进入正常测试状态；
12—置零：非峰值保持测量模式下，按此键将对测量数据进行置零；13—复位：恢复开机初始状态

图 3-12　液体表面张力系数测定仪

实验内容

一、必做部分

1. 力敏传感器的定标

每个力敏传感器的灵敏度都有所不同，在实验前，应先将其定标，定标步骤如下：

（1）打开仪器的电源开关，将仪器预热。

（2）在传感器梁端头小钩中，挂上砝码盘，调节调零旋钮，使数字电压表显示为零。

（3）在砝码盘上分别放 0.5g、1.0g、1.5g、2.0g、2.5g、3.0g 质量的砝码，记录在这些砝码重力的作用下，数字电压表的读数值 U。

（4）用最小二乘法做直线拟合，求出传感器灵敏度 K。

2. 环的测量与清洁

（1）用游标卡尺测量金属圆环的外径 D_1 和内径 D_2。

（2）环的表面状况与测量结果有很大关系，实验前应将金属环状吊片在 NaOH 溶液中浸泡 20～30s，然后用净水洗净。

3. 液体的表面张力系数

（1）将金属环状吊片挂在传感器的小钩上，调节升降台，将液体升至靠近环片的下沿，观察环状吊片下沿与待测液面是否平行，如果不平行，将金属环状片取下后，调节吊片上的细丝，使吊片与待测液面平行。

（2）调节容器下的升降台，使其渐渐上升，将环片的下沿部分全部浸没于待测液体，然后反向调节升降台，使液面逐渐下降，这时，金属环片和液面间形成一环形液膜，继续下降液面，测出环形液膜即将拉断前一瞬间数字电压表读数值 U_1 和液膜拉断后一瞬间数字电压表读数值 U_2，它们的差值为

$$\Delta U = U_1 - U_2$$

（3）将实验数据代入式（3.5），求出液体的表面张力系数，并与标准值进行比较。

二、选做部分

测出其他待测液体，如酒精、乙醚、丙酮等在不同浓度下的表面张力系数。

注意事项

（1）须开机预热。

（2）须清洗玻璃器皿和吊环。

（3）在玻璃器皿内放入被测液体并安放在升降台上（玻璃器皿底部可用双面胶与升降台面贴紧固定）。

（4）将砝码盘挂在力敏传感器的钩上。

（5）若整机已预热 15min 以上，可对力敏传感器定标，在加砝码前应首先对仪器调零，安放砝码时应尽量轻，并在它晃动停止之后，方可读数。

（6）换吊环前应先测定吊环的内外直径，然后挂上吊环，在测定液体表面张力系数过程中，可观察到液体产生的浮力和张力的情况与现象，当顺时针转动升降台大螺帽时液体液面上升，当环下沿部分均浸入液体中时，改为逆时针转动该螺帽，这时液面往下降（或者说相对吊环往上提拉），观察环浸入液体中及从液体中拉起时的物理过程和现象。特别应注意吊环即将拉断液柱前一瞬间数字电压表读数值为 U_1，拉断时瞬间数字电压表读数为 U_2。记下这两个数值。

思考题

（1）力值（电压值）在拉膜过程中是如何变化的？请分析原因。
（2）为什么测量表面张力时，动作要慢，又要防止仪器受到振动，特别是水膜将要破裂时？
（3）试比较水的表面张力系数和酒精的表面张力系数，哪个大？
（4）随着液体温度的升高，表面张力将会怎样变化？为什么？

3.4　霍尔效应法测量螺线管磁场

随着科学技术的发展，磁场测量广泛使用高迁移率的半导体制成的霍尔传感器。霍尔传感器具有灵敏度高、体积小、易于在磁场中移动和定位等优点。本实验用霍尔效应法测量螺线管内直流电流与霍尔电压之间关系，证明霍尔电压与螺线管内磁感应强度呈正比关系，了解霍尔传感器的组成和特性。

实验目的

1. 掌握用集成霍尔元件测量磁感应强度的原理和方法。
2. 熟悉集成霍尔传感器的特性和应用。
3. 测量通电螺线管内的霍尔电压与位置之间的关系，画出磁感应强度与位置的曲线。

实验仪器

DH-MF-SJ 组合式磁场综合实验仪。

实验原理

长螺线管的磁场分布如图 3-13 所示，其内腔中部磁力线是平行于轴线的直线族，渐近两端口时，这些直线变为从两端口离散的曲线，说明其内部的磁场在很大范围内是近似均匀的，仅在靠近两端口处磁感应强度下降，呈现明显的不均匀性。

根据毕奥-萨伐尔定律，对于长螺线管离开中心点 x 处（如图 3-14 所示）的磁感应强度为

$$B=\frac{\mu_0 \cdot n \cdot I_{\mathrm{M}}}{2}\left(\frac{L+x}{\left[R^2+(L+x)^2\right]^{1/2}}+\frac{L-x}{\left[R^2+(L-x)^2\right]^{1/2}}\right) \tag{3.6}$$

式中，μ 为磁介质得磁导率，真空中的磁导率 $\mu_0=4\pi\times10^{-7}N/A^2$；$2L$ 为螺线管的长度；R 为螺线管的半径；n 为单位长度的匝数，$n=N/2L$；N 为螺线管的总匝数（本实验螺线管匝数见仪器上的标识数字）。

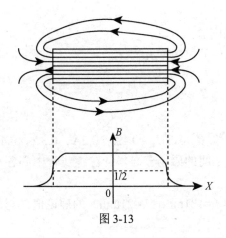

图 3-13

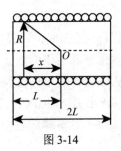

图 3-14

通电长直螺线管线上中心点 $x=0$ 磁感应强度为

$$B = \frac{\mu_0 \cdot n \cdot I_M \cdot L}{\sqrt{R^2 + L^2}} \tag{3.7}$$

对于"无限长"螺线管，$L \gg R$，所以

$$B = \mu_0 \cdot n \cdot I_M \tag{3.8}$$

理论计算可得，长螺线管轴线的两个端面上的磁感应强度为内腔中部感应强度的 1/2，即

$$B = \frac{\mu_0 \cdot n \cdot I_M \cdot L}{2 \cdot \sqrt{R^2 + L^2}} \tag{3.9}$$

对于"半无限长"螺线管，在端点处有 $X=L$，且 $L \gg R$，所以

$$B = \frac{1}{2} \cdot \mu_0 \cdot n \cdot I_M \tag{3.10}$$

物理量与计量单位

本实验涉及的物理量有：霍尔电压 U_H、励磁电流 I_M、霍尔传感器工作电流 I_S、磁感应强度 B、霍尔元件的灵敏度 K_H，使用国际基本计量单位（IS），即长度（米，m）、电流（安[培]，A）、时间（秒，s）、质量（千克，kg）表示。

实验内容与步骤

（1）按仪器面板上的文字和符号提示，将测试仪、电源与测试架正确连接（参见《霍尔效应及其应用》实验内容）。

必须强调的是，绝不允许将励磁电源 I_M 输出误接到测试仪的 I_S 输入端或 V_H 输出端，否则一旦通电，霍尔元件即遭损坏！

为了准确测量，应先对测试仪进行调零，即将电源 I_M 和测试仪的 I_S 调节为零，按"置零"按钮，"置零"灯亮。测试时要再按"置零"按钮，使"置零"灯熄灭。

调节支架，将霍尔传感器慢慢移入螺线管内的中心位置。

（2）测绘 V_H—I_S 曲线，计算霍尔灵敏度 K_H。

①将霍尔元件移至螺线管的中心位置，保持 I_M 值不变（取 $I_M = 0.5A$），工作电流 I_S 取值，从 1.00mA 至 4.00mA，每隔 0.5mA 测一次，将 V_H 记入下来。

②测绘 V_H—I_S 直线，求出直线的斜率 k。

③根据式（3.7），计算螺线管中心的磁感应强度 B。

④根据公式 $V_H = K_H \cdot I_S \cdot B$，可计算出霍尔元件的灵敏度 K_H。

$$K_H = \frac{\Delta V_H}{\Delta I_S \cdot B} = \frac{k}{B}$$

（3）绘制 $V_H - x$ 曲线，计算螺线管磁场强度 B。

选定霍尔传感器工作电流 I_S =3.00mA，螺线管励磁电流 I_M =0.1A、0.2A、0.3A、0.4A、0.5A，测量从螺线管中心位置到螺线管外 20mm 之间的磁场分布，计算螺线管中心各点的磁场强度 B，画出 B—x 曲线。

根据式（3.6）计算螺线管中心磁感应强度 B（L=181mm，R=21mm）的理论值，与测量值比较，计算误差。

注意事项

（1）仪器连线未连接好时，严禁开机加电，以免损坏霍尔片。

（2）霍尔片易碎易断，严禁用手去触摸，在调节霍尔片位置时，必须谨慎小心。

（3）为了不使螺线管过热而受到损害，或影响测量精度，除在读取有关数据时需要通过励磁电流 I_M 外，其余时间最好断开励磁电流。

思考题

（1）如何用国际基本计量单位表示霍尔电压 U_H、励磁电流 I_M、霍尔传感器工作电流 I_S、磁感应强度 B、霍尔元件的灵敏度 K_H 等参数？

（2）改变通电螺线管的电流方向，周围的磁场分布如何变化？

（3）线管轴线上的磁场理论分布曲线是怎样的？

（4）霍尔片测螺线管内磁场时，怎样消除地球磁场的影响？

3.5 霍尔效应及其应用

在磁场中的载流导体上出现横向电势差的现象是 24 岁的研究生霍尔（Edwin H. Hall）在 1879 年发现的，现在称为霍尔效应。随着半导体物理学的迅猛发展，霍尔系数和电导率的测量已经成为研究半导体材料的主要方法之一。通过实验测量半导体材料的霍尔系数和电导率可以判断材料的导电类型、载流子浓度、载流子迁移率等主要参数。若能测得霍尔系数和电导率随温度变化的关系，还可以求出半导体材料的杂质电离能和材料的禁带宽度。

在发现霍尔效应约 100 年后，德国物理学家克利青（Klaus von Klitzing）等研究极低温度和强磁场中的半导体时，发现了量子霍尔效应，它不仅可作为一种新型电阻标准，还可以改进一些基本常量的精确测定，是当代凝聚态物理学和电磁学令人惊异的进展之一，克利青也因此发现获得 1985 年诺贝尔物理学奖。其后美籍华裔物理学家崔琦（D. C. Tsui）和施特默在更强磁场下研究量子霍尔效应时，发现了分数量子霍尔效应。此发现使人们对宏观量子现象的认识更深入一步，他们也因该发现获得了 1998 年诺贝尔物理学奖。

利用霍尔效应原理制造的各种传感器，广泛应用于工业自动化技术、检测技术和信息处理各个方面。

实验目的

（1）了解霍尔效应实验原理及有关霍尔器件对材料要求的知识。

（2）学习用"对称测量法"消除负效应的影响，测量试样的 $U_H - I_S$ 和 $U_H - I_M$ 曲线。

（3）确定样品的导电类型、载流子浓度及迁移率。

实验仪器

TH-H 型霍尔效应实验仪和测试仪。

实验原理

1. 霍尔效应

霍尔效应从本质上讲是运动的带电粒子在磁场中受洛伦兹力作用而引起的偏转。当带电粒子（电子或空穴）被约束在固体材料中，这种偏转就导致在垂直电流和磁场方向上产生正负电荷的聚积，从而形成附加的横向电场，即霍尔电场 E_H。半导体样品（见图 3-15）在 x 方向上通以电流 I_S，在 z 方向上加磁场 B，则在 y 方向上即样品 A—A' 电极两侧就开始聚集异号电荷而产生相应的附加电场。电场的指向取决于样品的导电类型，N 型样品（见图 3-15（a））的霍尔电场方向为逆 y 方向，而 P 型样品（见图 3-15（b））的则沿 y 方向，即有

$$E_H(Y) < 0 \quad \Rightarrow (N型)$$
$$E_H(Y) > 0 \quad \Rightarrow (P型)$$

显然，霍尔电场 E_H 会阻止载流子继续向侧面偏移，当载流子所受的横向电场力 eE_H 与洛伦兹力 evB 相等，样品两侧电荷的积累就达到动态平衡（这个过程在 $10^{-15} \sim 10^{-13}$s 的时间内就可以完成），故有

$$eE_H = evB \tag{3.11}$$

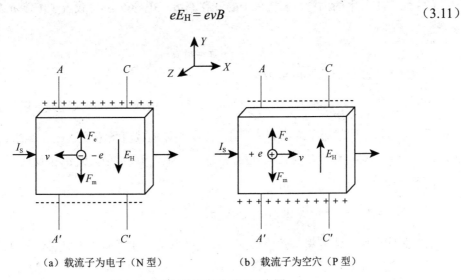

（a）载流子为电子（N 型）　　　　（b）载流子为空穴（P 型）

图 3-15　霍尔效应实验原理示意图

其中，E_H 为霍尔电场，v 是载流子在电流方向上的平均漂移速率。设样品的宽为 b，厚度为 d，载流子浓度为 n，则

$$I_S = nevbd \tag{3.12}$$

由式（3.11）、式（3.12）可得

$$U_H = E_H b = \frac{1}{ne}\frac{I_S B}{d} = R_H \frac{I_S B}{d} \tag{3.13}$$

即霍尔电压 U_H（A、A' 电极之间的电压）与 $I_S B$ 乘积成正比，与试样厚度 d 成反比。比例系数 $R_H = \frac{1}{ne}$ 称为霍尔系数，它是反映材料霍尔效应强弱的重要参数。只要测出 U_H（V）及知道 I_S（A）、B（高斯 GS，1 特斯拉=10000 高斯=10000Gs）和 d（cm）可按下式计算 R_H（cm³/c）

$$R_H = \frac{U_H d}{I_S B} \times 10^8 \tag{3.14}$$

式（3.14）中的 10^8 是由于磁感应强度 B 用电磁单位（高斯 GS）而引入的。

2. 霍尔系数 R_H 与其他参数间的关系

根据 R_H 可进一步确定以下参数。

（1）由 R_H 的符号（或霍尔电压的正负）判断样品的导电类型。判别的方法是依照 I_S 和 B 的方向，若测得的 $U_H = U_{A'A} < 0$，即点 A 的电位高于点 A' 的电位，则 R_H 为负，样品属 N 型；反之则为 P 型。

（2）由 R_H 求载流子浓度 n，即 $n = \frac{1}{|R_H|e}$。应该指出，这个关系式是假定所有载流子都具有相同的漂移速度而得到的，严格一点，如果考虑载流子的速度统计分布，需引入 $\frac{3\pi}{8}$ 的修正因子。

（3）结合电导率的测量，求载流子的迁移率 μ。电导率 σ 与载流子浓度 n 及迁移率 μ 之间有如下关系

$$\sigma = ne\mu \tag{3.15}$$

即 $\mu = |R_H|\sigma$，测出 σ 值即可求 μ。

（4）$K_H = \frac{R_H}{d} = \frac{1}{end}$ 称为霍尔元件的灵敏度，一般地，K_H 越大越好，以便获得较大的霍尔电压 U_H。因 K_H 和载流子浓度 n 成反比，而半导体的载流子浓度远比金属的载流子浓度小，所以采用半导体材料作霍尔元件灵敏度较高。又因 K_H 和样品厚度 d 呈反比关系，所以霍尔片都切得很薄，一般 $d \approx 0.2mm$。

3. 霍尔器件中的负效应及其消除方法

在实际应用中，伴随霍尔效应经常存在其他效应，主要有下面几种。

（1）不等位电势差 U_0。由于器件的 A、A' 两电极的位置不在一个理想的等势面上，如图 3-16 所示，因此，即使不加磁场，只要有电流 I_S 通过，就有电压 $U_0 = I_S r$ 产生，r 为 A、

A' 所在的两个等势面之间的电阻。结果在测量 U_H 时，就叠加了 U_0，使得 U_H 值偏大（当 U_0 与 U_H 同号）或偏小（当 U_0 与 U_H 异号）。显然，U_H 的符号取决于 I_S 和 B 两者的方向，而 U_0 只与 I_S 的方向有关，因此可以通过改变 I_S 的方向予以消除。

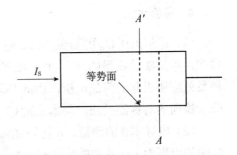

图 3-16 不等势电压

（2）厄廷好森效应温差电势差 U_E。由于构成电流的载流子速度不同，若速度为 v 的载流子所受的洛仑兹力与霍尔电场的作用力刚好抵消，则速度大于或小于 v 的载流子在电场和磁场的作用下，将各自朝对立面偏转，从而在 Y 方向上引起温差 $T_A - T_{A'}$，由此产生温差电效应。在 A、A' 电极上引入附加电压 U_E，且 $U_E \propto I_S B$。其符号与 I_S 和 B 的方向的关系跟 U_H 是相同的，因此不能用改变 I_S 和 B 方向的方法予以消除，但其引入的误差很小，可以忽略。

（3）能斯特效应 U_N。因器件两端电流引线的接触电阻不等，通电后在接点两处将产生不同的霍尔热，导致在 X 方向上有温度梯度，引起载流子沿梯度方向扩散而产生热扩散电流，热流 Q 在 Z 方向磁场的作用下，类似于霍尔效应在 Y 方向上产生一附加电场 ε_N，相应电压 $U_N \propto QB$，而 U_N 的符号只与 B 的方向有关，与 I_S 无关，因此可通过改变 B 的方向予以消除。

（4）里纪-勒杜克效应 U_{RL}。如（3）所述的 X 方向热扩散电流，因载流子的速度统计分布，在 Z 方向的磁场 B 作用下，和（2）中所述的一样，将在 Y 方向上产生温度梯度 $T_A - T_{A'}$，由此引入的附加电压 $U_{RL} \propto QB$，U_{RL} 的符号只与 B 的方向有关，也能消除。

综上所述，实验中测得的 A、A' 之间的电压除 U_H 外还包含 U_0、U_N、U_{RL} 和 U_E 各电压的代数和，其中 U_0、U_N 和 U_{RL} 均通过 I_S 和 B 换向对称测量法予以消除。

设 I_S 和 B 的方向均为正向时，测得 A、A' 之间电压记为 U_1，即

当 $+I_S$、$+B$ 时 $\qquad U_1 = U_H + U_0 + U_N + U_{RL} + U_E$

将 B 换向，而 I_S 的方向不变，测得的电压记为 U_2，此时 U_H、U_N、U_{RL} 和 U_E 均改号，而 U_0 符号不变，即

当 $+I_S$、$-B$ 时 $\qquad U_2 = -U_H + U_0 - U_N - U_{RL} - U_E$

同理，按照上述分析

当 $-I_S$、$-B$ 时 $\qquad U_3 = U_H - U_0 - U_N - U_{RL} + U_E$

当 $-I_S$、$+B$ 时 $\qquad U_4 = -U_H - U_0 + U_N + U_{RL} - U_F$

求以上 4 组数据 U_1、U_2、U_3 和 U_4 的代数平均值，可得

$$U_H + U_E = \frac{U_1 - U_2 + U_3 - U_4}{4}$$

由于 U_E 符号与 I_S 和 B 两者方向关系和 U_H 是相同的，故无法消除。但在非大电流、非强磁场下，$U_H \gg U_E$，因此 U_E 可略而不计，所以霍尔电压为

$$U_H = \frac{U_1 - U_2 + U_3 - U_4}{4}$$

4. 实验方法

（1）霍尔电压U_H的测量方法。值得注意的是，在产生霍尔效应的同时，因伴随着各种负效应，以致实验测得的A、A'两极间的电压并不等于真实的霍尔电压U_H值，而是包含着各种负效应所引起的附加电压，因此必须设法消除。根据负效应产生的机理可知，采用电流和磁场换向的对称测量法，基本上能把负效应的影响从测量结果中消除。

（2）电导率σ的测量。σ可以通过A、C（或A'、C'）电极（见图3-15）进行测量，设A、C间的距离为l样品的横截面积为$S = bd$，流经样品的电流为I_s，在零磁场下，若测得A、C间的电位差为U_σ（即U_{AC}），可由下式求得

$$\sigma = \frac{I_s L}{U_\sigma S} \tag{3.16}$$

实验内容与步骤

一、基础部分

1. 掌握仪器性能，连接测试仪与实验仪之间的各组连线

（1）开、关机前，测试仪的"I_s调节"和"I_M调节"旋钮均置零位（即逆时针旋转到底）。
（2）连接测试仪与实验仪之间的各组连线（见图3-17）。

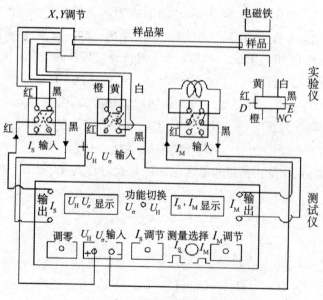

图3-17　实验线路连接装置

①样品各电极引线与对应的双刀开关之间的连线已由制造厂家连接好，请勿再动！
②严禁将测试仪的励磁电流"I_M输出"误接到实验仪的"I_s输入"或"U_H、U_σ输出"处；否则，一旦通电，霍尔样品即遭损坏！样品共有三对电极，其中A、A'或C、C'用于测量霍尔电压U_H，A、C或A'、C'用于测量电导，D、E为样品工作电流电极。
③霍尔片性脆易碎，电极甚细易断，严防撞击或用手去触摸；否则，即遭损坏！

④仪器出产前，霍尔片已调至中心位置。霍尔片放置在电磁铁空隙中间，在需要调节霍尔片位置时，必须谨慎，切勿随意改变 Y 轴方向上的高度，以免霍尔片与磁极面摩擦而受损。

（3）接通电源，预热数分钟，电流表显示 ".000"（当按下"测量选择"键时）或 "0.00"（放开"测量选择"键时），电流表显示为 "0.00"。

（4）置"测量选择"于 I_S 挡（按键），电流表所示的值即随"I_S 调节"旋钮顺时针转动而增大，其变化范围为 0~10mA。此时电压表 U_H 所示读数为"不等势"电压值，它随 I_S 增大而增大，I_S 换向，U_H 极性改号（此乃"不等势"电压值，可通过"对称测量法"予以消除）。取 $I_S \approx 2$mA。

（5）置"测量选择"于 I_M 挡（按键），顺时针转动"I_M 调节"旋钮，电流表变化范围为 0~1A。此时 U_H 值随 I_M 增大而增大，I_M 换向，U_H 极性改号（其绝对值随 I_M 流向不同而异，此乃负效应而致，可通过"对称测量法"予以消除）。至此，应将"I_M 调节"旋钮置零位（逆时针旋到底）。

（6）放开测量选择键，再测 I_S，调节 $I_S \approx 2$mA，然后将"U_H，U_σ 输出"切换开关拨向 U_σ 一侧，测量 U_σ 电压（A，C 电极间电压）；I_S 换向，U_σ 亦改号。这些说明霍尔样品的各电极工作均正常，可进行测量。将"U_H，U_σ 输出"切换开关恢复 U_H 一侧。

2. 测绘 U_H—I_S 曲线

将测试仪的"功能切换"置 U_H，I_S 及 I_M 换向开关拨向上方，表明 I_S 及 I_M 均为正值（即 I_S 沿 x 方向，I_M 沿 y 方向）。反之，则为负。保持 I_M 值大小不变（如取 $I_M = 0.600$A），改变 I_S 的值，I_S 取值范围为 1.00~4.00mA。用对称测量法测量 U_H（改变 I_S 和 I_M 的方向）。

3. 测绘 U_H—I_M 曲线

保持 I_S 值不变（取 $I_S = 3.00$mA），改变 I_M 的值，I_M 取值范围为 0.300~0.800A。用对称测量法测量 U_H。

4. 测量 U_σ 值

"U_H，U_σ 输出"拨向 U_σ 侧，"功能切换"置 U_σ。在零磁场下（$I_M = 0$），取 $I_M = 2.00$mA，测量 U_σ。注意：I_S 取值不要大于 2mA，以免 U_σ 过大使毫伏表超量程（此时首位数码显示为 1，后三位数码熄灭）。U_H 和 U_σ 通过功能切换开关由同一只数字电压表进行测量。电压表零位可通过调零电位器进行调整。当显示器的数字前出现"−"时，被测电压极性为负值。

5. 确定样品导电类型

将实验仪三组双刀开关均拨向上方，即 I_S 沿 x 方向，B 沿 z 方向，毫伏表测量电压为 $U_{A'A}$。取 $I_S = 2.00$mA，$I_M = 0.600$A，测量 $U_{A'A}$ 大小及极性，由此判断样品导电类型。

6. 求样品的 R_H、n、σ 和 μ 值

本实验所用霍尔样品的参数为 $d = 0.5$mm，$b = 4.0$mm，$l = 3.0$mm。

二、提高部分

研究电导率 σ 与磁场 B 之间的关系，测量 $I_S=2.00$mA 时，不同 B 的大小和方向所对应的 U_σ 值，计算相应的 σ，再做出 $\sigma—B$ 图。

注意事项

（1）测试仪开机、关机前将 I_S，I_M 旋钮逆时针转到底，防止输出电流过大。

（2）I_S、I_M 接线不可颠倒，以防烧坏样品。

（3）磁场 B 的大小根据线圈上的标识值进行转换计算。

思考题

（1）根据霍尔系数与载流子浓度的关系，试回答：金属为何不宜制作霍尔元件？

（2）试判断，在其他条件一样时，温度提高，U_H 变大还是变小？由你判断的结果，设想霍尔元件还有什么用途？

（3）如果磁场 B 的方向不垂直于霍尔片，对测量结果有何影响？如何由实验判断 B 的方向与霍尔片是否垂直？

（4）能否用霍尔元件片测量交变磁场？I_S 可否用交流电源（不考虑表头情况）？为什么？

3.6 整流滤波电路

整流分半波整流和全波整流。交流电经整流电路后变成脉动直流电，即其中含有交流成分。如将脉动直流电经滤波电路，则可将大部分高频交流电成分滤去，得到较为稳定的直流电。通过本实验你会对整流、滤波电路的功能有进一步的体会。

实验目的

（1）熟悉单相整流、滤波电路的连接方法。

（2）学习单相整流、滤波电路的测试方法。

（3）加深理解整流、滤波电路的作用和特性。

实验原理

1. 整流与整流电路

利用二极管的单向导电性可以将交流电转换为直流电，这一过程称为整流，这种电路就称为整流电路。常见的整流电路有半波整流电路和全波整流电路，如图 3-18（a）、（b）所示。

2. 单相桥式整流电路的结构和特点

单相桥式整流电路利用整流二极管的单向导电性，将交流电变成单向脉动直流电，其组成结构如图 3-18（c）所示。

图 3-18（c）中，T_r 表示电源变压器，作用是将交流电网电压 V_1 变成整流电路要求的交

流电压 V_2；R_L 是直流供电的负载电阻；4 只整流二极管 $VD_1 \sim VD_4$ 依次接成电桥的形式，故称桥式整流电路。

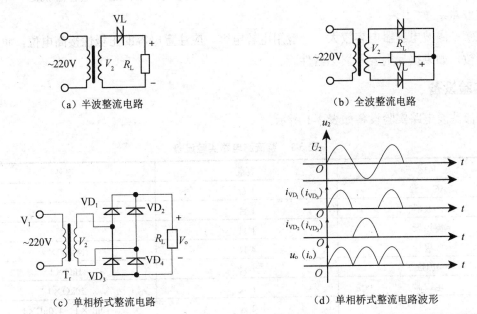

（a）半波整流电路　　　　　　　　　　　　　（b）全波整流电路

（c）单相桥式整流电路　　　　　　　　（d）单相桥式整流电路波形

图 3-18　整流滤波电路

桥式整流电路的特点是：输出电压的直流成分得到提高，脉冲成分被降低，每只整流二极管承受的最大反向电压较小，变压器的利用效率高，因此被广泛使用。

注意：二极管方向不要接反；电源变压器只用 6V 挡。

3. 单相桥式整流电路的工作原理

在图 3-18（d）单相桥式整流电路波形中，在 u 的正半周，当 $u_2>0$ 时，VD_1、VD_4 导通，VD_2、VD_3 截止，故有图示 i_{VD_1}（i_{VD_4}）的波形。

同样，在 u_1 的负半周，当 $u_2<0$ 时，VD_1、VD_4 截止，VD_2、VD_3 导通，故有电流 i_{VD_2}（i_{VD_3}）。

可见在 u 的正、负半周均有电流流过负载电阻 R_L，且电流方向一致，综合得到 u_o（i_o）的波形。

4. 滤波电路

经过整流电路后的输出电压已经是单相的直流电压，但是其中含有直流和交流的成分，电压的大小仍有变化，这种直流电称为脉动直流电。对于某些工作（如蓄电池充电），脉动电流已经可以满足要求，但是对于大多数电子设备，需要平滑的直流电，故整流电路后面都要接滤波电路，尽量减小交流成分，以减小整流电压的脉动程度，适合稳压电路的需要，这就是滤波。由此组成的电路称为滤波电路。下面介绍 RC 平滑滤波电路（见图 3-19）。

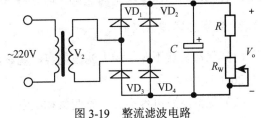

图 3-19　整流滤波电路

在负载上并联一个电容器，利用电容器充放电时端电压不能跃变的特性使直流输出电压保持稳定。二极管起整流作用，与负载并联的电容 C 起滤波作用，这个电容器就是一个最简单的滤波器。

注意：滤波电容器电容较大，一般用电解电容，应注意电容的正极性接高电位，负极性接低电位，如果接反则容易损坏器件。

实验设备

整流滤波电路实验设备如表 3-1 所示。

表 3-1　整流滤电路实验设备

名称	数量	型号
AC 电源	1 台	
示波器	1 台	
万用表	1 只	
二极管	4 只	1N4007×4
电阻	1 只	1kΩ×1
电位器	1 只	10kΩ×1
电容	2 只	10μF×1、470μF×1
短接桥和连接导线	若干	P8-1 和 50148
实验用 9 孔插件方板	1 块	297mm×300mm

实验步骤

1. 桥式整流电路

按图 3-18（c）所示接线，检查无误后进行通电测试。将万用表测出的电压值记录下来，示波器观察到的变压器副边电压波形绘于图 3-20（a）中，将整流级电压绘于图 3-20（b）中。

半波整流的输出电压为：　　　　　$V_o=0.45V_2$

全波整流的输出电压为：　　　　　$V_o=0.9V_2$

桥式整流的输出电压为：　　　　　$V_o=0.9V_2$

其中，V_o 为平均值，V_2 为有效值。

2. 整流滤波电路

按图 3-19 所示连接整流、滤波电路，检查无误后进行通电测试，测量滤波级输出电压并记录，将观察到的波形绘于图 3-20（c）中，输出电压为 $V_o=(1.1\sim1.2)V_2$。

3. 观察电容滤波特性

（1）保持负载不变，增大滤波电容，观察输出电压数值与波形变化情况并记录，绘图于图 3-20（d）中。

（2）保持滤波电容不变，改变负载电阻，观察输出电压数值和波形变化情况并记录，绘图于图 3-20（e）、（f）中。

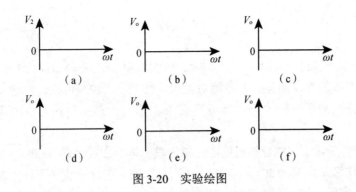

图 3-20   实验绘图

思考题

（1）分析估算值与测量值产生误差的原因。

（2）分析测试记录与响应的波形，可得到什么结论？

（3）在图 3-18（c）所示整流电路中，若观察到的输出电压波形为半波，电路中可能存在什么故障？

（4）在图 3-19 所示整流、滤波电路中，若观察到输出电压波形为全波，电路中可能存在什么故障？

3.7 空气中声速的测量

声波是一种在媒质中传播的机械波，由于其振动方向与传播方向一致，因此声波是纵波。本实验要测量超声波在媒质中的传播速度。超声波是频率为 $2 \times 10^4 \sim 10^9$ Hz 的机械波，它具有波长短、易于定向发射等优点。对于声波特性的测量（如频率、波速、声压衰减和相位等）是声学应用技术中的一个重要内容，特别是在超声波测距、定位、测液体流速、测材料弹性模量等应用中具有重要的意义。

实验目的

（1）了解声速测量仪的结构和测试原理。

（2）通过实验了解作为传感器的压电陶瓷的功能。

（3）用共振干涉法、相位比较法和时差法测量超声波在空气中的传播速度。

（4）加深对有关共振、振动合成、波的干涉等理论知识的理解。

（5）巩固用逐差法处理数据。

实验仪器

SV 声速测定仪、专用信号源、YB4328 示波器、屏蔽电缆线若干、温度计（公用）。

实验原理

1. 声波在空气中的传播速度

在理想气体中声波的传播速度为

$$u = \sqrt{\frac{\gamma RT}{M}} \qquad (3.17)$$

式中，γ 为气体比定压热容与比定容热容之比（比热容比），$R = 8.31441\,\mathrm{J/(mol \cdot K)}$ 为普适气体常数，M 为气体的摩尔质量，T 为绝对温度。由式（3.17）可见，声速与温度、摩尔质量及比热容比有关，后两个因素与气体成分有关。因此，测定声速可以推算出气体的一些参量。

在正常情况下，干燥空气成分按质量比为氮：氧：氩：二氧化碳=78.084：20.094：0.934：0.033。它们的平均摩尔质量为 $M_a = 28.964 \times 10^{-3}\,\mathrm{kg/mol}$。在标准状态下，干燥空气的声速为 $u_0 = 331.5\,\mathrm{m/s}$。在室温 t 下，干燥空气中的声速为

$$u = u_0 \sqrt{1 + \frac{t}{T_0}} \qquad (3.18)$$

2. 测量声速的基本方法

声波的传播速度与其频率和波长的关系为

$$u = \lambda \cdot \upsilon \qquad (3.19)$$

由式（3.19）可知，测得声波的频率和波长，就可得到声速。实验中，声波的频率 υ 可以直接从声速测定信号源上读出，而声波的波长 λ 则常用共振干涉法和相位比较法来测量。

（1）共振干涉法测量声速。根据波的干涉理论可知：驻波相邻波节之间的距离为 $\lambda/2$。发射换能器 S_1 发出的声波，传到接收换能器 S_2 后，在激发起 S_2 振动的同时，又被 S_2 的端面所反射（见图 3-21）。当 S_1 和 S_2 的表面相互平行时，声波就在两个平面间往返反射并叠加而形成驻波。声波是纵波，当接收换能器 S_2 处于驻波波节位置时接收到的声压是极大值，经接收器转换成电信号，从示波器上观察到的电压信号也是极大值（见图 3-22）。为了测量声波的波长，移动接收换能器 S_2 到某个位置时，如果示波器上声压振幅为极大值，继续移动接收换能器 S_2，直至示波器上再次出现声压振幅为极大值。两相邻的振幅极大值之间的距离为 $\lambda/2$，S_2 移动过的距离亦为 $\lambda/2$。即在示波器上观察到声振幅为极大值时，S_2 和 S_1 两端面间的距离 L 满足

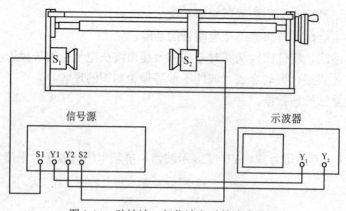

图 3-21　驻波法、相位法和时差法连线图

$$L = n\frac{\lambda}{2} \tag{3.20}$$

其中，λ 是空气中的声波波长，n 取正整数。我们只要测出各极大值对应的接收换能器 S_2 的位置，就可测出波长。由信号源读出超声波的频率后，即可由式（3.19）求得声速。

由于波阵面的发散和其他损耗，各极大值幅值随距离增大而逐渐减小（见图 3-22）。

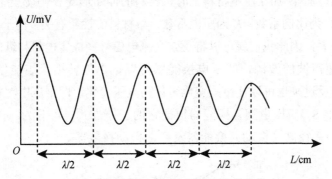

图 3-22　接收器表面声压随距离的变化

（2）相位比较法测量声速。波是振动状态的传播，也可以说是相位的传播。同一列波上的任何两点，它们的相位差为 2π（或 2π 的整数倍）时，该两点的距离就等于一个波长（或波长的整数倍）。因此接收换能器 S_2 每移过一个 λ 的距离，激励源和接收换能器的电信号的相位差也将出现重复（见图 3-23）。利用这个原理，可以较精确地测量波长。把激励信号接示波器的 Y_1 端，接收换能器的电信号接 Y_2 端（见图 3-21），等于相同频率相互垂直振动的叠加，可以在示波器屏幕上看到稳定的椭圆。当相位差为 0 或 π 时，椭圆变成向左或向右的直线。移动接收换能器 S_2，当示波器重现上述现象时，S_2 所移过的距离就等于声波的波长。再由信号源读出超声波的频率后，即可由式（3.19）求得声速。

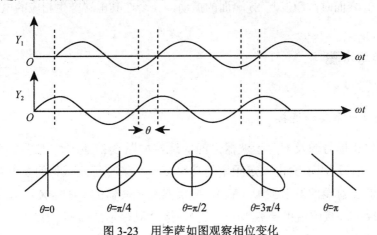

图 3-23　用李萨如图观察相位变化

仪器简介

对于超声波，采用压电陶瓷换能器作为声波的发射器、接收换能器效果最佳。

SV 声速测试仪主要由压电陶瓷换能器和读数标尺组成。压电陶瓷换能器由压电陶瓷片和轻重两种金属组成。压电陶瓷片是由一种多晶结构的压电材料（如石英、锆钛酸铅陶瓷等），在一定温度下经极化处理制成的。它具有压电效应，即受到与极化方向一致的应力 T 时，在极化方向上产生一定的电场强度 E 且具有线性关系 $E=CT$；它也具有逆压电效应，即当与极化方向一致的外加电压 U 加在压电材料上时，材料的伸缩形变 S 与 U 之间有简单的线性关系 $S=KU$，其中，C 为比例系数，K 为压电常数，与材料的性质有关。由于 E 与 T，S 与 U 之间有简单的线性关系，因此我们就可以将正弦交流电信号变成压电材料纵向的长度伸缩，使压电陶瓷片成为超声波的波源，即压电换能器可以把电能转换为声能作为超声波发生器（图 3-21 中 S_1）。反过来也可以使声压变化转化为电压变化，即用压电陶瓷片作为声频信号接收器（图 3-21 中 S_2）。压电陶瓷换能器根据它的工作方式，可分为纵向（振动）换能器（其结构见图 3-24）、径向（振动）换能器及弯曲振动换能器。

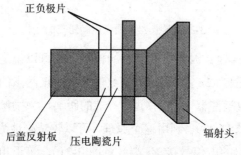

正负极片

后盖反射板　压电陶瓷片　辐射头

图 3-24　纵向压电换能器的结构

在实验装置（见图 3-21）中，S_1 和 S_2 是压电换能器，它们分别用来发送和接收超声波。当把电信号加在 S_1 端时，换能器端面产生机械振动（逆压电效应），并在空气中激发出声波。当声波传递到 S_2 表面时，激发起 S_2 端面的振动，又会在其电端产生相应的电信号输出（正压电效应）。

实验内容与步骤

一、基础部分

1. 声速测试仪系统的连接

声速测试仪和信号源及双踪示波器之间的连接如图 3-21 所示，信号源面板上的发射端换能器接口（S_1），用于输出一定频率的功率信号，请接至测试架的发射换能器（S_1）；信号源面板上的发射端的发射波形（Y_1），接至双踪示波器的 CH1（X），用于观察发射波形；信号源面板上的接收端的接收波形（Y_2），接至双踪示波器的 CH2（Y），用于观察接收波形。

仪器在使用之前，加电开机预热 15min。在通电后，信号源自动工作在连续波方式，这时脉冲波强度选择按钮不起作用。

2. 测定压电陶瓷换能器系统的最佳工作点

只有当换能器 S_1 和 S_2 发射面与接收面保持平行时才有较好的接收效果。为了得到较清晰的接收波形，还应将外加的驱动信号频率调节到发射换能器 S_1 谐振频率点处，才能较好地进行声能与电能的相互转换，提高测量精度，以得到较好的实验效果。

超声换能器工作状态的调节方法如下：

（1）各仪器都正常工作以后，首先调节连续波强度旋钮，使信号源输出合适的电压（8～10V_{P-P})，再调整信号频率至 34.5～39.5kHz。

（2）调节示波器：先把"辉度"（INTEN）、"聚焦"（FOCUS）、"X 位移"（POSITION）和"Y 位移"（POSITION）旋钮旋至中间位置；示波器的"垂直方式"选择"CH2"，"触发源"（SOURCE）选择"INT"，"扫描方式"选择"自动"（AUTO），输入信号与垂直放大器连接方式（AC-GND-DC）选择"AC"；然后依次调节 CH2 端的"VOLTS/DIV""SEC/DIV""LEVEL"旋钮，得到稳定的正弦波形。选择合适的示波器通道增益（一般 0.2～1V/div 的位置），使图像大小合适。

（3）接收换能器 S_2 在某一位置时调节频率，同时观察接收波的电压幅度变化，在某一频率点处（34.5～39.5kHz）电压幅度最大，此频率即是 S_1、S_2 相匹配频率点，记录频率 υ。

（4）改变接收换能器 S_2 的位置，再微调信号频率，再次测定工作频率，共测 6 次，取平均值 $\bar{\upsilon}$。

3. 共振干涉法测量波长

（1）将测试方法设置到连续波方式，把声速测试仪信号源调到最佳工作频率 $\bar{\upsilon}$。

（2）在共振频率下，转动距离调节鼓轮，改变 S_2 位置，当示波器上出现振幅极大值时记录下 S_2 的位置 L_1（在机械刻度尺上读出）；再由近及远（或由远及近）移动 S_2，逐次记下各振幅极值大时的 S_2 位置，连续测 12 个数据 L_2、L_3、…、L_{12}（要求 $L_i > 50mm$）。

4. 用相位比较法测量波长

（1）声速测试仪信号源输出频率仍为 $\bar{\upsilon}$。

（2）调节示波器："SEC/DIV"置"X-Y"，其他同上，即可看到 Y_1 和 Y_2 的合振动图像；选择合适的通道增益（调节 CH1 端的"VOLTS/DIV"和 CH2 端的"VOLTS/DIV"），使合振动的图像大小合适。

（3）转动距离调节鼓轮，缓慢移动 S_2，观察示波器的波形。当示波器所显示的为李萨如图形（见图 3-23）中某一方向直线时，记录下此时的距离 L_1'（在机械刻度尺上读出）；再由近及远（或由远及近）移动 S_2，当示波器所显示的为李萨如图形（见图 3-23）中另一方向直线时记录下此时的距离 L_2'，连续测 12 个数据 L_2'、L_3'、…、L_{12}'（要求 $L_i' > 50mm$）。

二、提高部分——用时差法测量声速

用时差法测量声速的实验装置仍采用上述仪器，按图 3-21 所示连接线路。由信号源提

供一个脉冲信号经 S_1 发出一个脉冲波，经过一段距离的传播后，该脉冲信号被 S_2 接收，再将该信号返回信号源，经信号源内部线路分析、比较处理后输出脉冲信号在 S_1、S_2 之间的传播时间 t，传播距离 L 可以从数显尺上读出，则声波在介质中的传播速度可以由以下公式计算

$$u = \frac{L}{t}$$

作为接收器的压电陶瓷换能器，当接收到来自发射换能器的波列的过程中，能量不断积聚，电压变化波形曲线振幅不断增大，当波列过后，接收换能器两极上的电荷运动呈阻尼振荡，电压变化波形曲线如图 3-25 所示。

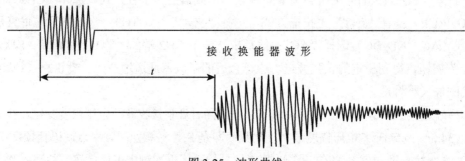

图 3-25　波形曲线

下面介绍测量空气中的声速的方法。

①按图 3-24 所示连接线路，打开信号源和示波器的电源。

②将 S_1 和 S_2 之间的距离调到一定距离（≥50mm），将连续波频率调离换能器谐振点，将面板上"测试方法"设置到脉冲波方式，再调节接收增益，使示波器上显示的接收波信号幅度在 300～400mV（峰—峰值），使信号源计时器显示的时间差值读数稳定。

③记录此时的距离 L_i 和显示的时间值 t_i（由信号源时间显示窗口直接读出）。移动 S_2，如果计时器读数有跳字，则微调接收增益（距离增大时，顺时针调节；距离减小时，逆时针调节），使计时器读数连续准确变化。记录下这时的距离值 L_{i+1} 和显示的时间值 t_{i+1}。测量 8 个点，要求 L_i 与 L_{i+1} 尽量保持等距离。

④声速 $u = (L_{i+1} - L_i)/(t_{i+1} - t_i)$。

注意事项

（1）正确连线，为避免交变信号的干扰，所有仪器要用屏蔽线连接。

（2）从低频发生器提供给 S_1 的输出电压不得超过 10V。

思考题

（1）声速测量中共振干涉法、相位法有何异同？

（2）为什么要在谐振频率条件下进行声速测量？如何调节和判断测量系统是否处于谐振状态？

（3）为什么发射换能器的发射面与接收换能器的接收面要保持互相平行？不平行会产生什么问题？

（4）驻波中各质点振动时振幅与坐标有何关系？

（5）实验中，风是否会影响声波的传播速度？

3.8　交流电桥的原理和应用

交流电桥是一种比较式仪器，在电测技术中占有重要地位。它主要用于测量交流等效电阻及其时间常数；电容及其介质损耗；自感及其线圈品质因数和互感等电参数的精密测量，也可用于非电量变换为相应电量参数的精密测量。

常用的交流电桥分为阻抗比电桥和变压器电桥两大类。习惯上一般称阻抗比电桥为交流电桥。本实验中交流电桥指的是阻抗比电桥。交流电桥的线路虽然和直流单电桥线路具有同样的结构形式，但因为它的 4 个臂是阻抗，所以它的平衡条件、线路的组成及实现平衡的调整过程都比直流电桥复杂。

实验目的

1. 了解交流桥路的特点和调节平衡的方法。
2. 使用交流电桥测量电容及其损耗。
3. 使用交流电桥测量电感及其品质因数。

实验原理

图 3-26 所示的是交流电桥的原理线路。它与直流单电桥原理相似。在交流电桥中，4 个桥臂一般是由交流电路元件如电阻、电感、电容组成的；电桥的电源通常是正弦交流电源；交流平衡指示仪的种类有很多，适用于不同频率范围。频率为 200Hz 以下时可采用谐振式检流计；音频范围内可采用耳机作为平衡指示器；音频或更高的频率时也可采用电子指零仪器；也有用电子示波器或交流毫伏表作

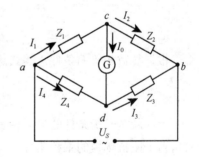

图 3-26　交流电桥原理

为平衡指示器的。本实验采用电子放大式指零仪，它有足够的灵敏度。指示器指零时，电桥达到平衡。

1. 交流电桥的平衡条件

我们先在正弦稳态的条件下讨论交流电桥的基本原理。在交流电桥中，4 个桥臂由阻抗元件组成，在电桥的一条对角线 cd 上接入交流指零仪，另一对角线 ab 上接入交流电源。

当调节电桥参数，使交流指零仪中无电流通过时（$I_0=0$），cd 两点的电位相等，电桥达到平衡，这时有

$$U_{ac}=U_{ad}$$
$$U_{cb}=U_{db}$$

即
$$I_1Z_1 = I_4Z_4$$
$$I_2Z_2 = I_3Z_3$$

两式相除有 $\dfrac{I_1Z_1}{I_2Z_2} = \dfrac{I_4Z_4}{I_3Z_3}$

当电桥平衡时，$I_0 = 0$，由此可得

$$I_1 = I_2 , \quad I_3 = I_4$$

所以
$$Z_1Z_3 = Z_2Z_4 \tag{3.21}$$

上式就是交流电桥的平衡条件，它说明：当交流电桥达到平衡时，相对桥臂的阻抗的乘积相等。

由图 3-24 可知，若第一桥臂由被测阻抗 Z_x 构成，则

$$Z_x = \frac{Z_2}{Z_3} Z_4$$

当其他桥臂的参数已知时，就可决定被测阻抗 Z_x 的值。

2. 交流电桥平衡的分析

下面我们对电桥的平衡条件做进一步的分析。

在正弦交流情况下，桥臂阻抗可以写成复数的形式

$$Z = R + jX = Ze^{j\varphi}$$

若将电桥的平衡条件用复数的指数形式表示，则可得

$$Z_1e^{j\varphi_1} \cdot Z_3e^{j\varphi_3} = Z_2e^{j\varphi_2} \cdot Z_4e^{j\varphi_4}$$

即
$$Z_1 \cdot Z_3e^{j(\varphi_1+\varphi_3)} = Z_2 \cdot Z_3e^{j(\varphi_2+\varphi_4)}$$

根据复数相等的条件，等式两端的幅模和幅角必须分别相等，故有

$$\begin{cases} Z_1Z_3 = Z_2Z_4 \\ \varphi_1\varphi_3 = \varphi_2 + \varphi_4 \end{cases} \tag{3.22}$$

上面就是平衡条件的另一种表现形式，可见交流电桥的平衡必须满足两个条件：一是相对桥臂上阻抗幅模的乘积相等；二是相对桥臂上阻抗幅角之和相等。

由式（3.22）可以得出如下两点重要结论。

（1）交流电桥必须按照一定的方式配置桥臂阻抗。如果用任意不同性质的 4 个阻抗组成一个电桥，不一定能够调节到平衡，因此必须把电桥各元件的性质按电桥的两个平衡条件做适当配合。

在很多交流电桥中，为了使电桥结构简单和调节方便，通常将交流电桥中的两个桥臂设计为纯电阻。

由式（3.22）的平衡条件可知，如果相邻两臂接入纯电阻，则另外相邻两臂也必须接入相同性质的阻抗。例如，若被测对象 Z_x 在第一桥臂中，两相邻臂 Z_2 和 Z_3（见图 3-24）为纯电阻的话，即 $\varphi_2 = \varphi_3 = 0$，那么由式（3.22）可得：$\varphi_4 = \varphi_x$，若被测对象 Z_x 是电容，则它相

邻桥臂 Z_4 也必须是电容；若 Z_x 是电感，则 Z_4 也必须是电感。

如果相对桥臂接入纯电阻，则另外相对两桥臂必须为异性阻抗。例如，相对桥臂 Z_2 和 Z_4 为纯电阻的话，即 $\varphi_2 = \varphi_4 = 0$，那么由式（3.22）可知：$\varphi_3 = -\varphi_x$；若被测对象 Z_x 为电容，则它的相对桥臂 Z_3 必须是电感，而如果 Z_x 是电感，则 Z_3 必须是电容。

（2）交流电桥平衡必须反复调节两个桥臂的参数。在交流电桥中，为了满足上述两个条件，必须调节两个桥臂的参数，才能使电桥完全达到平衡，而且往往需要对这两个参数进行反复的调节，所以交流电桥的平衡调节要比直流电桥的调节困难一些。

3. 交流电桥的常见形式

交流电桥的 4 个桥臂，要按一定的原则配以不同性质的阻抗，才有可能达到平衡。从理论上讲，满足平衡条件的桥臂类型，可以有许多种。但实际上常用的类型并不多，这是因为：

①桥臂尽量不采用标准电感，由于制造工艺上的原因，标准电容的准确度要高于标准电感，并且标准电容不易受外磁场的影响。所以常用的交流电桥，不论是测电感还是测电容，除被测臂之外，其他三个臂都采用电容和电阻。本实验由于采用了开放式设计的仪器，所以也能以标准电感作为桥臂，以便于使用者更全面地掌握交流电桥的原理和特点。

②尽量使平衡条件与电源频率无关，这样才能发挥电桥的优点，使被测量只决定于桥臂参数，而不受电源的电压或频率的影响。有些形式的桥路的平衡条件与频率有关，这样，电源的频率不同将直接影响测量的准确性。

③电桥在平衡中需要反复调节，才能使幅角关系和幅模关系同时得到满足。通常将电桥趋于平衡的快慢程度称为交流电桥的收敛性。收敛性越好，电桥趋向平衡越快；收敛性差，则电桥不易平衡或者说平衡过程时间要很长，需要测量的时间也很长。电桥的收敛性取决于桥臂阻抗的性质及调节参数的选择。所以收敛性差的电桥，由于平衡比较困难也不常用。

下面将介绍几种常用的交流电桥。

（1）电容电桥。电容电桥主要用来测量电容器的电容量及损耗角，为了弄清电容电桥的工作情况，首先对被测电容的等效电路进行分析，然后介绍电容电桥的典型线路。

①被测电容的等效电路。实际电容器并非理想元件，它存在介质损耗，所以通过电容器 C 的电流和它两端的电压的相位差并不是 $90°$，而且比 $90°$ 要小一个 δ 角（称为介质损耗角）。具有损耗的电容可以用两种形式的等效电路表示，一种是理想电容和一个电阻相串联的等效电路，如图 3-27（a）所示；一种是理想电容与一个电阻相并联的等效电路，如图 3-28（a）所示。在等效电路中，理想电容表示实际电容器的等效电容，而串联（或并联）等效电阻则表示实际电容器的发热损耗。

图 3-27（b）及图 3-28（b）分别画出了相应电压、电流的相量图。必须注意，等效串联电路中的 C 和 R 与等效并联电路中的 C'、R' 是不相等的。在一般情况下，当电容器介质损耗不大时，应当有 $C \approx C'$，$R \leqslant R'$。所以，如果用 R 或 R' 来表示实际电容器的损耗时，还必

须说明它对于哪一种等效电路而言。因此为了表示方便起见，通常用电容器的损耗角 δ 的正切 $\tan\delta$ 来表示它的介质损耗特性，并用符号 D 表示，通常称它为损耗因数，在等效串联电路中

$$D = \tan\delta = \frac{U_R}{U_C} = \frac{IR}{\dfrac{I}{\omega C}} = \omega CR$$

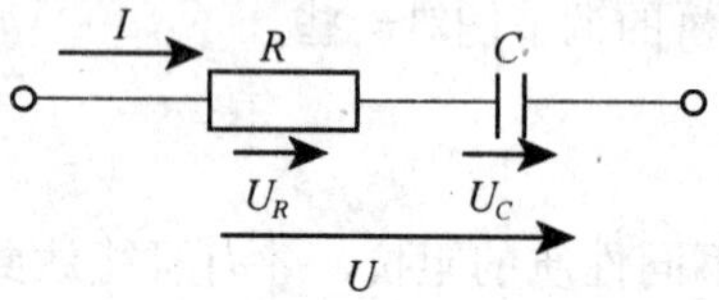

（a）有损耗电容器的串联等效电路图 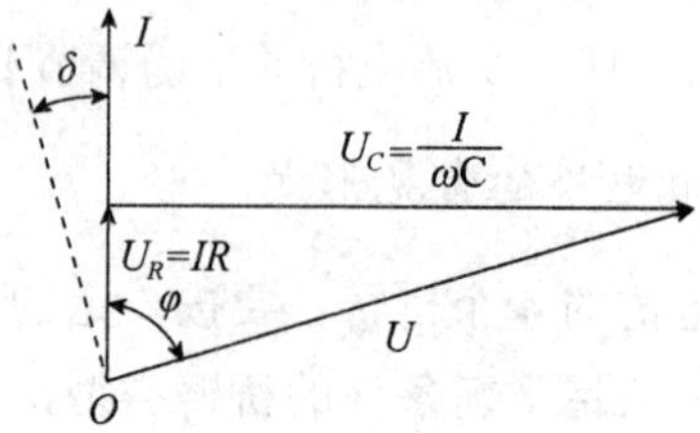   （b）矢量图

图 3-27　交流电桥（1）

（a）有损耗电容器的并联等效电路   （b）矢量图

图 3-28　交流电桥（2）

在等效的并联电路中

$$D = \tan\delta = \frac{I_R}{I_C} = \frac{U/R'}{\omega C'U} = \frac{1}{\omega C'R'}$$

应当指出，在图 3-27（b）和图 3-28（b）中，$\delta = 90° - \varphi$ 对两种等效电路都是适合的，所以不管用哪种等效电路，求出的损耗因数是一致的。

②测量损耗小的电容电桥（串联电阻式）。图 3-29 为适合用来测量损耗小的被测电容的电容电桥，被测电容 C_x 接到电桥的第一臂，等效为电容 C_x' 和串联电阻 R_x'，其中 R_x' 表示它的损耗；与被测电容相比较的标准电容 C_n 接入相邻的第 4 臂，同时与 C_n 串联一个可变电阻 R_n，桥的另外两臂为纯电阻 R_b 及 R_a，当电桥调到平衡时，有

$$\left(R_x + \frac{1}{j\omega C_x}\right)R_a = \left(R_n + \frac{1}{j\omega C_n}\right)R_b$$

令上式实数部分和虚数部分分别相等

$$\begin{cases} R_x R_a = R_n R_b \\ \dfrac{R_a}{C_x} = \dfrac{R_b}{C_n} \end{cases}$$

最后可得

$$\begin{cases} R_x = \dfrac{R_b}{R_a} R_n & (3.23) \\[3mm] C_x = \dfrac{R_a}{R_b} C_n & (3.24) \end{cases}$$

由此可知，要使电桥达到平衡，必须同时满足上面两个条件，因此至少调节两个参数。如果改变 R_n 和 C_n，便可以单独调节，互不影响地使电容电桥达到平衡。通常标准电容都是做成固定的，因此 C_n 不能连接可变，这时我们可以调节 R_a/R_b 比值使式（3.24）得到满足，但调节 R_a/R_b 的比值时又影响到式（3.23）的平衡。因此要使电桥同时满足两个平衡条件，必须对 R_n 和 R_a/R_b 等参数反复调节才能实现，因此使用交流电桥时，必须通过实际操作取得经验，才能迅速获得电桥的平衡。电桥达到平衡后，C_x 和 R_x 值可以分别按式（3.23）和式（3.24）计算，其被测电容的损耗因数 D 为

$$D = \tan\delta = \omega C_x R_x = \omega C_n R_n \tag{3.25}$$

③测量损耗大的电容电桥（并联电阻式）。假如被测电容的损耗大，则用上述电桥测量时，与标准电容相串联的电阻 R_n 必须很大，这将会降低电桥的灵敏度。因此当被测电容的损耗大时，宜采用图 3-30 所示的另一种电容电桥的线路来进行测量，它的特点是标准电容 C_n 与电阻 R_x 是彼此并联的，则根据电桥的平衡条件可以写成

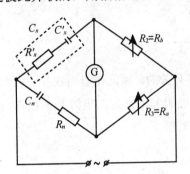

图 3-29 串联电阻式电容电桥

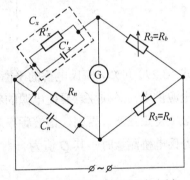

图 3-30 并联电阻式电容电桥

$$R_b \left(\frac{1}{\dfrac{1}{R_n} + j\omega C_n} \right) = R_a \left(\frac{1}{\dfrac{1}{R_x} + j\omega C_x} \right)$$

整理后可得

$$\begin{cases} C_x = C_n \dfrac{R_a}{R_b} & (3.26) \\[3mm] R_x = R_n \dfrac{R_b}{R_a} & (3.27) \end{cases}$$

而损耗因数为

$$D = \tan\delta = \frac{1}{\omega C_x R_x} = \frac{1}{\omega C_n R_n} \tag{3.28}$$

交流电桥测量电容根据需要还有一些其他形式，可参见有关书籍。

（2）电感电桥。电感电桥是用来测量电感的，电感电桥有多种线路，通常采用标准电容作为与被测电感相比较的标准元件，从前面的分析可知，这时的标准电容一定要安置在与被测电感相对的桥臂中。根据实际的需要，也可采用标准电感作为标准元件，这时的标准电感一定要安置在与被测电感相邻的桥臂中，这里不再作为重点介绍。

一般实际的电感线圈都不是纯电感，除电抗 $X_L = \omega L$ 外，还有有效电阻 R，两者之比称为电感线圈的品质因数 Q。即

$$Q = \frac{\omega L}{R}$$

下面介绍两种电感电桥电路，它们分别适宜于测量高 Q 值和低 Q 值的电感元件。

①测量高 Q 值电感的电感电桥。测量高 Q 值的电感电桥的原理线路如图 3-31 所示，该电桥线路又称为海氏电桥。

电桥平衡时，根据平衡条件可得

$$(R_x + j\omega L_x)\left(R_n + \frac{1}{j\omega C_n}\right) = R_b R_a$$

简化和整理后可得

$$\begin{cases} L_x = \dfrac{R_b R_a C_n}{1 + (\omega C_n R_n)^2} \\ R_x = \dfrac{R_b R_a R_n (\omega C_n)^2}{1 + (\omega C_n R_n)^2} \end{cases} \tag{3.29}$$

由式（3.29）可知，海氏电桥的平衡条件是与频率有关的。因此在应用成品电桥时，若改用外接电源供电，必须注意要使电源的频率与该电桥说明书上规定的电源频率相符，而且电源波形必须是正弦波，否则，谐波频率就会影响测量的精度。

用海氏电桥测量时，其 Q 值为

$$Q = \frac{\omega L}{R_x} = \frac{1}{\omega C_n R_n} \tag{3.30}$$

由式（3.30）可知，被测电感 Q 值越小，则要求标准电容 C_n 的值越大，但一般标准电容的容量都不能做得太大，此外，若被测电感的 Q 值过小，则海氏电桥的标准电容的桥臂中所串的 R_n 也必须很大，但当电桥中某个桥臂阻抗数值过大时，将会影响电桥的灵敏度，可见海氏电桥线路适用于测 Q 值较大的电感参数，而在测量 $Q < 10$ 的电感元件的参数时则需用另一种电桥线路，下面介绍这种适用于测量低 Q 值电感的电桥线路。

②测量低 Q 值电感的电感电桥。测量低 Q 值电感的电桥原理线路如图 3-32 所示。该电桥线路又称为麦克斯韦电桥。

这种电桥与上面介绍的测量高 Q 值电感的电桥线路所不同的是：标准电容桥臂中的 C_n 和可变电阻 R_n 是并联的。

在电桥平衡时，有

$$\left(R_x+\mathrm{j}\omega L_x\right)\left(\cfrac{1}{\cfrac{1}{R_n}+\mathrm{j}\omega C_n}\right)=R_bR_a$$

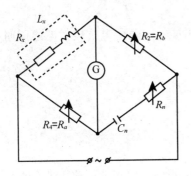

图 3-31　测量高 Q 值电感的电桥原理

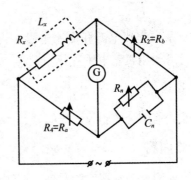

图 3-32　测量低 Q 值电感的电桥原理

相应的测量结果为

$$\begin{cases}L_x = R_bR_aC_n\\ R_x = \dfrac{R_b}{R_n}R_a\end{cases}\tag{3.31}$$

被测对象的品质因数 Q 为

$$Q=\frac{\omega L_x}{R_x}=\omega R_nC_n\tag{3.32}$$

麦克斯韦电桥的平衡条件式（3.31）表明，它的平衡是与频率无关的，即在电源为任何频率或非正弦的情况下，电桥都能平衡，所以该电桥的应用范围较广。但是实际上，由于电桥内各元件间的相互影响，所以交流电桥的测量频率对测量精度仍有一定的影响。

（3）电阻电桥。测量电阻时采用惠斯登电桥，如图 3-33 所示。可见桥路形式与直流单臂电桥相同，只是这里用交流电源和交流指零仪作为测量信号。

当检流计 G 平衡时，G 无电流流过，cd 两点为等电位，则

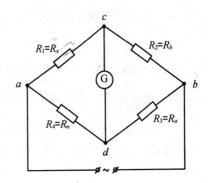

图 3-33　交流电桥测量电阻

$$I_1=I_2,\quad I_3=I_4$$

下式成立

$$I_1R_1=I_4R_4$$
$$I_2R_2=I_3R_3$$

于是有

$$\frac{R_1}{R_2}=\frac{R_4}{R_3}$$

所以

$$R_x = \frac{R_4}{R_3} \cdot R_2$$

即
$$R_x = \frac{R_n}{R_a} \cdot R_b$$

由于采用交流电源和交流电阻作为桥臂，所以测量一些残余电抗较大的电阻时不易平衡，这时可改用直流电桥进行测量。

实验仪器

交流电路综合实验仪、导线。

实验内容

实验前应充分掌握实验原理，接线前应明确桥路的形式，错误的桥路可能会有较大的测量误差，甚至无法测量。

由于采用模块化的设计，所以实验的连线较多。注意接线的正确性，这样可以缩短实验时间；文明使用仪器，正确使用专用连接线，不要拽拉引线部位，这样可以提高仪器的使用寿命。

交流电桥采用的是交流指零仪，所以电桥平衡时指针位于左侧零位。

实验时，指零仪的灵敏度应先调到较低位置，待基本平衡时再调高灵敏度，重新调节桥路，直至最终平衡。

1. 交流电桥测量电容

根据前面实验原理的介绍，分别测量两个 C_x 电容，其中一个为低损耗的电容，另一个为有一定损耗的电容。试用合适的桥路测量电容的电容量及其损耗电阻，并计算损耗。

2. 交流电桥测量电感

根据前面实验原理的介绍分别测量两个 L_x 电感，其中一个为低 Q 值的空心电感，另一个为有较高 Q 值的铁心电感。试用合适的桥路测量电感的电感量及其损耗电阻，并计算电感的 Q 值。

3. 交流电桥测量电阻

用交流电桥测量不同类型和阻值的电阻，并与其他直流电桥的测量结果相比较。

4. 其他桥路实验

交流电桥还有其他多种形式，有兴趣的同学可以自己进行实验，仪器的配置可以支持完成这些实验。

附加说明：在电桥的平衡过程中，有时指针不能完全回到零位，这对于交流电桥是完全可能的，一般来说有以下原因。

（1）测量电阻时，被测电阻的分布电容或电感太大。

（2）测量电容和电感时，损耗平衡（R_n）的调节细度受到限制，尤其是低 Q 值的电感或高损耗的电容测量时更为明显。另外，电感线圈极易感应外界的干扰，也会影响电桥的平衡，这时可以试着变换电感的位置来减小这种影响。

（3）用不合适的桥路形式测量，也可能使指针不能完全回到零位。

（4）由于桥臂元件并非理想的电抗元件，所以选择的测量量程不当，以及被测元件的电抗值太小或太大，也会造成电桥难以平衡。

（5）在保证精度的情况下，灵敏度不要调得太高，灵敏度太高也会引入一定的干扰。

思考题

（1）交流电桥的桥臂是否可以任意选择不同性质的阻抗元件组成？应如何选择？

（2）为什么在交流电桥中至少需要选择两个可调参数？怎样调节才能使电桥趋于平衡？

（3）交流电桥对使用的电源有何要求？交流电源对测量结果有无影响？

3.9　偏振光的研究

实验目的

1. 通过观察光的偏振现象，加深对光波传播规律的认识。
2. 掌握产生和检验偏振光的原理和方法。

实验仪器

半导体激光器、可旋转偏振片 2 个、$\lambda/4$ 波片和 $\lambda/2$ 波片各 1 个（$\lambda=632.8\text{nm}$）、光强探测器、光功率计、光具座一台。

实验原理

1. 偏振光的概念

光以波动的形式在空间中传播属于电磁波，它的电矢量 E 与磁矢量 H 相互垂直。E 和 H 均垂直于光的传播方向，故光波是横波。

实验证明光效应主要由电场引起，所以电矢量 E 的方向定为光的振动方向。自然光源（如日光、各种照明灯等）发射的光是由构成这个光源的大量分子或原子发出的光波的合成。这些分子或原子的热运动和辐射是随机的，它们所发射的光振动，出现在各个方向的概率相等，这样的光叫作自然光。

自然光经过媒质的反射、折射或者吸收后，在某一方向上振动比另外方向上强，这种光称为部分偏振光。如果光振动始终被限制在某一确定的平面内，则称为平面偏振光，也称为线偏振光或完全偏振光。偏振光电矢量 E 的端点在垂直于传播方向的平面内运动轨迹是一圆周的，称为圆偏振光，是一椭圆的则称为椭圆偏振光。

2. 获得线偏振光的方法

自然光变成偏振光称作起偏，可以起偏的器件分为透射和反射两种形式。

（1）反射式起偏器。自然光在两种媒质的界面处反射和折射，当入射角 φ_b 满足 $\tan\varphi_b = n_1/n_2$ 时，反射光成为振动方向垂直于入射面的线偏振光，这个规律称布儒斯特定律，φ_b 称为布儒斯特角或起偏角，而折射光为部分偏振光。

如果自然光以入射角 φ_b 投射在多层的玻璃堆上，经过多次反射后，透射出的光也接近于线偏振光，其振动面平行于入射面。

（2）透射式起偏器。

晶体起偏器：利用某些晶体的双折射现象可以获得较高质量的线偏振光，如尼科尔棱镜，这类偏光器件价格昂贵。

偏振片：一般用具有网状分子结构的高分子化合物——聚乙烯醇薄膜作为片基，将这种薄膜浸染具有强烈二向色性的碘，经过硼酸水溶液的还原稳定后，再将其单向拉伸 4～5 倍以上而制成，这种偏振片称 H 偏振片。此外用另外方法还可制成 K 偏振片、L 偏振片。

3. 马吕斯定律

自然光通过偏振片变成光强为 I_0，振幅为 A 的线偏振光，再垂直入射到另一块偏振片上，出射光强为

$$I = I_0 \cos^2\theta$$

这就是马吕斯定律，θ 为两偏振片透振方向之间的夹角。

当以光线传播方向为轴转动检偏器时，透射光强度 I 将发生周期性变化。当 $\theta = 0°$ 时，透射光强最大；当 $\theta = 90°$ 时，透射光强为最小值（消光状态），当 $0° < \theta < 90°$ 时，透射光强介于最大和最小值之间。

4. 波片的偏光作用

单轴晶体制成厚度为 L，表面平行于光轴的片称为波片。波片有正晶体或负晶体之分。

一束振幅为 A 的线偏振光垂直入射在波片表面上，且振动方向与光轴夹角为 θ，在晶体内分解成 o 光和 e 光（见图 3-34），振幅分别是 $A_o = A\sin\theta$，$A_e = A\cos\theta$。经过波片后，二光产生位相差

$$\Delta\Phi = 2\pi(n_o - n_e)L/\lambda_0$$

式中，λ_0 为光在真空中的波长，n_o、n_e 为晶片对 o 光和 e 光的折射率。

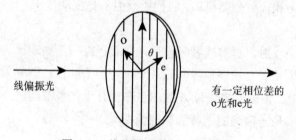

图 3-34　线偏振光产生 o 光和 e 光

因为波片能使 o 光或 e 光的位相推迟，又称为位相推迟器。

o 光和 e 光振动方向相互垂直，频率相同，位相差恒定，由振动合成可得

$$\frac{x^2}{A_e^2} + \frac{y^2}{A_o^2} - \frac{2xy}{2A_eA_o}\cos^2\Delta\varphi = \sin^2\Delta\varphi$$

由此式可知

① 当 $\varphi = k\pi(k = 0, 1, 2, \cdots)$ 时， $y = \pm\frac{A_o}{A_e}x$ ，为线偏振光。

② 当 $\varphi = (2k+1)\frac{\pi}{2}(k = 0, 1, 2, \cdots)$ 时， $\frac{x^2}{A_e^2} + \frac{y^2}{A_o^2} = 1$ ，为正椭圆偏振光。在 $A_o = A_e$ 时，为圆偏振光。

③ 当 φ 为其他值时，为椭圆偏振光。

在某一波长的线偏振光垂直入射到晶片的情况下，能使 o 光和 e 光产生相位差 $\Delta\varphi = (2k+1)\pi$ （相当于光程差为 $\frac{\lambda}{2}$ 的奇数倍）的晶片，称为对应于该单色光的二分之一波片（1/2 波片）或 $\frac{\lambda}{2}$ 波片；与此相似，能使 o 光和 e 光产生相位差 $\Delta\varphi = (2k+\frac{1}{2})\pi$ （相当于光程差为 $\frac{\lambda}{4}$ 的奇数倍）的晶片，称为四分之一波片（1/4 波片）或 $\frac{\lambda}{4}$ 波片。本实验中所用波片（ $\frac{\lambda}{4}$ ）是对 632.8mm（ $H_e—N_e$ 激光）而言的。

当振幅为 A 的线偏振光垂直入射到 1/4 波片上（见图 3-35），振动方向与波片光轴成 θ 角时，由于 o 光和 e 光的振幅分别为 $A\sin\theta$ 和 $A\cos\theta$ ，所以通过 1/4 波片合成的偏振状态也随角度 θ 的变化而不同。

④ 当 $\theta = 0°$ 时，获得振动方向平行于光轴的线偏振光（e 光）。

⑤ 当 $\theta = \pi/2$ 时，获得振动方向垂直于光轴的线偏振光（o 光）。

⑥ 当 $\theta = \pi/4$ 时， $A_e = A_o$ 获得圆偏振光。

⑦ 当 θ 为其他值时，经过 1/4 波片后为椭圆偏振光。

所以，可以用 1/4 波片获得椭圆偏振光和圆偏振光。

5. 椭圆偏振光的测量

椭圆偏振光的测量包括长、短轴之比及长、短轴方位的测定。当检偏器方位与椭圆长轴的夹角为 φ 时（见图 3-36），则透射光强为

$$I = A_1^2\cos^2\varphi + A_2^2\sin^2\varphi$$

当 $\varphi = k\pi$ 时　　　　　　　　　　$I = I_{max} = A_1^2$

当 $\varphi = (k+1/2)\pi$ 时　　　　　　　$I = I_{min} = A_2^2$

则椭圆长短轴之比为

$$\frac{A_1}{A_2} = \sqrt{\frac{I_{max}}{I_{min}}}$$

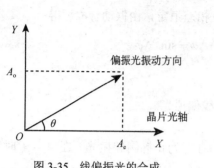

图 3-35　线偏振光的合成

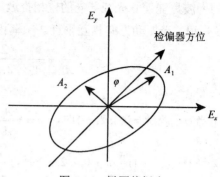

图 3-36　椭圆偏振光

仪器简介

数字检流计的使用方法详见 3.10 实验中的仪器简介相应部分。本实验装置图如图 3-37 所示。

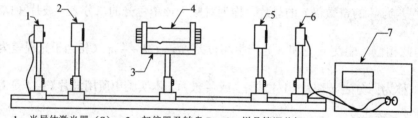

1—半导体激光器（S）；2—起偏器及转盘 P_1；3—样品管调节架（R）；4—样品试管；
5—检偏器及转盘 P_2；6—光强探测器（硅光电池 T）；7—光功率计

图 3-37　实验装置图

实验内容

一、基础部分

1. 验证马吕斯定律

（1）调整两偏振片使其透光轴平行，方法是让起偏器不动，转动检偏器，直到照度计示值最大为止。此时记下检偏器度盘上的角度示值 θ，θ 即为两偏振片透光轴平行时，偏振片度盘上的角度示值。

（2）将起偏器每转动 10°，记下光功率计的示值。

（3）在坐标纸上描绘出 $I_p \sim \cos^2\theta$ 关系曲线。

2. 1/2 波片的作用

（1）按图 3-34 依次放置各元件，并使起偏器和检偏器的透光轴正交，此时应观察到消光现象。在两偏振片之间插入 1/2 波片，并转动 1/2 波片（一周）能看到几次消光？为什么？

（2）将 1/2 波片转任意角度，这时消光现象被破坏，转动检偏器（一周），观察到什么现象？由此说明线偏振光透过 1/2 波片后，它的偏振状态怎样？

3. 用 1/4 波片产生圆偏振光与椭圆偏振光

（1）按图 3-34 所示使两偏振片正交，用 1/4 波片代替 1/2 波片，转动 1/4 波片使消光，再将 1/4 波片转 15°，然后将偏振片 2 转 360°，观察到什么现象，这时从 1/4 波片出来的光偏振状态怎样？作图表示。

（2）求出 20° 时椭圆偏振光的长、短轴之比，并以理论值为准求出相对不确定度误差。

二、提高部分

（1）设计一个实验用 1/4 波片区别圆偏振光和自然光或椭圆偏振光与部分偏振光。

（2）通过偏振片观察液晶显示器（液晶显示的手表或计算器），会看到什么现象？解释旋转偏振片时看到的现象。

注意事项

（1）半导体激光器的功率较大，不要用眼睛直接观察激光束。

（2）半导体激光器不可直接入射探测器，避免损坏探测器。

（3）测量时光功率计的量程一般置于 0～1.999mW，实验中可根据实验需要再调整到 0～1999.9μW。

思考题

（1）两偏振片用支架安置于光具座上，正交后进行消光，一片不动，另一片的两个表面转 180°，会有什么现象？如有出射光，解释其原因。

（2）两片正交偏振片中间再插入一偏振片会有什么现象？怎样解释？

（3）波片的厚度与光源的波长有什么关系？

3.10　用牛顿环测定透镜的曲率半径

用牛顿环测定透镜的曲率半径微课视频

光的干涉是重要的光学现象之一，它为光的波动性提供了重要的实验证据。光的干涉现象广泛应用于科学研究、工业生产和检测技术中，如测量光波波长、精确测量微小物体的长度、工件表面光洁度等。

用牛顿环测定透镜的曲率半径操作视频

实验目的

（1）观察光的等厚干涉现象，熟悉光的等厚干涉的特点。

（2）用牛顿环测定平凸透镜的曲率半径。

实验仪器

读数显微镜、牛顿环装置、钠光灯（$\lambda=589.3$mm）。

实验原理

利用透明薄膜上下两表面对入射光的依次反射，入射光的振幅将被分解成有一定光程差的几个部分。若两束反射光相遇时的光程差取决于产生反射光的透明薄膜的厚度，则同一条干涉条纹所对应的薄膜厚度相同。牛顿环和劈尖干涉都是典型的等厚干涉。

将一块平凸透镜的凸面放在一块光学平板玻璃上，因而在它们之间形成以接触点 O 为中心向四周逐渐增厚的空气薄膜，离 O 点等距离处厚度相同（见图 3-38（a））。当光垂直入射时，其中有一部分光线在空气膜的上表面反射，一部分在空气膜的下表面反射，因此产生两束具有一定光程差的相干光，当它们相遇后就产生了干涉现象。由于空气膜厚度相等处是以接触点为中心的同心圆，即以接触点为圆心的同一圆周上各点的光程差相等，故干涉条纹是一系列以接触点为圆心的明暗相间的同心圆（见图 3-38（b））。这种干涉现象最早为牛顿所发现，故称为牛顿环。

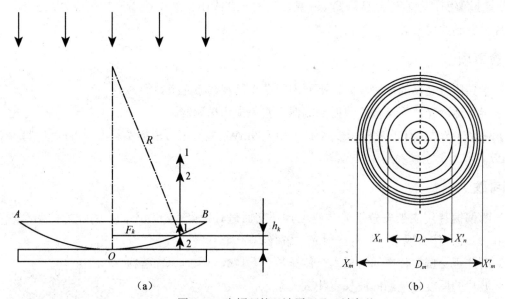

图 3-38　牛顿环的干涉原理及干涉条纹

设入射光是波长为 λ 的单色光，第 k 级干涉环的半径为 r_k，该处空气膜厚度为 h_k，则空气膜上、下表面反射光的光程差为

$$\delta = 2nh_k + \frac{\lambda}{2}$$

其中 $\frac{\lambda}{2}$ 是由于光从光疏媒质射到光密媒质的交界面上反射时，发生半波损失引起的。因空气的折射率 n 近似为 1，故有

$$\delta = 2h_k + \frac{\lambda}{2} \tag{3.33}$$

由图 3-38（a）的几何关系可知

$$R^2 = (R - h_k)^2 + r_k^2 = R^2 + 2Rh_k + h_k^2 + r_k^2 \tag{3.34}$$

式中，R 是透镜凸面 AOB 的曲率半径。因 r_k、h_k 远小于 R，故得

$$h_k = \frac{r_k^2}{2R} \tag{3.35}$$

当光程差为半波长的奇数倍时，干涉产生暗条纹，由式（3.33）有

$$2h_k + \frac{\lambda}{2} = (2k+1)\frac{\lambda}{2} \qquad (3.36)$$

式中，$k=0$，1，2，$\cdots$。

将式（3.35）代入式（3.36）便得

$$r_k = \sqrt{kR\lambda} \qquad (3.37)$$

由式（3.37）可见，r_k 与 k 和 R 的平方根成正比，随着 k 的增大，条纹越来越密，而且越细。同理可推得，亮条纹的半径为

$$r_k' = \sqrt{(2k-1)R\frac{\lambda}{2}} \qquad (3.38)$$

由式（3.38）可知，若入射光波长 λ 已知，测出各级暗条纹的半径，则可算出曲率半径 R。但实际观察牛顿环时发现，牛顿环的中心不是理想的一个接触点，而是一个不甚清晰的或暗或亮的圆斑。其原因是透镜与玻璃板接触处，由于接触压力引起形变，使接触处为一圆面；又因镜面上可能有尘埃存在，从而引起附加的光程差。因此难以准确判定级数 k 和 r_k。我们改用两个暗条纹的半径 r_m 和 r_n 的平方差来计算 R，由式（3.37），可得

$$R = \frac{r_m^2 - r_n^2}{\lambda(m-n)} \qquad (3.39)$$

因为暗条纹的半径不宜确定，故可用暗条纹直径代替半径，得

$$R = \frac{D_m^2 - D_n^2}{4(m-n)\lambda} \qquad (3.40)$$

仪器简介

读数显微镜可以放大物体，还可测量物体的大小，主要用来精确测量微小物体大小。

1. 仪器构造

读数显微镜（见图 3-39）由两个主要部件组成：一个是用来观看被测物体放大像的带十字叉丝的显微镜；另一个是用来读数的螺旋测微计装置。

显微镜由目镜 3、物镜 6 和十字叉丝（装在目镜筒 3 内）组成。主尺是毫米刻度尺，读数鼓轮的周界上等分为 100 个分格，每转一个分格显微镜移动 0.01mm。转动读数鼓轮使显微镜移动的距离，可从主尺上的指示值（毫米整数）加上读数鼓轮上的读数（精确到 0.01mm，估读到 0.001mm）。

2. 仪器使用

参见"1.4.1 力热实验常用仪器介绍"中的"读数显微镜"部分。

实验内容与步骤

一、基础部分——测量回程差和平凸透镜的曲率半径

（1）按图 3-39 放好实验仪器。点亮钠光灯，将牛顿环装置放在显微镜的平台上，并将物镜对准牛顿环装置中心，调整半反射镜的位置，使显微镜视场中亮度最大。

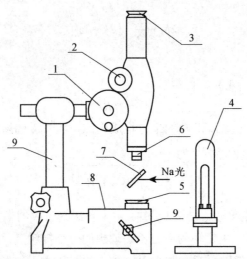

1—读数鼓轮；2—物镜调焦手轮；3—目镜；4—钠光灯；5—牛顿环装置；6—物镜；
7—半反射镜；8—载物台；9—支架

图 3-39　读数显微镜结构示意图

（2）调节显微镜目镜调焦螺母看清分划板上的十字叉丝，调节物镜调焦手轮使显微镜筒下降至接近牛顿环装置，眼睛从显微镜中观察，使镜筒缓慢上升，直到看清干涉条纹，并消除视差。适当移动牛顿环装置的位置，使十字叉丝交点与牛顿环中心大致重合，并使一根叉丝与标尺平行。先定性观察左右的 55 个条纹形干涉条纹，是否都清晰，并在显微镜的读数范围内，以便做定量测量。

（3）移动读数鼓轮，先使镜筒由牛顿环中心向左移动，顺序数到第 55 暗条纹，再反向转到第 50 暗条纹，并使十字叉丝对准暗条纹中间（为什么？），记录读数（即条纹的位置读数）。继续转动鼓轮，依次测出第 45、40、35 至第 5 条纹位置的读数。再继续向右转动鼓轮，使镜筒经过环心再依次测出右侧第 5 条纹至第 50 条纹中间位置。显然，某条纹左右位置读数之差，即为该条纹直径。

（4）起始环数可以不是 5，但不能小于 5，而且暗条纹之差应为 5，例如，起始暗条纹数为 6，则应记录 6，11，16，21，…，46，51。

二、提高部分——用劈尖法测量细丝直径或微薄厚度

注意事项

（1）实验中产生干涉现象的光来自钠灯并通过 45° 半反射镜，与读数显微镜下的平面镜无关，开始时将该平面镜置于不反光的位置。

（2）如在开始时镜筒内的视野为暗，就调节 45° 半反射镜，直到视野变亮为止。注意此时视野应为均匀的亮。

（3）使用光学仪器时，必须注意遵守下列规则。

①轻拿、轻放，勿使仪器受震，更要避免跌落到地面。光学元件使用完毕，不得随意乱放，应物归原处。

②在任何时候都不得用手触及光学表面（光线在此表面折射或反射），只能接触磨砂过的表面如透镜的侧面，棱镜的上、下底面等。

③不能对着光学元件说话、打喷嚏、咳嗽。

④光学表面有污垢时，不要私自处理，应向教师说明。在教师的指导下，对于没有镀膜的光学表面，可用干净的镜头纸轻轻擦拭。

思考题

（1）牛顿环干涉图样有哪些特点？

（2）在本实验中遇到下列情况，对实验结果是否有影响？为什么？

①牛顿环中心是亮斑而非暗斑。

②测 D 时，叉丝交点没有通过环心，因而测量的是弦而不是直径。

迈克尔逊干涉仪
微课视频

3.11　迈克尔逊干涉仪

干涉仪是根据光的干涉原理制成的一种进行精密测量的仪器，在科学技术上有着广泛的应用。干涉仪的型号有很多，迈克尔逊干涉仪是其中的一种。迈克尔逊干涉仪是历史上最著名的干涉仪，对物理学的发展有过重大贡献。迈克尔逊曾用它做了三个闻名于世的实验：迈克尔逊—莫雷实验、光谱精细结构和利用光波波长标定米标准原器。

迈克尔逊干涉仪
操作视频

迈克尔逊干涉仪是用分振幅法产生双光束以实现干涉的仪器。它可以观察光的等倾、等厚和多光束干涉现象，测定单色光的波长、光源相干长度等。至今利用它的原理研制的各种专用干涉仪，已在近代物理和计量技术中被广泛应用。

实验目的

（1）了解迈克尔逊干涉仪的原理和结构，学习调节方法。

（2）观察非定域干涉现象。

（3）利用点光源产生的同心圆干涉条纹测量单色光的波长。

实验仪器

迈克尔逊干涉仪、He-Ne 激光器、扩束镜。

实验原理

1. 迈克尔逊干涉仪的光路

光源上一点发出的光线射到半透明的铬层 K 上被分为两部分光线"1"和"2"（见图 3-40）。光线"2"射到 M_2 上被反射回来后，透过 G_1 到达 E 处，光线"1"再透过 G_2 射到 M_1，被 M_1 反射回来后再透过 G_2 射到 K 上，再被 K 反射而到达 E 处。这两条光线是由一条光线分出来的，故它们是相干光。

如果不放 G_2，光线"2"到达 E 时通过玻璃片 G_1 三次，光线"1"通过 G_1 仅一次，这样两光线到达 E 处会存在较大的光程差，放上 G_2 后，使光线"1"再有两次通过玻璃片 G_2，这样

就补偿了光线 "1" 到达 E 的光路中所缺少的光程，所以，通常将 G_2 称为补偿片。

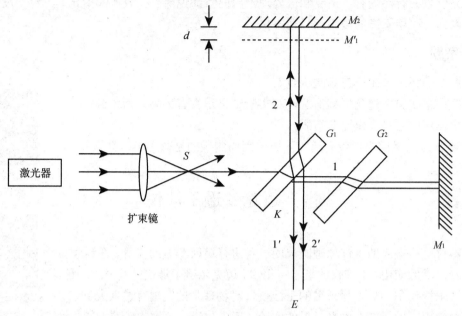

图 3-40　迈克尔逊干涉仪的光路

2. 干涉条纹的图样

在迈克尔逊干涉仪中，由 M_1、M_2 反射出来的光是两束相干光，M_1 和 M_2 可看作是两个相干光源，因此在迈克尔逊干涉仪中可观察到：

（1）点光源产生的非定域干涉条纹。

（2）点、面光源等倾干涉条纹。

（3）面光源等厚干涉条纹。

用凸透镜会聚后的激光束，是一个线度小、强度足够大的点光源。点光源经 M_1、M_2 反射后，相当于由两个虚光源 S_1'、S_2 发出的相干光束（见图 3-41），但 S_1' 和 S_2 间的距离为 M_2 和 M_1' 的距离的两倍，即 $S_1'S_2$ 等于 $2d$。虚光源 S_1'、S_2 发出的球面波在它们相遇的空间处处相干，因此这种干涉现象是点光源非定域的干涉花样。

若用平面屏观察干涉花样时，不同的地点可以观察到圆、椭圆、双曲线、直线状的条纹（在迈克尔逊干涉仪的实际情况下，放置屏的空间是有限的，只有圆和椭圆容易出现）。通常，把屏 E 放在垂直于 $S_1'S_2$ 连线的 OA 处，对应的干涉花样是一组组同心圆，圆心在 $S_1'S_2$ 延长线和屏的交点 O 上。由 $S_1'S_2$ 到屏上任一点 A，两光线的光程差 Δr 为

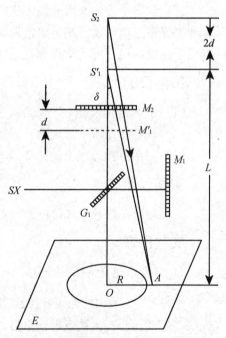

图 3-41　点光源产生非定域干涉原理图

$$\Delta r = S_2 A - S_1' A = \sqrt{(L+2d)^2 + R^2} - \sqrt{L^2 + R^2}$$

$$= \sqrt{L^2 + R^2} \left[\sqrt{1 + \frac{4Ld + 4d^2}{L^2 + R^2}} - 1 \right] \tag{3.41}$$

实际 $L \gg d$，利用展开式：$\sqrt{1+x} = 1 + \frac{1}{2}x - \frac{1}{2.4}x^2 + \cdots$ 取前两项，可将式（3.41）改写成

$$\Delta r = \sqrt{L^2 + R^2} \left[\frac{1}{2} \times \frac{4Ld + 4d^2}{L^2 + R^2} - \frac{1}{8} \times \frac{16L^2 d^2}{(L^2 + R^2)^2} \right]$$

$$= \frac{2Ld}{\sqrt{L^2 + R^2}} \left[1 + \frac{dR^2}{L(L^2 + R^2)} \right]$$

由图 3-39 的三角关系，上式可改写成

$$\Delta r = 2d \cos \delta \left[1 + \frac{d}{L} \sin^2 \delta \right] \tag{3.42}$$

略去二级无穷小项，可得

$$\Delta r = 2d \cos \delta \tag{3.43}$$

$$\Delta r = 2d \cos \delta = \begin{cases} k\lambda & \text{（明纹）} \\ (2k+1)\dfrac{\lambda}{2} & \text{（暗纹）} \end{cases} \tag{3.44}$$

这种由点光源产生的圆环状干涉条纹，无论将观察屏 E 沿 $S_1' S_2$ 方向移动到什么位置都可以看到。

由式（3.44）可知：

（1）当 $\delta = 0$ 时，光程差 Δr 最大，即圆心点所对应的干涉级别最高。摇动蜗轮蜗杆而移动 M_2，当 d 增加时，相当于减小了 k 和相应的 δ 角（或圆锥角），可以看到圆环一个个从中心"涌出"后往外扩张；若 d 减小时，圆环逐渐缩小，最后"淹没"在中心处。每"涌出"或"淹没"一个圆环，相当于 $S_1' S_2$ 的光程差改变了一个波长 λ。设 M_2 移动了 Δd 距离，相应地"涌出"或"淹没"圆环数为 N，则

$$\Delta r = 2d = N\lambda$$

$$\Delta d = \frac{1}{2} N\lambda \tag{3.45}$$

从仪器上读出 Δd 及数出相应的 N 就可以测出光波的波长 λ。

（2）d 增大时，光程差 Δr 每改变一个波长 λ 所需的 δ 的变化值减小，即两亮环（或两暗环）之间的间隔变小，看上去条纹变细变密。反之，d 减小时，条纹变粗变疏。

（3）若将 λ 作为标准值，测出"涌出"（或"淹没"）N 个圆环时的 $\Delta d_{实}$（M_2 移动的距离）与由式（3.45）算出的理论值 $\Delta d_{理}$ 比较，可以校准仪器传动系统的误差。

（4）若传动系统作为基准，则由 N 和 $\Delta d_{实}$ 可测定单色光源的波长 λ。实验时，光源都有一定体积，要获得一个比较理想的点光源，实验中往往用光栏和透镜将光束改变成较为理想的发散光束。

仪器简介

迈克尔逊干涉仪的结构，如图 3-42 所示。M_1 和 M_2 是两面经精细磨光的平面反射镜，M_1 是固定的，M_2 是活动的。转动粗动手轮 2，M_2 能在精密导轨上前后移动，M_2 的镜面垂直于移动方向，转动微动手轮 1；M_2 能在精密导轨上做微小移动。在这两种情况下，移过的距离可由导轨上标尺，以及粗动手轮和微动手轮上的刻度读出。

G_1 和 G_2（17）是两块材料、厚度一样的平行平面玻璃。在 G_1 的一个表面上镀有半透明的铬（或铝）层 K，使射到它上面的光线的强度一半被反射，另一半透射，称为分光板。G_1、G_2 相互平行，且与 M_2 成 45°。调节 M_1 可使 M_1 与 M_2 互相垂直或成某一角度。调节时，粗调用 M_1 背后三个（a_1、a_2、a_3）螺丝进行，细调时调节 M_1 下面的两个互相垂直、附有弹簧的倾度微调 15 和 16。

实验内容与步骤

一、基础部分——观察与分析 He-Ne 激光的非定域干涉现象，测量该激光的波长

1. 仪器和非定域干涉条纹的调节

（1）调节迈克尔逊干涉仪水平和 He—Ne 激光器的高度，使 He—Ne 激光束大致垂直于 M_1，仔细调节 He—Ne 激光器高低左右位置，使反射回来的光束按原路返回（见图 3-41）。

（2）装上观察屏 E，可看到分别由 M_1 和 M_2 反射至屏的两排光点，每排 4 个光点，中间两个较亮，旁边两个较暗。调节 M_1 和 M_2 背面的 3 个螺钉，使两排光点一一重合，这时 M_1 与 M_2 大致互相垂直。

（3）在 He—Ne 激光器实际光路中加入扩束器（短焦距透镜），使扩束光照在 G_1 上，此时一般在屏上就会出现干涉条纹，再调节倾度微调 15、16，使能看到位置适中、清晰的圆环状非定域干涉条纹。

（4）观察条纹变化。转动粗动手轮，可看到条纹的"涌出"或"淹没"。判别 M_1' M_2 之间的距离 d 是变大还是变小，观察条纹粗细、密度大小和 d 的关系。

2. 读数系统零点的调整

为了定量地确定 M_2 与 M_1' 之间的间距，仪器配有测定移动镜 M_2 位置的读数装置，由主尺、粗动手轮和微动手轮三部分组成。主尺装在导轨上，粗动手轮和微动手轮是两个螺旋测微装置。粗动手轮转一小格，M_2 镜移动 0.01mm，其示值可从窗口读出，微动手轮转一小格，M_2 镜移动 0.0001mm；每转一圈 M_2 镜移动 0.01mm。这三个读数的关系是：微动手轮转一圈（100 个小格），粗动手轮在读数内转过一小格；粗动手轮转一圈（100 个小格），M_2 镜在主尺移动 1mm。因此，这套读数系统可准确到万分之一毫米，估计到十万分之一毫米。

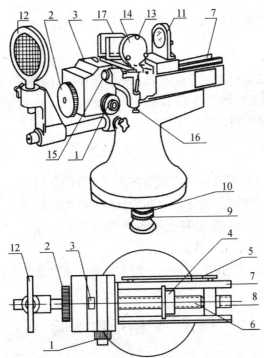

1—微动手轮；2—粗动手轮；3—刻度盘；4—丝杆啮合螺母；5—毫米刻度尺；6—丝杆；7—导轨；
8—丝杆顶进螺帽；9—调平螺丝；10—锁紧螺丝；11—可动镜 M_2；12—观察屏；13—倾度粗调螺钉；
14—固定镜 M_1；15，16—倾度微调螺钉；17—平行平面玻璃 G_1、G_2

图 3-42　迈克尔逊干涉仪结构

M_2 的位置将由主尺读数 L_1、粗动手轮刻度盘读数 L_2 和微动手轮刻度盘读数 L_3 之和来表示（$L = L_1 + L_2 \times 10^{-2} + L_3 \times 10^{-4}$mm）。

为使粗动手轮和微动手轮两者读数盘相互啮合，在读数前需要校正仪器零点。其方法是将微动手轮沿某一方向旋转 4～5 圈，调到 "0" 位（调零）。再以同方向转动粗动手轮，使读数基准线对准读数窗口中的任一刻度线。

注意：由于相互啮合的螺纹间有一定间隙，为防止回程差，测量时必须沿同一方向旋转手轮，中途不得倒转。正式读数时，只能转动微动手轮，不得转动粗动手轮。

3. 测量 He—Ne 激光波长

按调整仪器零点时手轮旋转方向，继续轻缓转动微动手轮，使环心为一暗纹或明纹，记下这时 M_2 的起始位置 d。再继续轻转微动手轮，每当 "涌出" 或 "淹没" N=50 个圈时读下 d_i，连续测量 9 次，共记下 10 个 d_i 值。每测一次算出相应的 $\Delta d = |d_{i+1} - d_i|$，并及时核对检查 N 是否数错。

二、提高部分——观察等厚干涉条纹

移动 M_2，使圆环逐渐 "淹没"，条环间距变疏，直到视场内只看到 1～2 条环时，说明 M_2 与 M_1' 相距极近，约 33cm 位置。轻微调节拉簧螺钉，使 M_2 与 M_1' 间有一很小夹角，直到视场中出现直线的、平行等距的条纹，这就是等厚干涉条纹。

注意事项

（1）迈克尔逊干涉仪是精密光学仪器，各光学元件绝对不能用手触摸。

（2）调节 M_1 背面倾度粗调螺钉 13 及倾度微调螺钉 15、16 时均应轻缓旋转。

（3）不要用眼睛直接观看激光。

思考题

1. 画出迈克尔逊干涉仪的光路图，说明各光学元件的作用。

2. 什么是非定域干涉条纹？简述调出非定域干涉条纹的条件。

3. 实验中如何利用干涉条纹测出单色光的波长？计算一下 He—Ne 激光（波长 632.8nm），当 $N=50$ 时，Δd 应为多大？

4. 结合实验调节中出现的现象总结一下迈克尔逊干涉仪调节的要点及规律。

3.12 光栅衍射实验

衍射光栅由大量平行、等宽、等距的狭缝（或刻痕）构成，常分为透射光栅和反射光栅，是一种精密的分光元件。衍射光栅可以把入射光中不同波长的光分开，利用光栅分光制成的单色仪和光谱仪已被广泛应用。本实验所用的是平面透射光栅，它相当于一组数目极多，排列紧密均匀的平行狭缝，一般每毫米 250~600 条线。

实验目的

（1）观察光栅衍射现象，理解光栅衍射基本规律。

（2）学会用分光计测光栅常数。

实验仪器

分光计（JJY 型）、衍射光栅、光源（钠光灯）、平面镜。

实验原理

设平面单色光波垂直入射到光栅（见图 3-43）表面上，衍射光通过透镜聚焦在焦平面上，于是在观察屏上就出现衍射图样。

设透射光栅的缝宽为 a，不透光部分宽度为 b，$a+b=d$ 称为光栅常数。当单色平行光垂直入射到衍射光栅上，通过每个缝的光都将发生衍射，不同缝的光彼此干涉，当衍射角满足光栅方程

$$d \sin \varphi = k\lambda \qquad k = 0, \pm 1, \pm 2, \cdots$$

时，光波加强。若在光栅后加一会聚透镜，则在其焦平面上形成分隔开的对称分布的细锐明条纹（见图 3-44）。

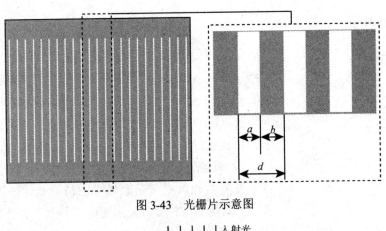

图 3-43　光栅片示意图

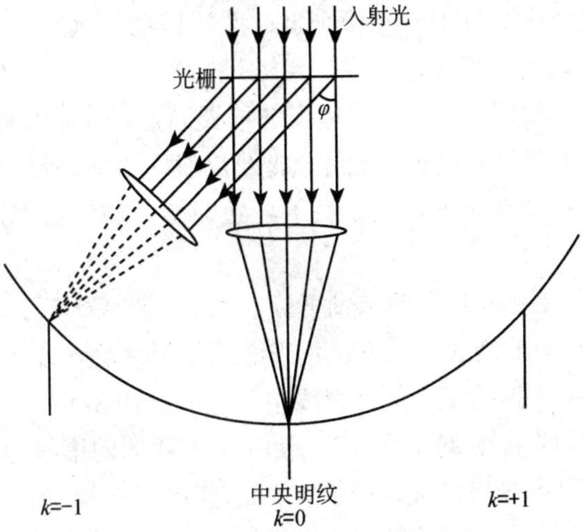

图 3-44　单色光光栅衍射光谱示意图

根据光栅方程，若已知光栅常数 d，条纹级别能数出来，我们可以根据衍射角测量某光的波长，或已知波长，可以根据衍射角测量光栅常数 d。

仪器简介

分光计（JJY 型）参照"2.12 分光计的调整"中的介绍。

实验内容与步骤

一、基础部分

1. 分光计的调节

（1）调节望远镜聚焦于无穷远主要是用"自准法"，通过调节望远镜的目镜、物镜等，使小"+"像在分划板上清晰即可。

（2）调节望远镜光轴垂直仪器轴的方法主要是"各半调节法"，通过调节望远镜的倾斜度螺丝及平台的调平螺丝，使小"+"像处在分划板上方叉丝的交点上。

（3）调节平行光管的方法主要是以调好的望远镜为准，使平行光管发射的是平行光，平行光管的光轴也垂直仪器轴。

2. 光栅的调节

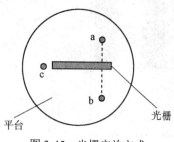

图 3-45　光栅安放方式

（1）将光栅放置于已调好的分光计的载物台上（见图 3-45）。图中 a、b、c 是载物台下面三个调节载物台倾斜度的螺丝，上面的活动小圆盘上有 3 条半径线，转动这个小圆盘，使 3 条半径线与 3 个螺丝的位置对齐，然后将光栅片按图中位置放好。

（2）调节光栅平面与入射光线垂直。调节光栅平面与入射光垂直也就是调节光栅平面与分光计平行光管的光轴垂直。其调节方法是：先用眼睛直接观察，进行粗调，转动刻度盘带动载物台，使光栅面与平行光管垂直；然后转动望远镜，使其分划板上的竖线与平行光管射过来的狭缝亮线相重合，此时，望远镜的光轴与平行光管的光轴一致了，随之拧紧"望远镜固定螺丝"（底座右边）将望远镜的位置固定，再仔细转动刻度盘带动载物台，并结合调节载物台的两个螺丝 a 或 b，直到光栅面反射回来的小绿"+"字像位于分划板上方叉丝交点上。此时，入射光即垂直光栅面了。随即拧紧载物台固定螺丝，以保持光栅的位置不动。

（3）调节光栅，使其刻痕与仪器的转轴平行。完成上述调节后，转动望远镜，至左右两边时，均可看到一、二级衍射谱线，且正、负级谱线分别位于 0 级谱的两侧，若光栅的刻痕与仪器转轴不平行，则观察到的正、负级谱线不等高（见图 3-46），此时应调节载物台下的调节螺丝 c（注意不能再调 a、b 两个螺丝），使 0 级谱两侧的谱线等高。但要注意：调节 c 后可能会影响光栅面与平行光管的光轴垂直，所以要用望远镜复查上一步的亮十字像是否仍与分划板上方的叉丝线重合，若有变动，应按上述两个步骤重调，直至两个条件都满足为止（见图 3-47）。

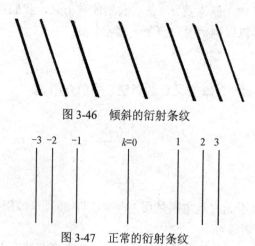

图 3-46　倾斜的衍射条纹

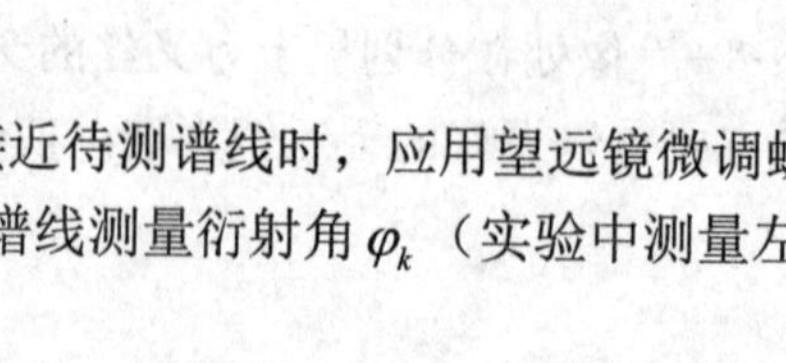

－3 －2　－1　　　k=0　　1　2　3

图 3-47　正常的衍射条纹

3. 谱线测量

转动望远镜使叉丝竖线接近待测谱线时，应用望远镜微调螺丝仔细调节对准谱线，采用此法分别对准 ±1 级、±2 级谱线测量衍射角 φ_k（实验中测量左右 k 级条纹的夹角即 $2\varphi_k$）。

固定游标盘和载物台，推动支臂使望远镜和刻度盘一起转动，将望远镜分划板竖直线移至左边第三级条纹外，然后向右推动支臂使分划板竖直线靠近第三级明纹的左边缘（或右边缘），利用望远镜微调螺钉使条纹边缘与分划板竖线严格对准，记录此时游标盘左、右窗读数 $\theta_{3左}$ 和 $\theta_{3右}$，继续向右移动望远镜依次记录左边第二级、第一级明纹读数 $\theta_{k左}$ 和 $\theta_{k右}$ 及右边一、二、三级明纹读数 $\theta'_{k左}$ 和 $\theta'_{k右}$，各级条纹都以对准左边缘（或右边缘）时读数。

重复测量，逐次测量各级条纹位置共 6 次。

二、提高部分

观测汞灯的光栅衍射现象，测量各个谱线的波长。

注意事项

（1）分光仪应按操作规程正确使用。

（2）光学元件（光栅、三棱镜、平面镜等）易损易碎，必须轻拿轻放，严禁用手触摸拿捏光学面，只能拿支架或非光学面，以免弄脏或损坏。

（3）测量时，若刻度盘的零刻线经过游标零刻线，需加上 360° 再计算。

思考题

（1）光栅衍射测量的条件是什么？

（2）在计算角度时有时为什么要加 360°？

（3）测量衍射角为什么要测量衍射光 ±1 级光线间的夹角，而不直接测量衍射角？

（4）刻度盘上为什么设置两个游标？

3.13　单缝衍射的光强分布

实验目的

（1）观察单缝衍射现象，加深对衍射理论的理解。

（2）会用光电元件测量单缝衍射的相对光强分布，掌握其分布规律。

（3）学会用衍射法测量微小量。

实验仪器

半导体激光器、可调宽狭缝、硅光电池（光电探头）、一维光强测量装置、WJF 型数字检流计、小孔屏和 WGZ—IIA 导轨。

实验原理

1. 单缝衍射的光强分布

当光在传播过程中经过障碍物，如不透明物体的边缘、小孔、细线、狭缝等时，一部分光会传播到几何阴影中，产生衍射现象。如果障碍物的尺寸与波长相近，那么，这样的衍射现象就比较容易观察到。

单缝衍射有两种：一种是菲涅耳衍射，单缝距光源和接收屏均为有限远，或者说入射波和衍射波都是球面波；另一种是夫琅和费衍射，单缝距光源和接收屏均为无限远或相当于无限远，即入射波和衍射波都可看作平面波。

用散射角极小的激光器（<0.002rad）产生激光束，通过一条很细的狭缝（0.1～0.3mm 宽），在狭缝后大于 0.5m 的地方放上观察屏，就可看到衍射条纹，它实际上就是夫琅和费衍射条纹（见图 3-48）。

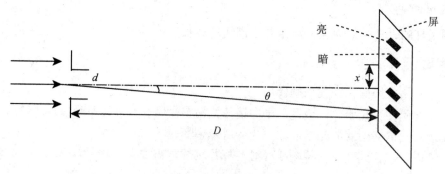

图 3-48　衍射示意图

当激光照射在单缝上时，根据惠更斯—菲涅耳原理，单缝上每一点都可看成向各个方向发射球面子波的新波源。由于子波叠加的结果，在屏上可以得到一组平行于单缝的明暗相间的条纹。

激光的方向性极强，可视为平行光束；宽度为 d 的单缝产生的夫琅和费衍射图样，其衍射光路图满足近似条件

$$D \gg d \qquad \sin\theta \approx \theta \approx \frac{x}{D}$$

产生暗条纹的条件是

$$d\sin\theta = k\lambda \quad (k=\pm 1,\ \pm 2,\ \pm 3,\ \cdots) \tag{3.46}$$

暗条纹的中心位置为

$$x = k\frac{D\lambda}{d} \tag{3.47}$$

式中，d 是狭缝宽，λ 是波长，D 是单缝位置到光电池位置的距离，x 是从衍射条纹的中心位置到测量点之间的距离。

两相邻暗纹之间的中心是明纹中心。

由理论计算可得，垂直入射于单缝平面的平行光经单缝衍射后光强分布的规律为

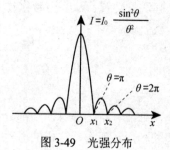

$$I = I_0\frac{\sin^2\beta}{\beta^2} \qquad \left(\beta = \frac{\pi b\sin\theta}{\lambda}\right) \tag{3.48}$$

当 θ 相同，即 x 相同时，光强相同，所以在屏上得到的光强相同的图样是平行于狭缝的条纹。当 $\theta=0$ 时，$x=0$，$I=I_0$，在整个衍射图样中，此处光强最强，称为中央主极大；中央明纹最亮、最宽，它的宽度为其他各级明纹宽度的两倍（见图 3-49）。

图 3-49　光强分布

当 $\theta = k\pi(k = \pm 1, \pm 2, \cdots)$ ，即 $\theta = k\lambda D / d$ 时，$I = 0$ 的地方为暗条纹。暗条纹以光轴为对称轴，呈等间隔、左右对称的分布。中央亮条纹的宽度 Δx 可用 $k = \pm 1$ 的两条暗条纹间的间距确定，$\Delta x = 2\lambda D / d$；某一级暗条纹的位置与缝宽 d 成反比，d 大，x 小，各级衍射条纹向中央收缩；当 d 宽到一定程度，衍射现象便不再明显，只能看到中央位置有一条亮线，这时可以认为光线是沿几何直线传播的。

次极大明纹与中央明纹的相对光强分别为

$$\frac{I}{I_0} = 0.047,\ 0.017,\ 0.008,\ \cdots \tag{3.49}$$

2. 单缝宽度（d）的测量

由以上分析，如已知光波长 λ，单缝宽度计算公式为

$$d = \frac{k\lambda D}{x} \tag{3.50}$$

因此，如果测到了第 k 级暗条纹的位置 x，用光的衍射可以测量单缝的宽度或衍射障碍物的宽度。

同理，如已知单缝的宽度，可以测量未知的光波长。

3. 光电检测

光的衍射现象是光的波动性的一种表现。研究光的衍射现象不仅有助于加深对光本质的理解，而且能为进一步学好近代光学技术打下基础。衍射使光强在空间上重新分布，利用光电元件测量光强的相对变化，是测量光强的方法之一，也是光学精密测量的常用方法。

当在小孔屏位置处放上硅光电池和一维光强读数装置，与数字检流计（也称光点检流计）相连的硅光电池可沿衍射展开方向移动，那么数字检流计所显示出来的光电流的大小就与落在硅光电池上的光强成正比。实验装置如图 3-50 所示。

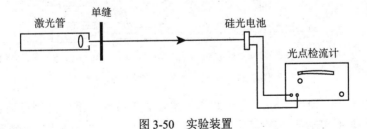

图 3-50　实验装置

根据硅光电池的光电特性可知，光电流和入射光能量成正比，只要工作电压不太小，光电流和工作电压无关，其光电特性是线性关系。所以当光电池与数字检流计构成的回路内电阻恒定时，光电流的相对强度就直接表示了光的相对强度。

由于硅光电池的受光面积较大，而实际要求测出各个点位置处的光强，所以在硅光电池前装一细缝光栏（0.5mm），用以控制受光面积，并把硅光电池装在带有螺旋测微装置的底座上，可沿横向方向移动，这就相当于改变了衍射角。

仪器简介

数字检流计量程分为 4 挡，用以测量不同的光强范围，使用前应先预热 5min。

先将量程选择开关置于"1"挡,"衰减"旋钮置于校准位置(顺时针转到头,置于灵敏度最高位置),调节"调零"旋钮,使数据显示为"-.000"(负号闪烁)。

如果被测信号大于该挡量程,仪器会有超量程显示,即显示"]"或"E",其他三位均显示"9",此时可调高一挡量程;当数字显示小于"190",小数点不在第一位时,一般应将量程减小一挡,以充分利用仪器的分辨率。

测量过程中,如需要将某数值保留下来,可开"保持"开关(灯亮),此时无论被测信号如何变化,前一数值保持不变。

由于激光衍射所产生的散斑效应,显示的光电流值将在时示值约10%范围内上下波动,属正常现象,实验中可根据判断选一中间值。

注意事项

(1)实验中应避免硅光电池疲劳;避免强光直接照射否则会加速老化。

(2)避免环境附加光强,实验应处于暗环境中,否则应对数据做修正。

(3)测量时,应根据光强分布范围不同,选取不同的进行测量量程。

实验内容与步骤

一、基础部分

1. 观察单缝衍射的光强分布

(1)在光导轨(1.2m)上正确安置好各实验装置(见图3-51),打开激光器,用小孔屏调整光路,使激光束与导轨平行。

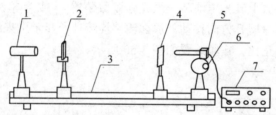

1—激光器,2—单缝,3—光导轨,4—小孔屏,5—光电探头,6——维光强测量装置,7—数字检流计

图 3-51　单缝衍射实验装置示意图

(2)开启检流计,预热5min。仔细检查激光器、单缝和一维光强测量装置(千分尺)的底座是否放稳,要求在测量过程中不能有任何晃动。使用一维光强测量装置时注意鼓轮单方向旋转的特性(避免回程误差)。

(3)确保激光器的激光垂直照射单缝,将单缝调节到一合适的宽度。由于实验所用激光光束很细,故所得衍射图样是衍射光斑(依据条件可配一准直系统,如倒置的望远镜,使物镜作为光入射口,将激光扩束成为宽径平行光束,即可产生衍射条纹)。

(4)在硅光电池处,先用小孔屏进行观察,调节单缝倾斜度及左右位置,使衍射光斑水平,两边对称。然后改变缝宽和间距,观察衍射光斑的变化规律。

2. 测量衍射光斑的相对强度分布

(1)移去小孔屏,在小孔屏处放上硅光电池及一维光强测量装置,使激光束垂直于移动方向。遮住激光出射口，把检流计调到零点基准。在测量过程中，检流计的挡位开关要根据光强的大小适当换挡。

（2）检流计挡位放在适当挡位，转动一维光强测量装置鼓轮，把硅光电池狭缝位置移到标尺中间位置处，调节硅光电池平行光管左右、高低和倾斜度，使衍射光斑中央最大两旁相同级次的光强以同样高度射入硅光电池平行光管狭缝。

（3）调节单缝宽度，衍射光斑的对称第 4 个暗点位置处在一维光强测量装置的读数两边缘（有效测量范围约 85mm）。

（4）从中央极大一侧的第 4 个亮点开始，每经过 0.5mm 或 1mm，沿展开方向进行测量光强，一直测到另一侧的第 3 个暗点（可以避免回程误差），应特别注意衍射光强的极大值和极小值的光强测量。

3. 测量单缝的宽度

测量单缝到光电池之间的距离 D，由暗点位置计算缝宽。

4. 重复测量

保持单缝和光电池的间距不变，改变缝宽（增或减半），按以上步骤再做一组数据。

二、提高部分

观察激光入射光束通过多种类型衍射光屏的物理现象。

注意事项

（1）注意不要产生回程误差，测量中鼓轮的转动方向要保持一致。
（2）狭缝与光电接收装置之间的距离要适当。
（3）不要用眼睛直接观看激光。

思考题

（1）夫琅和费衍射应符合什么条件？本实验为何可认为是夫琅和费衍射？
（2）单缝衍射的光强是怎么分布的？
（3）如果激光器输出的单色光照射在一根头发丝上，将会产生怎样的衍射图样？如何测量头发丝的直径？
4. 如果把单缝与屏之间的区域都浸没在水中，衍射图样将如何变化？

第 4 章　设计性实验

4.1　设计性实验的性质与任务

4.1.1　科学实验的全过程

科学实验的全过程，在此用方框图（见图 4-1）做进一步说明。

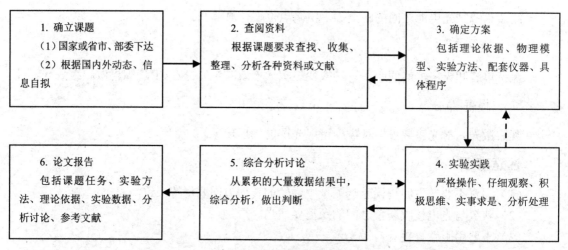

图 4-1　科学实验的全过程

图中实线箭头表示相继进行的各个环节，虚线箭头表示反馈和修正。任何科学实验过程都要经过实践→反馈→修正→实践→……多次反复，并在多次反复的过程中不断完善。

常规的教学实验，主要是进行方框图 4 和 5 中的各个环节，基本上属于继承和接受前人知识技能，重复前人工作的范畴，这是科学实验的基础训练。一般说来，这类实验经长期教学实践的考验，都比较成熟，不论在实验原理、实验方法、仪器配套、内容取舍、现象观察、数据控制等方面都具有基础性、典型性和继承性的意义。

但是，从实验教学应"开发学生智能，培养与提高学生科学实验能力和素养"这一根本目的来看，在对学生进行一定数量的基础实验训练后，对学生进行具有科学实验全过程训练性质的设计性实验教学是十分有必要的。这类实验课题和研究项目，一般是由实验室提出的，带有一定的综合应用性质，或部分设计性任务。做设计性实验时，要求学生自行推证有关理论，确定实验方法，选择配套仪器设备，进行实验实践，最后写出比较完整的实验报告。

4.1.2　设计性实验的特点

由于设计性实验是一种介于基本教学实验与实际科学实验之间的、具有对科学实验全过程进行初步训练特点的教学实验，所以课题和项目的内容必须经过精心挑选，使它具有综合性、典型性和探索性。同时，要考虑让实验者有可能在给定的教学时间内独立地完成（具有可行性）。

　　设计性教学实验的核心是设计、选择实验方案，并在实验中检验方案的正确性与合理性。设计时一般包括下列几个方面：根据研究的要求与实验精度的要求确定所应用的原理，选择实验方法与测量方法，选择测量条件与配套仪器及对测量数据的合理处理等。

　　在进行设计性实验时，应考虑各种系统误差出现的可能性，分析其产生的原因，以及如何从众多的测量数据中发现和检验系统误差，估算其大小，又如何消除或减小系统误差的影响。这需要涉及较深的误差理论知识，更需要具备丰富的科学实验专门知识。下面对系统误差做进一步的介绍，供进行设计性物理实验时参考。

4.2　处理系统误差的一般知识

4.2.1　系统误差的分类

1. 定值系统误差与变值系统误差

　　从系统误差特性来分，可将系统误差分为定值与变值两大类。

　　（1）定值系统误差。在整个测量过程中，误差的大小和符号保持不变的叫定值系统误差，如图 4-2 中的 a 线所示。例如，分析天平上用的砝码，根据国家规定：50g 砝码允许有 ±2mg 的极限误差。如果一个砝码实际值为 49.998g，生产厂家就可以在砝码上标"50g"的字样，作为合格品出厂。当我们使用这个砝码时，引入了系统误差值为 2mg。这类系统误差，可经高一级仪器校验后，定出其误差值，以便在实际测量中加以修正。

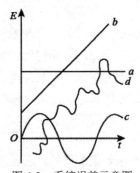

图 4-2　系统误差示意图

　　（2）变值系统误差。在测量条件变化时，按一定规律变化的系统误差叫变值系统误差。按其变化规律又可分为：线性变化（如图 4-2 中的 b 线）；周期性变化（如图 4-2 中的 c 线）和按复杂规律变化（如图 4-2 中的 d 线）。例如，在图 4-3 中，用电势差计测量电动势 E_x 时，先用标准电阻 R_s 上的电压去补偿标准电池的电动势 E_s；再用 R_x 上的电压去补偿待测电动势 E_x，当前后两次检流计 G 中电流均为零时，有

$$\frac{E_x}{E_s}=\frac{R_x}{R_s}$$

上式成立的条件是 I_0 保持不变。但是实际上工作回路中电池的电压随放电时间而降低，即工作回路中电流随时间而变化。如图 4-4 所示，在 t_2-t_3 范围内 $\frac{E_x}{E_s}=\frac{R_x}{R_s}$ 成立，而在 t_1-t_2 和 t_3-t_4 范围内，将带来非线性系统误差。

　　又如：仪表指针的回转中心 A 与刻度盘中心 A'，有偏心差 e；分光计刻度盘中心与望远镜转轴中心（角游标中心）有偏心差 e，如图 4-5 所示。这时指针偏转任一转角 φ 的读数误差

BB'，即为周期性系统误差：

$$\varepsilon = BB' = AA'\sin\varphi = e\sin\varphi$$

此误差变化规律符合正弦曲线，在 0°和 180°时误差为零，在 90°和 270°时误差最大。

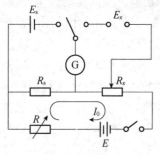

图 4-3　电位差计测量电动势

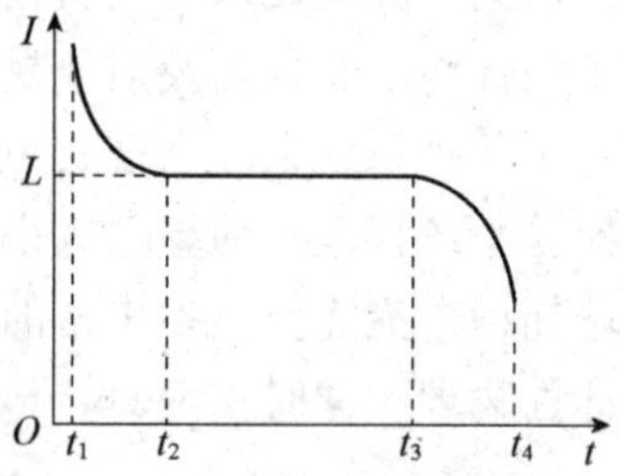

图 4-4　回路中电流随时间变化

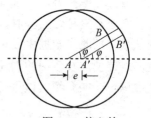

图 4-5　偏心差

2. 可定系统误差与未定系统误差

系统误差按掌握程度来分，则可分为可定系统误差与未定系统误差。

（1）可定系统误差。这类误差在实验过程中，能确定其大小和正负，可以进行修正和消除。

（2）未定系统误差。这类误差在实验过程中不能确定其大小和正负。在数据处理中，这类误差常用估计误差限的方法得出，并与处理随机误差相似，用统计方法处理。

例如：前面提到的砝码，如在使用前未经高一级仪器进行校验，就无法确切知道该砝码的误差是多少，只知道它肯定不会超过极限误差范围±2mg。它对测量结果造成的未定系统误差限为±2mg。但若在使用前经高一级仪器校准后，就可得到可定系统误差值。

又如：一个 0.5 级的电流（压）表，最大示值误差为：ΔI（或 ΔU）=量程×$\dfrac{0.5}{100}$，也属于未定系统误差，它表示指针在任何刻度处的示值误差不会超过 ΔI（或 ΔU）。但是，指针在各不同位置时系统误差究竟有多大，在未经校验时是不确定的。

实际上仪器、仪表、量具都有一个极限误差的指标，出厂时一般均在说明书上标明。

4.2.2　系统误差的处理

系统误差的处理是一个比较复杂的问题，没有一个简单的公式，需要根据具体情况来具体处理。首先要对误差进行判别，然后要使误差尽可能地减小到可忽略的程度，这主要取决于实验者的经验、学识和技巧。一般可以做以下几个方面的处理：

（1）检验、判别系统误差的存在。

（2）分析造成误差的原因，并在测量前尽量消除。

（3）测量过程中采取一定方法或技术措施，尽量消除或减小系统误差的影响。

（4）估计残余系统误差的数值范围，对于可定系统误差，可用修正值（包括修正公式和修正曲线）进行修正。对于未定系统误差，则尽可能估计出误差限，以掌握它对测量结果的影响。

1. 分析系统误差的方法

（1）对比分析法（用于分析不变的可定系统误差）。

①实验方法对比。用不同的实验方法测量同一个量，看结果是否一致。如分别用自由落体法、单摆（或复摆）法、气垫导轨法测量同一地区的重力加速度，若在随机误差范围内三者所得结果不一致，那么其中至少有两种方法存在系统误差。又如，在"电子电荷测定"中，密立根发现油滴法中黏度偏小的系统误差就是一个很好的例子。

②仪器的对比。用不同的仪器测量同一个量，看其结果是否一致。如用一个电流表与另一个标准表串联入同一电路，读数不一致，就能用标准表找出该电流表的系统误差修正值。

③改变测量方法。用不同的测量方法测量同一个量，看其结果是否一致。如霍尔效应实验中，将纵向电流正向、反向通入，分别测量霍尔电势差，就能发现由于电极不等势引起的电势差。

④改变实验中某些参量的数值。有时为了判断某个因素是否会带来系统误差，就有意去改变有关参量进行测量。如改变摆角测周期，可看出摆角大小对周期的影响。

⑤改变实验条件。如电桥法测量电阻，可将 R_x 与 R_s 交换，判断有无系统误差。

⑥两个人对比观测。可发现由实验者导致的误差。

（2）数据分析法——残差观察法（适用于分析有规律变化的系统误差）。在实验测量过程中，系统误差和随机误差往往是同时存在的，这给发现和分析系统误差带来很大的困难。在测量过程中产生的系统误差，一般常用残差观察法来分析判断。

①图解分析。若有一组测量值 $x_1, x_2, x_3, \cdots, x_n$，其平均值为 $\bar{x}$；各测量值的残差为 $v_i = x_i - \bar{x}$，以 v_i 作图进行观察分析。若 v_i 大体上正负相同且无显著变化规律，如图 4-6 所示，说明系统误差很小。若 v_i 出现了如图 4-7 中从（a）到（d）所示的各种有规律的变化，则可判定存在系统误差。若出现了如图 4-8 所示的变化情况则说明存在周期性的系统误差。

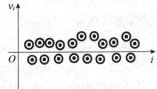

图 4-6　可判定系统误差很小

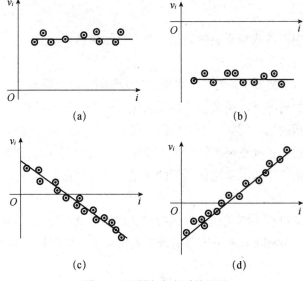

(a)　　　　　　　(b)

(c)　　　　　　　(d)

图 4-7　可判定存在系统误差

②列表分析。列表分析时，可用下列两个准则判断：

● 将测量数据依次排列，如残差大小有规律地向一个方向变化，则说明测量中有线性系统误差存在；若中间有微小波动，则说明伴有随机误差影响。

● 将测量数据依次排列，如残差符号做有规律交替变化，则测量中存在周期性系统误差。若中间有微小波动，则说明伴有随机误差影响。

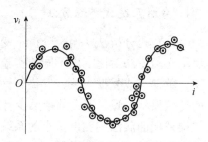

图 4-8　可判定周期性的系统误差存在

③ 理论分析法。分析实验条件是否能满足理论公式所要求的条件。如单摆实验中，使用了近似公式。而实际上，公式中把摆球看作质点，实际摆球体积不为零；公式忽略了摆线质量、空气浮力与阻力等，实际上这些都是客观存在的。总之，要分析理论公式推导中每一步要求的条件与实际是否一致；每一个实际测得的量与公式中的量是否真正一样等因素。

2. 消除系统误差影响的途径

从原则上讲，消除系统误差的影响的途径，首先要设法使它不产生，如果做不到，就应在测量中设法抵消它的影响，或减小它，或进行修正。

实际上，任何"标准"的仪器总是有缺陷的，任何理论模型也只是实际情况的近似。因此，对系统误差做修正也只能是一种比较接近实际的修正，不能绝对地"消除"。通常所说的"消除系统误差"的影响，是指把它的影响减小到随机误差之下。

在数据处理上，对于可定系统误差，可以在确定其误差值后，对结果进行修正。对未定系统误差，则应确定其误差限（最大误差），与随机误差一起做统计合成处理。

下面简要介绍几种消除误差影响的途径。

（1）消除系统误差产生的根源。首先要从理论方法、仪器装置、环境条件和人员等各方面仔细分析，对于可能产生系统误差的各种因素，在做实验前要加以处理，消除其产生的根源。

（2）在测量过程中消除或减小系统误差的典型技术措施。

①可定系统误差的消除法。

● 替换法。在某测量装置上，测定待测量后，立即用一个可调节的标准量替换该待测量，在保持其他条件不变的情况下，调节标准量使系统仍处于与第一次相同的状态，则待测量就等于此时标准量所指示的值。例如，用电桥做较精密测量时，可以先接入待测量使电桥达到平衡，然后用一个可调的标准量替换待测量，使电桥再次达到平衡。如果在替换过程中能保证没有其他条件的变化，那么，待测量等于标准量。该待测量的误差仅由标准量本身的误差决定。

● 交换法。在测量过程中将某些条件进行交换，使系统误差对测量结果起相反作用，以消除系统误差。例如，为消除天平不等臂引入的系统误差，先将被测量 W 放于左边，砝码 P 放在右边，调平后有

$$W = \frac{l_2}{l_1} P \tag{4.1}$$

再将 W 和 P 交换位置，改变砝码为 P'，使天平保持平衡，此时有

$$P' = \frac{l_1}{l_2} W \tag{4.2}$$

最后得

$$W = \sqrt{PP'} \tag{4.3}$$

②线性系统误差消除法。若有随时间成比例增大（或减小）的线性变化的系统误差，则可将待测量对某个时刻对称地各做一次观察、测量，以达到消除线性系统误差的目的。这种测量称为对称测量法。

③周期性系统误差消除法。对按正弦曲线变化的周期性误差，可采取半周期偶测法，即每次都在相差半个周期处测两个值。因为

$$e = E \sin \varphi = E \sin \omega t = E \sin \left(2\pi \frac{t}{T} \right) \tag{4.4}$$

当 $t = t_0$ 时（$\varphi = \varphi_0$）

$$e_0 = E \sin \varphi_0 = E \sin \left(2\pi \frac{t_0}{T} \right) \tag{4.5}$$

当 $t_1 = t_0 + \dfrac{T}{2}$ 时（$\varphi_1 = \varphi_0 + \pi$）

$$e_1 = E \sin \left(\varphi_0 + \pi \right) = E \sin \left[\frac{2\pi}{T} \left(t_0 + \frac{T}{2} \right) \right]$$
$$= -E \sin \varphi_0 = -E \sin \left(2\pi \frac{t_0}{T} \right) \tag{4.6}$$

可得

$$e = e_1 + e_0 = 0 \tag{4.7}$$

即测量一个数据后，相隔半个周期再测量一个数据，只要测量次数为偶数，取其平均值，可消除周期性系统误差的影响。例如，分光计等测角仪器，在测量角度时，为消除偏心差，都用间隔 $180°$ 的一对游标同时读取两个数值，再取其平均值。

（3）残余系统误差的修正。在采取了一些消除或减小系统误差影响的措施后，对残余的系统误差还应进行必要的理论分析实验研究，要在实验结果中予以修正。

例如，在选择用伏安法测电阻的方法中，由于电流表和电压表内阻的影响而引入系统误差就应予以修正。若在测量较小电阻时，采用电流表外接法，则对电压表内阻引入的误差要进行修正，经修正后，待测电阻的计算式为

$$R_x = \frac{V}{I - \dfrac{V}{R_V}} \tag{4.8}$$

在测量较大电阻时，若采用电流表内接法，则对电流表内阻引入的误差要进行修正，经修正后，待测电阻的计算式为

$$R_x = \frac{V}{I} - R_A \qquad (4.9)$$

这里，应当指出，要根本解决电表内阻所引入的误差，除非使流经电表的电流为零。显然，采用伏安法是无法达到这个要求的，平衡电桥法测电阻就是基于这一思路发展起来的。

4.3 实验方案的选择和实验仪器的配套

实验方案的选择一般来说应包括：实验方法和测量方法的选择；测量仪器和测量条件的选择；数据处理方法与实验方案的选择；实验仪器的配套；进行综合分析和误差合理估算等。在下面的讨论中，涉及误差估算的分析时，主要考虑不确定度 B 类分量中仪器误差的"等价标准误差"，即 $u_j = \sigma_{仪}$，以 $\sigma_{仪}$ 来分析。

4.3.1 实验方法的选择

根据课题所要研究的对象，收集各种可能的实验方法，即根据一定的物理原理，确立在被测量与可测量之间建立关系的各种可能的方法。然后，比较各种方法能达到的实验精确度、适用条件及实施的可能性，以确定"最佳"实验方法或选择其中几种分别进行实验后，再确定"最佳"方法。"最佳"是指符合原定精度要求的方法。

例如，"重力加速度的研究"，该课题研究任务是测定重力加速度，要求测定值与本地区标准值相比，相对误差要小于 0.05%，收集资料后发现，可提供的实验方法有好多种，如单摆法、复摆法、开特摆法、自由落体法和气垫导轨法等。各种方法都有各自的优缺点，要进行综合分析并加以比较，还要分析各种方法可能引入的系统误差及消除误差的办法，对于待测物理量要制定具体的测量方法与精度，并确定数据处理的方法等，必要时还可进行初步实践，然后选择"最佳实验方法"。

4.3.2 测量方法的选择

实验方法选定后，为使各物理量测量结果的误差最小，需要进行误差来源及误差传递的分析，并结合可能提供的仪器，确定合适的具体测量方法。因为测量同一个物理量，往往有好几种测量方法可供选用。例如，上述"重力加速度研究"实验，若选用自由落体法做实验，则在时间测量方法上，就有光电计时法、火花打点计时法和频闪照相法等多种测量法。

下面举一个具体例子来进一步说明。某课题研究中，要测量一个电压源的输出电压，要求测量结果的相对误差 $E_r \leqslant 0.05\%$。给定条件是：电压表 2.5 级，电势差计 0.5 级，可变标准电压源 0.01 级。

根据给定条件，按前面已学过的知识，可设想运用比较法——直接与电压表比较或利用电势差计的补偿法测量。

若用电压表直接比较，由于 $E_r = \frac{\Delta U_x}{U_x} \leqslant 0.05\%$，要求所选用的电压表准确度等级为 0.05 级，而现有的电压表级别为 2.5 级，因此，无法达到课题要求。若改用电势差计来进行，同样要求其准确度等级为 0.05 级，对于这一要求也不能满足。

经查阅有关资料后，发现可以选择"微差法"（一种缩小的"放大"法）来进行测量。

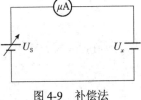

图 4-9　补偿法

"微差法"原理如图 4-9 所示，利用标准可变电压源输出的电压 U_s 与被测电压 U_x 相差一个微小差值 δ，然后对 δ 进行测量。

因为

$$U_x = U_s + \delta$$

所以

$$\Delta U_x = \Delta U_s + \Delta \delta \tag{4.10}$$

$$\frac{\Delta U_x}{U_x} = \frac{\Delta U_s}{U_x} + \frac{\Delta \delta}{U_x} = \frac{\Delta U_s}{U_x} + \frac{\delta}{U_x} \times \frac{\Delta \delta}{\delta} \tag{4.11}$$

由式（4.11）可知，差值 δ 越小，测量差值所引入的误差对测量结果的影响越小，为便于理解，以具体数值计算来说明。

现有 0.01 级的标准电压源 $\frac{\Delta U_s}{U_s} \leqslant 0.01\%$，若微差 δ 取为 $\delta = \frac{U_x}{100}$，则由式（4.11）可得

$$\frac{\Delta \delta}{\delta} = \left(\frac{\Delta U_x}{U_x} - \frac{\Delta U_s}{U_x} \right) \frac{U_x}{\delta} = (0.05 - 0.01)\% \times 100 = 4\%$$

可见，利用这一方法只要求微差指示器的相对误差不超过 4%，就可以满足课题要求。

4.3.3　测量仪器的选择

选择测量仪器时，一般须考虑以下 4 个因素：分辨率、精确度、有效（实用）性、价格。由于后面两个因素受主观条件因素的影响较大，这里主要讨论前面两个因素。

（1）分辨率。可简述为仪器能够测量的最小值。

（2）精确度。以最大误差 $\Delta_{仪}$ 的标准误差 $\delta = \frac{\Delta_{仪}}{\sqrt{3}}$ 和各自的相对误差表征。所以，一般就以课题要求的相对误差范围来确定对仪器的 $\delta_{仪}$ 和 $\Delta_{仪}$ 数值大小的要求，进而决定究竟选用哪一种仪器或量具最合适。

例如：要求测定某圆柱体的体积 V，相对误差 $E_r \leqslant 05\%$，试问应如何正确选用测量仪器？

直径为 D，高度为 h 的圆柱体的体积 V 为

$$V = \frac{\pi}{4} D^2 h$$

该圆柱体的标准误差为

$$\delta_V = \sqrt{\left(\frac{\partial V}{\partial D} \right)^2 \delta_D^2 + \left(\frac{\partial V}{\partial h} \right)^2 \delta_h^2} = \sqrt{\left(\frac{1}{2} \pi D h \right)^2 \delta_D^2 + \left(\frac{1}{4} \pi D^2 \right)^2 \delta_h^2} \tag{4.12}$$

可分为下列几种情况讨论。

（1）当圆柱体的高度 A 远大于直径 D（即为圆棒或细丝）时，因为 $h \gg D$，所以误差中的项对 δ_V 的影响远大于项 δ_h^2 的影响，则

$$\delta_V \approx \sqrt{\left(\frac{1}{2} \pi D h \right)^2 \delta_D^2}$$

$$E_r = \frac{\delta_V}{V} \times 100\% = \frac{2\delta_D}{D} \times 100\% \leqslant 0.5\%$$

当 $D \approx 10$mm 时，要求 $\delta_D \leqslant 0.025$mm，$\Delta_{仪} = \sqrt{3}\delta \leqslant 0.043$mm，即要选用分度值为 $\frac{1}{50}$mm 的游标卡尺。

（2）当圆柱体的直径 D 远大于高度 h（即为圆板）时，因为 $D \gg h$，所以类似有

$$E_r = \frac{\delta_V}{V} \times 100\% = \frac{\delta_h}{h} \times 100\% \leqslant 0.5\%$$

当 $h \approx 10$mm 时，要求 $\delta_h \leqslant 0.05$mm，$\Delta_{仪} = \sqrt{3}\delta = 0.087$mm，即要选用分度值为 $\frac{1}{20}$mm 的游标卡尺。

（3）$h = \frac{D}{2}$ 时，

$$\frac{\delta_V}{V} = \sqrt{4\frac{\delta_D^2}{D^2} + \frac{\delta_h^2}{h^2}} = \sqrt{\left(\frac{\delta_D}{D/2}\right)^2 + \left(\frac{\delta_h}{h}\right)^2}$$

此时 δ_D 与 δ_h 对 δ_V 的影响各半，即

$$\frac{\delta_h}{h} = \sqrt{\frac{1}{2}}\frac{\delta_V}{V} \leqslant 0.025\%$$

$$\frac{\delta_D}{D/2} = \sqrt{\frac{1}{2}}\frac{\delta_V}{V} \leqslant 0.025\%$$

（4）当 $h = D$ 时，情况比较复杂，要具体分析。但一般处理时，仍可用"误差等作用原理"，即人为规定误差中各项对总误差的影响都相同。

$$\left(4\frac{\delta_D^2}{D^2}\right) = \frac{\delta_h^2}{h^2} = \sqrt{\frac{1}{2}}\frac{\delta_V}{V} \leqslant 0.025\%$$

4.3.4 测量条件的选择

确定测量的最有利条件，也就是确定在什么条件下进行测量引起的误差最小。这个条件可以由误差函数对自变量求偏导并令其为零而得到。对一元函数，只需求一阶和二阶导数，令一阶导数等于零，解出相应的变量表达式，代入二阶导数式，若二阶导数大于零，则该表达式即为测量的最有利条，分析时多从相对误差着手。

例如：如图 4-10 所示，用滑线式电桥测电阻时，滑线臂在什么位置测量时，能使待测电阻的相对误差最小。

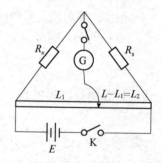

图 4-10　惠斯通电桥

设 R_s 为已知标准电阻，L_1 和 $L_2 = L - L_1$ 为滑线电阻的两臂长。当电桥平衡时

$$R_x = R_s\frac{L_1}{L_2} = R_s\left(\frac{L - L_2}{L_2}\right) \qquad (4.13)$$

其相对误差为

$$E_R = \frac{\Delta R_x}{R_x} = \frac{L}{(L-L_2)L_2}\Delta L_2 \tag{4.14}$$

是 L_2 的函数，要求相对误差为最小的条件是

$$\frac{\partial E_R}{\partial L_2} = \frac{L(L-2L_2)}{(L-L_2)^2 L_2^2} = 0$$

可解得

$$L_2 = \frac{L}{2}$$

因此，$L_1 = L_2 = \dfrac{L}{2}$ 是滑线式电桥最有利的测量条件。

又如：电学仪表在选定准确度等级后，还要注意选择合适的量程进行测量，才能使相对误差最小。

假设仪表级别为 f 级，量程为 V_{max}，则

$$\Delta_{仪} = V_{max} f\%$$

若待测量为 V_x，则其相对误差为

$$E_x = \frac{\Delta_{仪}}{V_x} = \frac{V_{max}}{V_x} f\%$$

当 $\Delta_{仪} = V_{max}$ 时，相对误差最小。量程与被测量的比值越大相对误差越大，根据这一结论可指导你正确选用电表的量程。

4.3.5 数据处理方法与实验方案的选择

在考虑实验方案时，往往可以利用数据处理的一些技巧，解决某些不能或不易被直接测量的物理量的测定。

1. 测出不能直接测量的物理量

有些物理量往往是不能被直接测量的，但是，通过采取适当的数据处理方法，可以把问题解决。例如：单摆的周期与摆长的关系为

$$T_0 = 2\pi\sqrt{\frac{L}{g}} \tag{4.15}$$

上式在摆角 θ 很小时，可认为 $\sin\theta \approx \theta$ 的条件下成立，但是实际测量时摆角有一定数值，测得的不是 T_0 而是

$$T = T_0\left[1 + \frac{1}{4}\sin^2\left(\frac{\theta}{2}\right)\right]$$

上式是取二级近似的单摆周期表达式。为获得 T_0，我们可以测出单摆在不同 θ 值下的 T 值，用差值法或归纳法处理数据，求出 T_0 值。

2. 测量不易测准的物理量

用数据处理方法可以解决某些不易测准的物理量的测量，仍以单摆为例，单摆摆长 L 应

该是摆的悬点到摆球质心之间的距离，实验中能够精确测量的是悬线长度 l_0，而不是摆长 L，因为小球质心的位置受小球制造时的各种因素的影响，无法精确地测准，把 L 改写成 $l_0 + x$（见图 4-11（a））或 $l_0 - x$（见图 4-11（b）），则式（4.15）变成

$$T^2 = \frac{4\pi^2}{g}l_0 + \frac{4\pi^2}{g}x$$

或

$$T^2 = \frac{4\pi^2}{g}l_0 - \frac{4\pi^2}{g}x \tag{4.16}$$

这样，测出不同 l_0 下的值，用最小二乘法拟合直线，由截距即可定出不易测准的 x 值。

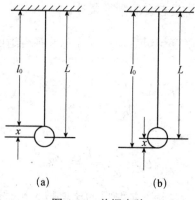

(a)　　　　　(b)

图 4-11　单摆实验

3. 绕过不易测定的物理量

用数据处理方法可绕过某些不易测出的量而求出所需的物理量，例如：欲用简谐振动测定弹簧振子的劲度系数 k。已知

$$T = 2\pi\sqrt{\frac{m}{k}} \tag{4.17}$$

所以测出简谐振动的周期 T 及弹簧振子系统的等效质量 m，就可以求出 k，但是，实际上等效质量 m 为

$$m = m_0 + m_s \tag{4.18}$$

式中，m_0 是振动物体的质量，m_s 是弹簧的等效质量。由于 m_s 是不易确定的，因此 m 也无法确定。于是直接由式（4.17）来求 k 也就困难了，将式（4.17）改为

$$T^2 = 4\pi^2\frac{m_0 + m_s}{k} \tag{4.19}$$

用图解法（或回归法）可以绕过 m_s 的测量而解决问题。即改变 m_0 测出相应的周期，用 $T^2 - m_0$ 图线的斜率，可以求出 k。

4. 测量数据的合理处理

例如：独立测得正方形的两边 x_1 和 x_2，它们的标准误差分别为 S_{x_1} 和 S_{x_2}，求面积 A 及其标准误差 S_A。这里 $x_1 \approx x_2 \approx x$，$S_{x_1} \approx S_{x_2} \approx S_x$，现有 4 种数据处理方法。

(1) $A_1 = \overline{x_1}\,\overline{x_2}$

$$S_{A_1} = \sqrt{\overline{x_2}^2 S_{x_1}^2 + \overline{x_1}^2 S_{x_2}^2} = \sqrt{2}\,\overline{x} S_x$$

(2) $A_2 = x_1^2 \text{或} x_2^2$

$$S_{A_2} = 2\overline{x_1} S_{x_1} \approx 2\overline{x} S_x$$

(3) $A_3 = \left(\dfrac{\overline{x_1} + \overline{x_2}}{2}\right)^2$

$$S_{A_3} = \sqrt{\frac{1}{4}\left(\overline{x_1} + \overline{x_2}\right)^2 S_{x_1}^2 + \frac{1}{4}\left(\overline{x_1} + \overline{x_2}\right)^2 S_{x_2}^2} \approx \sqrt{2}\,\overline{x} S_x$$

(4) $A_4 = \dfrac{\overline{x_1}^2 + \overline{x_2}^2}{2}$

$$S_{A_4} \approx \sqrt{2}\,\overline{x} S_x$$

可见，用方法（1）、（3）、（4）处理数据，S_A 相同，但从物理意义上来看，方法（1）更为合理。因为，加工一个正方形是主观上的要求，而实际加工出来的却是一个矩形，矩形面积应为 $x_1 x_2$，因此，不能用（3）和（4）两种处理方法。至于方法（2），从数学上看，是可以的，但它计算的结果误差较大，这是因为计算时只用了 x_1 或 x_2 一个数据。因而，在科学实验中，不能随意丢掉已经获得的测量值，否则就会增大误差。

4.3.6　实验仪器的配套

在 4.3.3 小节中着重讨论了测量仪器的选择，若实验中需要使用多种仪器时，还应注意仪器的合理配套问题。

$$N = f(x, y, z, \cdots)$$

$$\sigma_N = \sqrt{\left(\frac{\partial f}{\partial x}\right)^2 \sigma_{x_{仪}}^2 + \left(\frac{\partial f}{\partial y}\right)^2 \sigma_{y_{仪}}^2 + \left(\frac{\partial f}{\partial z}\right)^2 \sigma_{z_{仪}}^2 + \cdots}$$

考虑仪器配套时仍采用"误差等作用原理"，各直接测量量 $x, y, z, \cdots$ 的误差对间接测量量的总误差影响相同。

$$\sigma_N = \sqrt{n}\left(\frac{\partial f}{\partial x}\right)\sigma_{x_{仪}} = \sqrt{n}\left(\frac{\partial f}{\partial y}\right)\sigma_{y_{仪}} = \cdots \tag{4.20}$$

因此，可根据指定被测量量 N 的标准误差 $\sigma_{N仪}^2$ 或相对误差 E_r 的要求，计算各直接测量量的标准误差或相对误差

$$\sigma_{x_{仪}} = \sigma_N \Big/ \sqrt{n}\left(\frac{\partial f}{\partial x}\right), \quad \sigma_{y_{仪}} = \sigma_N \Big/ \sqrt{n}\left(\frac{\partial f}{\partial y}\right) \tag{4.21}$$

$$E_x = \frac{1}{\sqrt{n}} E_r\left(\frac{\partial f}{\partial x}\right), \quad E_y = \frac{1}{\sqrt{n}} E_r\left(\frac{\partial f}{\partial y}\right) \tag{4.22}$$

例如：要求用秒摆（周期为秒的摆）测定重力加速度 g 的结果精确到 0.5%，则测量秒摆摆长和周期的仪器应如何配套？

根据题意，说明摆是秒摆，故周期 T=1.00s，假定摆长 L=50.0cm，要求 g 的相对误差为 0.5%，即 $\sigma_g / g \leqslant 0.005$，给 g 预先定一个约数为 980cm/s^2，则

$$\sigma_g = 4.90 \text{cm} / \text{s}^2$$

因为按理论公式

$$g = \frac{4\pi^2 L}{T^2}$$

由式（4.21）可得

$$\sigma_{L仪} = \frac{\sigma_g}{\sqrt{n}\left(\dfrac{\partial g}{\partial L}\right)} = \frac{4.90}{\sqrt{2}\,\dfrac{4\pi^2}{T^2}} = \frac{4.90}{\sqrt{2}\,\dfrac{4 \times 3.142^2}{1.00^2}} = 0.088（\text{cm}）$$

$$\sigma_{T仪} = \frac{\sigma_g}{\sqrt{n}\left(\dfrac{\partial g}{\partial T}\right)} = \frac{4.90}{\sqrt{2}\,\dfrac{8\pi^2 L}{T^2}} = \frac{4.90}{\sqrt{2}\,\dfrac{8 \times 3.142^2 \times 50.0}{1.00^2}} = 0.00088（\text{s}）$$

$$\Delta L_{仪} = \sqrt{3}\,\sigma_{L仪} = 0.15\text{cm}$$
$$\Delta T_{仪} = \sqrt{3}\,\sigma_{T仪} = 0.00015\text{s}$$

秒摆的摆长和周期的测量，应各挑选一种最接近计算结果的仪器。测摆长可挑选米尺，若测摆动一个周期的时间，则应选 0.1ms 的数字毫秒仪。若用积累放大测量法，测 50 个周期的时间，则可选用 0.01s 的电子秒表。

由于物理实验的内容十分广泛，实验的方法和手段非常丰富，同时还由于误差的影响是错综复杂的，是各种因素相互影响的综合结果。因此，要很概括地分析或总结出一套选择实验方案和分析系统误差的普遍适用的方法是不现实的。本书只能通过列举以上实例做一些原则性和启发性的叙述，以激发实验者的求知欲和探索精神，并希望通过以下设计性实验，积累和总结，逐步培养进行科学实验的能力和素质。

4.4　设计实验题目

4.4.1　误差分配和实验仪器的选择

在工程技术和实验技术领域中，经常会遇到这样的情况。例如，对某一项目进行测量，可供选用的仪器、仪表或量具有很多。它们运用的科学原理不同，采用的测量装置和显示形式各异，并且有着不同的测试精度，价格也相差很大。在这种情况下，就要求实验者能按照测量任务的需要和实际的可能性，进行统筹考虑，对使用的仪器、仪表或量具做出合理的选择。一般地，选择仪器时可以从以下几个方面来考虑：规格（量程）、精确度（误差大小）、灵敏度（分辨率）、实用性和价格。其中最后两项，在学生训练阶段可暂不考虑，但在实际工作中，却是非考虑不可的。

实验目的

（1）学习和训练在实际测试过程中，如何根据误差要求和误差分配原则，对实验仪器做出合理的选择。

（2）学习和训练如何根据误差分析选定简单测量电路、确定电表的量程、规格和电源输出电压。

实验要求

（1）合理选择测量圆柱体（直径 $D \approx 25$mm，高 $h \approx 55$mm）体积的量具，分别要求满足：$E_r \leq 0.2\%$；$E_r \leq 1.0\%$；$E_r \leq 5.0\%$。说明选择的依据，并得出实验结果。

（2）用多量程电流表、电压表和具有多挡输出的直流稳压电源，进行伏安法测电阻的系统误差研究，即测出几个电阻元件的阻值（R_x 约为 5Ω，50Ω 和 500Ω，额定功率均为 0.25W），并进行误差分析。

①确定测量方法，画出完整的测试电路。用多量程电流表、电压表测量电阻时，应根据待测电阻的大小来选定电流表的测量方法是内接还是外接。同时导出表头内阻引入的系统误差修正公式，并对结果进行修正。为使具体实验时能灵活使用这两种接法，可设计用一个开关，使两者合并成一个电路，通过开关转换，实现任意选择。

②根据仪器引入的最大相对误差 $\dfrac{\Delta R_{仪}}{R} \leq 1.5\%$ 的要求，对电表的等级、量程、稳压电源输出电压和测量条件做出合理的选择。根据待测电阻的额定功率，算出最大允许电流 I_{max} 或能承受的最高电压，为不使电阻发热，一般选用 $0.2I_{max}$ 作为测试工作电流。然后确定稳压电源输出的大小和检测电表的量程规格与测量条件。

③对由测量方法引入的系统误差进行修正，确定实验结果所达到的精度。

实验仪器

请自行提出所需的各种量具、仪器及其规格。

分析讨论题

试总结进行简单设计性实验的体会。

4.4.2　碰撞打靶实验

物体间的碰撞是自然界中普遍存在的现象，从宏观物体的一体碰撞到微观物体的粒子碰撞都是物理学中极其重要的研究课题。

本实验通过两个物体的碰撞、碰撞前的单摆运动及碰撞后的平抛运动，应用已学到的力学定律去解决打靶的实际问题，从而更深入地了解力学原理，并提高分析问题、解决问题的能力。

要求同学们能够自己推导有关计算公式，自行设计并画出实验原理图。

碰撞打靶实验
微课视频

碰撞打靶实验
操作视频

实验目的

（1）熟悉碰撞打靶实验的条件。

（2）分析碰触过程中的动量和能量的变化。

（3）通过自主设计实验，得出实验结论。

实验要求

（1）观察电磁铁电源切断时，单摆小球只受重力及空气阻力时的运动情况，观察两球碰撞前后的运动状态，测量两球碰撞的能量损失。

（2）测量碰撞打靶实验中的 A 类不确定度。

（3）请在微观现象中思考惠更斯碰撞，体会牛顿在他的碰撞现象中引入恢复系数的意义。

（4）分析实验中能量损失的主要来源，自行设计实验来验证你的结论。

（5）观察两个不同质量钢球碰撞前后运动状态，测量碰撞前后的能量损失。用直径、质量都不同的被撞球，重复上述实验，比较实验结果并讨论之（注意：由于直径不同，应重新调节升降台的高度，或重新调节细绳。一般只调节做单摆运动的小球的高度即可）。实验仪器碰撞打靶实验装置见图 4-12。

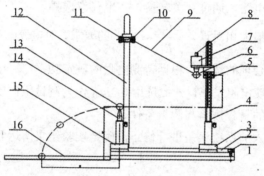

1—调节螺钉；2—导轨；3—滑块；4—立柱；5—刻线板；6—摆球；7—电磁铁；8—衔铁螺钉；9—摆线；
10—锁紧螺钉；11—调节旋钮；12—立柱；13—被撞球；14—载球支柱；15—滑块；16—靶盒

图 4-12　碰撞打靶实验装置

分析讨论题

（1）如果两质量不同的球有相同的动量，它们是否也具有相同的动能？如果不等，哪个动能大？

（2）找出本实验中，理论值和实验值不同的原因（除计算错误和操作不当原因外）。

（3）在质量相同的两球碰撞后，撞击球的运动状态与理论分析是否一致？这种现象说明了什么？

（4）如果不放被撞球，撞击球在摆动回来时能否达到原来的高度？这说明了什么？

（5）实验中，绳的张力对钢球是否做功？为什么？

（6）实验中，球体不用金属，用石蜡或软木怎样？为什么？

4.4.3 黑盒子实验

电阻、电感、半导体二极管、三极管、电容等是电子电路中重要的元器件，了解它们的特性对今后的电子电路课程学习与设计有着重要的意义。该实验将电阻、电感、半导体二极管、三极管、容量不同的两只电容等器件装在一个盒子（俗称黑盒子）里，要求使用万用表等工具，根据元器件特性判断出这些元器件。

实验目的

（1）进一步学习与掌握万用表的使用方法。

（2）学习电阻、电感、半导体二极管、三极管、电容等元器件的特性与基本判断方法。

实验要求

判断出盒子上各对接线柱之间分别是什么元器件及其特性。

实验仪器

万用表及表棒，装有电阻、电感、半导体二极管、三极管、电容等元器件的盒子。

分析讨论题

（1）如何判断三极管是 NPN 型还是 PNP 型？是高频管还是低频管？是硅管还是锗管？属于小功率管还是大功率管？

（2）设计一个光学器件的黑盒子，提出设计思想、实施方案。

4.4.4 惠斯通电桥测表头内阻

实验目的

（1）练习简单测量电路的设计和测量条件的选择。

（2）合理选择实验仪器，提出合理方案测量表头内阻。

实验要求

设计测量电路时需要考虑电桥的灵敏度影响、表头的额定电流的限制、电阻箱额定功率的限制、电源的允许输出电流的限制等因素。

（1）用自组桥测量未知电阻。

（2）用自组桥测量表头内阻。

实验仪器

电阻箱 4 个；检流计一台；直流电源一台；导线若干；开关两个，量程为 100μA、内阻约为 1.5kΩ 微安表头。

分析讨论题

（1）下列因素能否使电桥测量产生误差？为什么？

①电源电压不太稳定。

②导线电阻不能完全忽略。

③检流计没有调好零点。

④检流计灵敏度不够高。

（2）取 R_1 等于 R_2，调节电桥平衡，得出第一个 R_0 值 R_{01}。如果把 R_1 和 R_2 对调后，电桥不再平衡，这说明什么问题？此时重新调 R_0，得出第二个 R_{02}。试证明，在这种情形下，R_x 测量值应为 $R_x = \sqrt{R_{01}R_{02}}$。

（3）如何用一滑线变阻器和一个标准电阻箱 R_0 组成电桥去测电阻 R_x？画出电路图，说明测量步骤并给出 R_x 的计算公式（提供保护电阻 R_h）。

（4）利用多挡位电阻箱，如何构成一个分压电路？如何选择电压比？

（5）设计一个测量低电阻的实验方案，提出设计思想并给出实验步骤。

4.4.5 电位差计精确测定电阻

实验目的

（1）练习简单测量电路的设计和测量条件的选择。

（2）加深对补偿法测量原理的理解和运用。

实验要求

（1）利用电位差计测量微安表头的内阻（记住标号备用）。

（2）用电位差计精确测量电阻。

①令稳压电源固定输出 1.5V，设计测定电阻的控制电路。若所用电势差计只有一组输入测量端，则应设计一个能对标准电阻和待测电阻的端电压作连续测量的控制电路。

在测定电阻值时，选择合适的测量条件可从以下几方面考虑：

• 由电阻的相对误差

$$E = \frac{\Delta R_x}{R} = \frac{\Delta U_x}{U_x} + \frac{\Delta U_N}{U_N} + \frac{\Delta R_N}{R_N} \approx \frac{\Delta U_x}{U_x} + \frac{\Delta U_N}{U_N}$$

令 $\dfrac{\mathrm{d}E}{\mathrm{d}U_N} = 0$，可选定标准电阻 R_N。

• 计算待测电阻上允许通过的电流 I_{max}，为避免在测量过程中电阻发热，常选取 $0.2I_{max}$ 作为最大工作电流。

②选择合适的测量条件，包括：标准电阻值、控制电路的工作电流和变阻器阻值。

③测量次数不少于 6 次，并进行误差分析。

实验仪器

电势差计一套（包括标准电池、检流计、工作电源）、直流稳压电源标准电阻（若干）、变阻器、滑线变阻器、待校微安表头、待测电阻（约 100Ω，0.25W）、开关、导线等。

分析讨论题

在测量微安表头的内阻时，必须先调节电势差计的工作电流，使它达到标准后才能进行测量，这是为什么？在电阻值测定时，是否也一定要先调节工作电流，使它达到标准后才能进行测量？为什么？

4.4.6　电表的扩程和校准

实验目的

（1）熟悉磁电式电流表、电压表的构造原理。

（2）掌握改装（扩程）和校准电流表、电压表的基本方法，自行设计实验参数、实验步骤。

（3）熟练使用滑线变阻器、多挡位电阻箱。

实验要求

1. 将量程为 100 mA 的表头扩程至 5 mA 电流表

（1）电阻 R_p 之值。所用表头的内阻 R_g 由自己在其他实验中测得。

（2）校准量程，记录下实际的 R_p 值。

- 调节电阻箱时，要防止电阻值从 9 到 0 的突然减小而烧坏电表。
- 要注意正确进行读数和记录测量值的有效数字。

（3）校准刻度值。保持已调好的 R_p 不变，调节 R_1 及 R 使改装表的电流从小到大均匀地取 5 个刻度值，读出与之对应的标准表指示数 I_s。此时表头的满度电流值应与标准表再一次符合，若不符合，应再次调整 R_p 后重新测量。然后再调节 R_1 及 R 使电流从大到小再测一遍。

（4）做校准曲线 I_x-ΔI_x，以 I_x 为横坐标，$\Delta I_x = I_s - I_x$ 为纵坐标，各点之间以直线连接（实际是折线图）。

（5）给已改装的电流表定电表的等级。

2. 将量程 100 μA 的表头改装为 1V 的电压表

要求同上。

实验仪器

标准电流表、标准电压表、待改装的微安表头、电源、滑线变阻器、多挡位电阻箱、开关等。

分析讨论题

（1）为什么在校准表时需要把电流（电压）由小到大做一遍，又由大到小做一遍？如果两者完全一致说明什么？两者不一致又说明什么？

（2）能否把本实验用的表头改装为 50 μA 的微安计或 0.1V 的伏特计？

（3）校准电流表时，如果发现改装表的读数相对于标准表的读数都偏高，若达到标准表的数值，此时改装表的分流电阻应调大还是调小？为什么？

（4）校准电压表时，如果发现改装表的读数相对于标准表的读数都偏低，若达到标准表的数值，此时改装表的扩程电阻应调大还是调小？为什么？

第5章 近代综合实验

5.1 夫兰克–赫兹实验

1913年，丹麦物理学家玻尔（N. Bohr）提出了一个氢原子模型，并指出原子存在能级。该模型在预言氢光谱的观察中取得了显著的成功。根据玻尔的原子理论，原子光谱中的每根谱线表示原子从某一个较高能态向另一个较低能态跃迁时的辐射。

夫兰克–赫兹实验微课视频

1914年，德国物理学家夫兰克（J. Franck）和赫兹（G. Hertz）用慢电子（几个到几十个电子伏特）与稀薄气体原子碰撞的办法，使原子从低能级激发到高能级。通过测量电子与原子碰撞时交换某一定值的能量，直接证明了原子发生跃变时吸收和发射的能量是分立的、不连续的，证明了原子能级的存在，给玻尔的原子理论提供了直接的实验证据，由此获得了1925年诺贝尔物理学奖。

夫兰克–赫兹实验操作视频

实验目的

（1）通过测定氩原子的第一激发电位，证明原子能级的存在。

（2）了解电子与原子碰撞和能量交换过程的微观图像及影响该过程的主要物理因素。

实验仪器

DH4507智能型夫兰克—赫兹实验仪。

实验原理

玻尔提出的原子理论指出：

（1）原子只能较长时间地停留在一些稳定状态（简称为定态）。原子处在这些状态时，不发射或吸收能量。各定态有一定的能量，其数值是彼此分隔的。原子的能量不论通过什么方式发生改变，它只能从一个定态跃迁到另一个定态。

（2）原子从一个定态跃迁到另一个定态而发射或吸收辐射时，辐射频率是一定的。如果用 E_m 和 E_n 分别代表有关两定态的能量的话，辐射的频率 ν 决定于如下关系

$$h\nu = E_m - E_n \tag{5.1}$$

式中，普朗克常数 $h = 6.63 \times 10^{-34} \text{J} \cdot \text{s}$。

为了使原子从低能级向高能级跃迁，可以通过具有一定能量的电子与原子相碰撞进行能量交换的办法来实现。

设初速度为零的电子在电位差为 U_0 的加速电场作用下，获得能量 eU_0。当具有这种能量的电子与稀薄气体的原子发生碰撞时，就会发生能量交换。如以 E_1 代表氩原子的基态能量、E_2 代表氩原子的第一激发态能量，那么当氩原子吸收从电子传递来的能量恰好为

$$eU_0 = E_2 - E_1 \tag{5.2}$$

时，氩原子就会从基态跃迁到第一激发态。而且相应的电位差称为氩的第一激发电位（或称氩的中肯电位）。测定出这个电位差 U_0，就可以根据式（5.2）求出氩原子的基态和第一激发态之间的能量差了。夫兰克-赫兹实验的原理图如图 5-1 所示。

在充氩的夫兰克-赫兹管中，电子由阴极出发，阴极 K 和第二栅极 G_2 之间的加速电压 U_{G2K} 使电子加速。在板极 A 和第二栅极 G_2 之间加有反向拒斥电压 U_{G2A}。管内空间电位分布如图 5-2 所示。当电子通过 KG_2 空间进入 G_2A 空间时，如果有较大的能量（$\geqslant eU_{G2A}$），就能冲过反向拒斥电场到达板极形成板流，由微电流表检测出。如果电子在 KG_2 空间与氩原子碰撞，把自己一部分能量传给氩原子而使后者激发的话，电子本身所剩余的能量就很小，以至于通过第二栅极后已不足于克服拒斥电场而被折回到第二栅极，这时，通过微电流表的电流将显著减小。

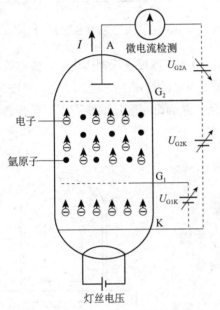

图 5-1　夫兰克-赫兹原理图

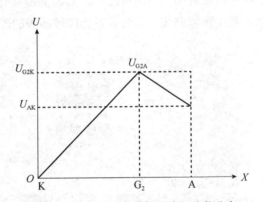

图 5-2　夫兰克-赫兹管管内空间电位分布

实验时，使 U_{G2K} 电压逐渐增加并仔细观察微电流表的电流指示，如果原子能级确实存在，而且基态和第一激发态之间存在确定的能量差的话，就能观察到如图 5-3 所示的 I_A-U_{G2K} 曲线。该曲线反映了氩原子在 KG_2 空间与电子进行能量交换的情况。当 KG_2 空间电压逐渐增加时，电子在 KG_2 空间被加速而取得越来越大的能量。但起始阶段，由于电压较低，电子的能量较少，即使在运动过程中它与原子相碰撞也只有微小的能量交换（为弹性碰撞）。穿过第二栅极的电子所形成的板流 I_A 将随第二栅极电压 U_{G2K} 的增加而增大（如图 5-3 的 Oa 段）。当 KG_2 间的电压达到氩原子的第一激发电位 U_0 时，电子在第二栅极附近与氩原子相碰撞，将自己从加速电场中获得的全部能量交给氩原子，并且使氩原子从基态激发到第一激发态。而电子本身由于把全部能量交给了氩原子，即使穿过了第二栅极也不能克服反向拒斥电场而被折回第二栅极（被筛选掉）。所以板极电流将显著减小（图 5-3 所示 ab 段）。随着第二栅极电压的增加，电子的能量也随之增加，在与氩原子相碰撞后还留下足够的能量，可以克服反向拒斥电场而达到板极 A,这时电流又开始上升(*bc* 段)。直到 KG_2 间电压是二倍氩原子的第一激发电位时,电子在 KG_2 间又会二次碰撞而失去能量,因而又会造成第二次板极电流的下降(*cd* 段),同理,凡在

$$U_{G2K} = nU_0 \quad (n=1,\ 2,\ 3\cdots) \tag{5.3}$$

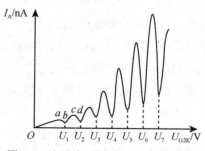

的地方板极电流 I_A 都会相应下跌,形成规则起伏变化的 $I_A - U_{G2K}$ 曲线。而各次板极电流 I_A 下降相对应的阴、栅极电压差 $U_{n+1} - U_n$ 应该是氩原子的第一激发电位 U_0。

本实验就是要通过实际测量来证实原子能级的存在,并测出氩原子的第一激发电位(公认值为 $U_0 = 11.55V$)。

图 5-3　夫兰克-赫兹管 $I_A - U_{G2K}$ 曲线

仪器简介

DH4507 智能型夫兰克-赫兹实验仪(见图 5-4),由 4 组程控直流稳压电源、微电流检测器和单片机控制器组成,有手动和自动两种工作方式。该实验仪可手动逐点测绘出爬坡曲线,也可在慢速自动扫描的情况下,只记下各点的电流值,从而画出爬坡曲线;还可在普通示波器上观察爬坡曲线,实时观察到爬坡曲线的形成过程。

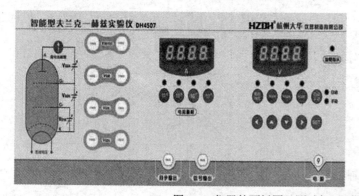

图 5-4　仪器的面板图及测试架平面图

在实验时,本实验仪应与专配的装有充氩电子管的测试架相连,此外,还可与一普通示波器相连,充氩电子管不需外部加温便可进行测试。在"自动"方式下,在普通示波器荧光屏上可实时观察到爬坡曲线的形成过程,随着自动扫描的第二栅压的增加,荧光屏上慢慢地画出有 6 个峰值的爬坡曲线,在自动扫描完毕后,该爬坡曲线仍能稳定地显示出来,直到在"手动"方式下按下"清除"键("Set"键+"自动/手动"键)为止。

实验仪的按键功能和出厂时预置值分别简述如下。

1. DH4507 智能型夫兰克-赫兹实验仪按键功能

"自动/手动"键:自动/手动转换。

"10^{-9}""10^{-8}""10^{-7}""10^{-6}":电流量程转换。

"灯丝电压""U_{G1K}""U_{G2A}""U_{G2K}"：4 组电压显示转换。

"Set"+"灯丝电压"：灯丝电压加载。

"Set"+"U_{G1K}"：第一栅压加载。

"Set"+"U_{G2A}"：拒斥电压加载。

"Set"+">"：4 组电压全部加载。

"Set"+"<"：4 组电压全部卸载（清零）。

"Set"+"∨"：若显示的爬坡曲线幅度过大，出现折叠，可在手动操作下按此组合键一到二次，按第三次则还原。

"Set"+"自动/手动"：清除爬坡曲线。

"Set"+"10^{-6}"：第二栅压自动扫描时改变扫描速率。

"∧""∨"：电压上下调整，加载后才有效。

"<"">"：电压调整时左右移位。

2. 仪器出厂时预置值

灯丝电压：3.0V；第一栅压：2.1V；拒斥电压 U_{G2A}：5.2V；第二栅压：30V。实际操作时，应按照仪器铭牌标示值进行修改。

实验内容与步骤

1. 手动方式实验步骤

（1）将面板上的 4 对插座按面板上的接线图与电子管测试架上的相应插座用专用连接线连好。注意：各对插线应一一对号入座，切不可插错，否则会损坏电子管或仪器。将"信号输出"及"同步输出"与示波器相连，或只将"信号输出"与示波器相连，使用示波器的内同步。微电流检测器已在内部连好。

（2）"自动/手动"挡开机时位于"手动"位置，此时"手动"灯点亮。

（3）四挡电流挡：10^{-9}A，10^{-8}A，10^{-7}A 和 10^{-6}A，开机时位于"10^{-9}A"位置。

（4）按照仪器铭牌的标示值，更改灯丝电压、第一栅压 U_{G1K}、拒斥电压 U_{G2A}、第二栅压的值。

更改预置值时，按下"∧"键或"∨"键。若按下"<"键或">"键，则更改预置值的位数，向前或向后移动一位。

（5）同时按下"Set"键和">"键（或按下"Set"键不放再按下">"键），则灯丝电压、第一栅压、第二栅压和拒斥电压等 4 组电压按预置值加载到电子管上，此时"加载"指示灯亮。注意：只有 4 组电压都加载时，此灯才常亮。

（6）4 组电压都加载后，一般预热 10min 以上方可进行实验。

（7）手动方式实验时，一般应保持灯丝电压、第一栅压和拒斥电压不变，而第二栅压从0 开始（若原先不为 0V，需先调到 0V），变到 85V，步距为 0.2V 到 1V。预置一个第二栅压值（自动加载），列表记录电流值 I_A 及相应的电压值 U_{G2K}（每 1V 记录 1 个点）。

手动方式下的实验可以在自动方式下进行：在自动方式下，将自动扫描速度设为"低"（或"中"），这时每扫描一个电压值，有足够时间记录下电流值（电压值不用记），这样使手动方式操作变得很简单。

（8）在方格纸上描绘 I_A-U_{G2K} 曲线，并在图上标出 U_0 值。

（9）在 I_A-U_{G2K} 曲线上，求出各峰值所对应的电压值，用逐差法求出氩原子的第一激发电位，并与公认值 11.55V 相比较，求出相对不确定度。

（10）实验完毕后，可按"Set"键+"<"键，使 4 组电压卸载。

2. 自动方式实验步骤

（1）按手动方式把实验连线连好，按"Set"键+">"键，使 4 组电压加载，此时加载灯亮。

（2）加载 10min 以后，按下"自动/手动"键，此时"自动"灯点亮。

（3）此时第二栅压值开始从 0V 到 85V 自动扫描，共 512 个步进值，每一伏有 6 个步进值，一个步进值为 0.166V（显示时的十位和个位按原值显示，而小数点后一位的 6 个步进值显示为 0.0、0.2、0.3、0.5、0.7 和 0.8），自动扫描时，电流表的读数应不断变化。

（4）调整示波器的幅度及扫描旋钮，使其波形稳定。在第二栅压自动扫描时，可在示波器上观察到实时生成的 6 个峰，在自动扫描完成后，这 6 个峰仍稳定地显示在屏幕上，若要清除这 6 个峰，可在手动方式下按"Set"键+"自动/手动"键。

（5）在自动扫描时，可按"Set"键+"10^{-6}"键，以改变扫描的速度。扫描的速度共分为 3 挡：低、中、高。开机默认设置为高。

（6）若要进行下一次自动扫描，可按"自动/手动"键，转到手动方式，再按"Set"键+"自动/手动"键，清除上次扫描得到的数据，再按"自动/手动"键转到自动扫描。

注意事项

（1）使用前应正确连接好仪器面板至测试架的连线，连好后至少检查三遍。连线错误会损坏仪器或电子管。

（2）灯丝电压不要超过 4.5V。第二栅压不要超过 86V。

（3）尽管本实验仪配有短路保护电路，但应尽量避免使各组电源线短路。

（4）手动操作完成后，将第二栅压调至零伏。

（5）实验结束后，切断电源，保管好被测电子管。仪器长期放置不用后再次使用时，请先加电预热 30min 后使用。

（6）键盘锁死时需按"复位"按钮，可恢复到原测试状态。

思考题

（1）夫兰克-赫兹实验是如何观测到原子能级变化的？

（2）夫兰克-赫兹曲线（以电压作为横坐标）反映了什么？

（3）夫兰克和赫兹用慢电子与稀薄气体原子碰撞的方法，可以使原子状态发生什么变化？

（4）夫兰克和赫兹从实验上直接证明了原子内能量的不连续性，从而证实了什么？

5.2　光电效应测定普朗克常数

　　1905 年，年仅 26 岁的爱因斯坦（A. Einstein）提出光量子假说，发表了在物理学发展史上具有里程碑意义的光电效应理论，10 年后被具有非凡才能的物理学家密立根（Robert Millikan）用光辉的实验证实了。两位物理大师之间微妙的默契配合推动了物理学的发展，他们都因光电效应等方面

的杰出贡献分别于 1921 年和 1923 年获得诺贝尔物理学奖。

　　光电效应实验及其光量子理论的解释在量子理论的确立与发展上，在解释光的波粒二象性等方面都具有划时代的深远意义。利用光电效应制成的光电器件在科学技术中得到广泛的应用，并且至今还在不断开辟新的应用领域，具有广阔的应用前景。

实验目的

（1）加深对光电效应和光的量子性的理解。

（2）学习验证爱因斯坦光电方程的实验方法，并测定普朗克常数 h。

实验仪器

DH-GD-1 型普朗克常数测试仪。

实验原理

　　金属中的自由电子在光的照射下吸收光能从金属表面逸出的现象称为光电效应。光电效应的基本实验事实为：

　　（1）饱和光电流与光强成正比。

　　（2）光电效应存在一个阈频率，当入射光的频率低于此值时，无论光强如何，都无光电流产生。

　　（3）光电子的初动能与光强无关，但与入射光的频率成正比。

　　（4）光电效应是瞬时效应，一经光线入射，立即产生光电子。

　　根据爱因斯坦假设，当光与物质相互作用时，其能流并不像波动理论所指出的那样，不是连续分布的，而是集中在一些叫作光子（或光量子）的粒子上，当光的频率为 υ 时，每个光子具有的能量为 $\varepsilon = h\upsilon$。当金属受到频率为 υ 的光照射时，金属中的电子在获得一个光子的能量后，将能量的一部分用作逸出金属表面所需的逸出功 W_s，另一部分则表现为电子逸出金属表面时的初动能 $\frac{1}{2}mv^2$，即

$$h\upsilon = \frac{1}{2}mv^2 + W_s \tag{5.4}$$

这就是爱因斯坦光电效应方程。

　　由式（5.4）可见，入射到金属表面的光的频率越高，逸出电子的初动能越大，如图 5-5 所示。正因为电子具有初动能，所以即使在加速电压 U 等于 0 时，依然有光电子落到阳极而

形成光电流，甚至当阳极的电位低于阴极的电位时也会有光电子落到阳极，直到加速电压为某一负 U_s 值时，所有光电子都不能到达阳极，光电流才为零，如图 5-6 所示，U_s 称为光电效应的截止电压。此时

$$eU_s - \frac{1}{2}mv^2 = 0 \qquad (5.5)$$

代入式（5.4）有

$$eU_s = h\upsilon - W_s \qquad (5.6)$$

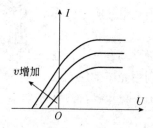

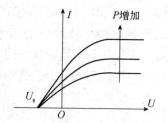

图 5-5　入射光频率不同的 *I-U* 曲线　　　　图 5-6　入射光强度不同的 *I-U* 曲线

由于金属材料的逸出功 W_s 是金属材料的固有属性，对于给定的基础材料，W_s 为一个定值，它与入射光的频率无关，若令 $W_s = h\upsilon_0$，υ_0 称为对应材料光电效应的红限频率（或称阈频率）。即具有红限频率的光子的能量恰恰等于电子需要的逸出功，此时的逸出电子没有多余的动能。

式（5.6）可改写成

$$U_s = \frac{h}{e}\upsilon - \frac{W_s}{e} = \frac{h}{e}(\upsilon - \upsilon_0) \qquad (5.7)$$

式（5.7）表明，截止电位 U_s 是入射光频率 υ 的线性函数。当入射光的频率 $\upsilon = \upsilon_0$ 时，截止电位 $U_s = 0$，没有光电子逸出。对应曲线如图（5-7）所示，其斜率 $k = h/e$ 为一个正常数。故有

$$h = ek \qquad (5.8)$$

可见，只要用实验方法测出不同频率下的截止电压 U_s，再画出 $U_s - \upsilon$ 直线，并求出该直线的斜率 k，就可通过式（5.8）求出普朗克常数的数值。其中 $e = 1.6 \times 10^{-19}$C，是电子的电荷量。

利用光电管进行光电效应实验的原理如图 5-8 所示。频率为 υ、强度为 P 的光线照射到光电管阴极上，即有光电子从阴极逸出。

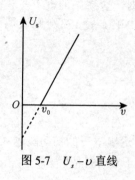

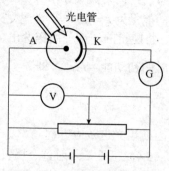

图 5-7　$U_s - \upsilon$ 直线　　　　　　图 5-8　光电效应实验原理图

如果在阴极 K 和阳极 A 之间加正向电压 U_{AK}，它使 K、A 之间建立起的电场对从光电管阴极逸出的光电子起加速作用，随着电压 U_{AK} 的增大，到达阳极的光电子将逐渐增多。当正向电压 U_{AK} 增加到 U_m 时，光电流达到最大，不再增加，此时即称为饱和状态，对应的光电流即称为饱和光电流。

如果在阴极 K 和阳极 A 之间加有反向电压 U_{KA}，它使电极 K、A 之间建立的电场对从光电管阴极逸出的电子的运动起减速作用，随着电压 U_{KA} 的增大，能够到达阳极的光电子将逐渐减少，当 $U_{KA} = U_s$ 时，光电流降为 0。不同强度的光线照射后的 $I\text{-}U$ 曲线如图 5-6 所示，不同频率的光照射后的 $I\text{-}U$ 曲线如图 5-5 所示。如果在直角坐标系中绘出的 $U_s - \upsilon$ 关系曲线是一条直线，就证明了爱因斯坦光电效应方程的正确性，由该直线的斜率 k 便可求出普朗克常数 h，由直线与横坐标轴的交点可求出阈频率 υ_0。

爱因斯坦方程是在同种金属做阴极和阳极，且阳极很小的理想状态下导出的。实际上做阴极的金属逸出功比做阳极的金属逸出功小，所以实验中存在如下问题：

（1）暗电流。当光电管阴极没有受到光线照射时也会产生电子流，称为暗电流。它是由电子的热运动（热电流）和光电管管壳漏电（漏电流）等原因造成的。

（2）本底电流。室内各种漫反射光射入光电管造成的光电流称为本底电流。

（3）阳极电流（反向电流）。制作光电管阴极时，阳极上也会被溅射有阴极材料，所以光入射到阳极上或由阴极反射到阳极上，阳极上也有光电子发射，这就形成阳极电流。

由于上述干扰的存在，使得 $I\text{-}U$ 曲线较理论曲线下移。

一般地，确定截止电压 U_s 有以下几种方法。

（1）拐点法。光电管阴极为球壳形，阳极为半径比阴极小得多的同心小球，反向电流容易饱和，可以把反向电流进入饱和时的拐点电压近似作为截止电压，这种方法叫拐点法。

（2）补偿法。调节电压 U_{AK} 使电流为零后，保持 U_{AK} 不变，遮挡汞灯光源，此时测得的电流 I_1 为电压接近截止电压时的暗电流和本底电流。重新让汞灯照射光电管，调节电压 U_{AK} 使电流值至 I_1，将此时对应的电压 U_{AK} 的绝对值作为截止电压。此法可补偿暗电流和本底电流对测量结果的影响。

（3）零电流法。直接将各谱线照射下测得的电流为零时对应的电压 U_{AK} 的绝对值作为截止电压。此法的前提是阳极反向电流、暗电流和本底电流都很小，用零电流法测得的截止电压与真实值相差很小。

本实验仪器的电流放大器灵敏度高，稳定性好。光电管阳极反向电流、暗电流水平也较低。在测量各谱线的截止电压时，可采用零电流法。用零电流法测得的截止电压与真实值相差较小，对 h 的测量不会产生大的影响。

仪器简介

DH-GD-1 型普朗克常数测试仪整体结构图如图 5-9 所示。其中，高压汞灯的光谱范围为 320.3～872.0nm，可用谱线为 365.0nm、404.7nm、435.8nm、546.1nm、577.0nm，共 5 条强谱线。高压汞灯发出的可见光中，强度较大的谱线有 5 条，仪器配以相应的 5 种滤光片。光阑孔径 ϕ 分别为 2mm、4mm 和 8mm。光电管采用特殊结构，阳极反向电流和暗电流非常小。

基准平台上面标注刻度，便于调节和记录光源与接收窗口之间的距离。

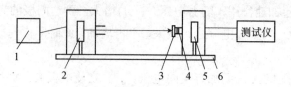

1—汞灯电源；2—汞灯光源；3—滤光片；4—光阑；5—光电管；6—基准平台

图 5-9　仪器整体结构图

实验内容与步骤

1. 测量准备

（1）用专用电缆将微电流测量仪的输入接口与暗盒的输出接口连接起来；将微电流测量仪的电压输出端插座与暗盒的电压输入插座连接起来；将汞灯下侧的电线与限流器连接起来；接好电源，打开电源开关，充分预热 20min（汞灯及光电管暗箱用遮光罩罩住）。

（2）将"电流量程"选择开关置于所选挡位（截止电压测试为 10^{-13}V，伏安特性测试为 10^{-10}V）。

（3）调零：实验仪在开机或改变电流量程后，都会自动进入调零状态。调零时应将光电管暗箱电流输出端与实验仪微电流输入端断开，旋转"调零"旋钮使电流指示为 000.0。

（4）调零确认：将断开的电缆连上，按"调零确认"键，系统进入测试状态。

2. 测量截止电压（零电流法）

（1）选取"截止电压"测量，采用"手动"模式。

（2）撤去光电管入口遮光罩，将 4mm 的光阑放入光电管入口处。

（3）撤去汞灯灯罩。

（4）将波长为 365.0nm 的滤光片套在光电管的入口处，此时仪表所显示的就是对应波长的光电管电压与电流值。

（5）轻点"电压调整"周围的"<"和">"及"∧"和"∨"键来改变电压，观察电流的变化，电流指示值约为"000.0"时的电压表指示就是该波长光所对应的截止电压。

（6）将 365.0nm 滤光片依次换成 404.7nm、435.8nm、546.1nm、577.0nm 的滤光片，重复步骤（5），列表记录各自的截止电压。

（7）描绘 $U_s-\upsilon$ 关系曲线，求出普朗克常数，与公认值 $h_0 = 6.626\,075\,5(40)\times10^{-34}\,\text{J}\cdot\text{s}$ 进行比较，求出相对不确定度。

3. 光电管伏安特性测试

（1）按"系统清零/调零确认"按钮，重复 1 中的步骤（2）～（4）。

（2）选取"伏安特性"测量，采用"手动"模式。

（3）将某一波长的滤光片套在光电管的入口处，改变电压，从-1V 开始增加，最高电压为 30V，分别记录各电压下所对应的光电流。

（4）将电压设为横坐标，光电流设为纵坐标，在图中绘出该波长伏安特性曲线。

4. 光电管饱和电流与入射光强关系测试

（1）按"系统清零/调零确认"按钮，重复 1 中的步骤（2）～（4）。

（2）选取"伏安特性"测量，采用"手动"模式。

（3）设置 $U_{AK} = 30V$，测试并记录不同光阑孔径 ϕ 所对应的电流值 I。

（4）描绘 $\phi\text{-}I$ 曲线，得出实验结论。

注意事项

（1）汞灯的预热时间必须长于 20min。实验中，汞灯不可关闭。如果关闭，必须经过 5min 后才可重新启动，且须重新预热。

（2）注意保护滤光片，防止污染。

（3）更换滤光片时，注意遮挡住汞灯光源，避免损坏仪器。

（4）光电效应测量仪每改变一次量程，必须重新调零。

思考题

（1）什么是阈频率？什么是截止电压？实验中如何确定截止电压值？

（2）反向电流、暗电流的来源是什么？

（3）如何由光电效应测定普朗克常数 h？

（4）从截止电压 U_s 与入射光频率 υ 的关系曲线能否确定阴极材料的逸出功？

5.3　密立根油滴 CCD 微机系统电子电荷的测定

　　著名的美国物理学家密立根（Robert A. Millikan）在 1909—1917 年期间所做的测量微小油滴上所带电荷的工作，即油滴实验，是物理学发展史上具有重要意义的实验。这一实验的设计思想简明巧妙，方法简单，而结论却具有不容置疑的说服力，因此这一实验堪称物理实验的精华和典范。密立根在这一实验工作上花费了近 10 年的心血，从而取得了具有重大意义的结果：①证明了电荷的不连续性；②测量并得到了元电荷即为电子电荷，其值为 $e = 1.60 \times 10^{-19}C$。现公认 e 是元电荷，目前对其值的测量精度不断提高，正是由于这一实验的成就，他荣获了 1923 年诺贝尔物理学奖。

密立根油滴实验
微课视频

密立根油滴实验
操作视频

　　本实验的目的是学习测量元电荷的方法，并训练物理实验时应有的严谨态度与坚韧不拔的科学精神。

实验目的

（1）了解密立根油滴仪的结构，验证电量的量子性。

（2）掌握实验方法和实验技巧，测定电荷的基本量——电子电荷。

（3）培养学生的实验能力。

实验仪器

OM99 型密立根油滴仪。

实验原理

密立根油滴实验的基本设计思想是使带电油滴在测量范围内处于受力平衡的状态。按油滴静止或做匀速运动两种方式分类,测定油滴所带电荷的方法有平衡法和动态法。

1. 平衡法测油滴所带电量

用喷雾器将油喷入两块相距为 d 的水平放置的平行板之间,因油在喷射成雾状时,油滴一般都带上了电。设油滴的质量为 m,所带的电量为 q,两极板间电压为 U,则油滴在平行极板间将受两个力的作用(空气浮力忽略不计),一个是重力 mg,一个是电场力 qE,如图 5-10 所示。调节两极板的电压 U,可使油滴受力达到平衡,这时

$$mg = qE = q\frac{U}{d} \tag{5.9}$$

由式(5.9)可见,为了测得油滴所带电量 q,必须测定电压 U,两极板间距离 d 和油滴的质量 m,由于 m 很小,需用特殊方法测定。

当平行极板间不加电压时,油滴因受重力作用加速下降。由于空气阻力作用,当下降速度达到某一值 v_g 时,阻力 f_r 与重力 mg 平衡(空气浮力忽略不计),如图 5-11 所示。此时油滴开始匀速下降。根据斯托克斯定律,油滴以 v_g 匀速下降时空气阻力为

$$f_r = 6\pi r\eta v_g = mg \tag{5.10}$$

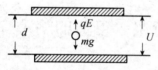

图 5-10　油滴在电场中受力图

图 5-11　油滴匀速下降时受力图

式中,η 是空气的黏滞系数;r 是油滴的半径(由于表面张力作用,油滴总呈球状)。设油的密度为 ρ,油滴的质量 m 可表示为

$$m = \frac{4}{3}\pi r^3 \rho \tag{5.11}$$

由式(5.10)和式(5.11)可得油滴的半径为

$$r = \sqrt{\frac{9\eta v_g}{2\rho g}} \tag{5.12}$$

对于半径小到 10^{-6}m 的小球,空气的黏滞系数 η 应修正为

$$\eta' = \frac{\eta}{1 + \dfrac{b}{pr}}$$

这时斯托克斯定律应改为

$$f_r = \frac{6\pi r\eta v_g}{1 + \dfrac{b}{pr}}$$

式中,b 为修正常数;p 为大气压强。因此油滴半径为

$$r = \sqrt{\frac{9\eta v_g}{2\rho g} \times \frac{1}{1+\dfrac{b}{pr}}} \tag{5.13}$$

式（5.13）根号下仍含有油滴半径 r，但因处于修正项中，不需十分精确，因此可用式（5.12）计算。将式（5.13）代入式（5.11），得

$$m = \frac{4}{3}\pi \left[\frac{9\eta v_g}{2\rho g} \times \frac{1}{1+\dfrac{b}{pr}}\right]^{\frac{3}{2}} \rho \tag{5.14}$$

由式（5.14）可知，只要测出 v_g 就可算出油滴的质量 m。油滴匀速下降的速度 v_g 的测量方法是将两极板间电压 U 调为零，油滴立即匀速下降，只要测出下降距离 l 和对应的时间 t_g，就可知速度为

$$v_g = \frac{l}{t_g} \tag{5.15}$$

将式（5.15）代入式（5.14），再将式（5.14）代入式（5.9），得

$$q = 9\sqrt{2}\pi \times \left(\frac{1}{\rho g}\right)^{\frac{1}{2}} \left[\frac{\eta l}{t_g\left(1+\dfrac{b}{pr}\right)}\right]^{\frac{3}{2}} \frac{d}{U} \tag{5.16}$$

由式（5.16）可知，只要测得平衡电压 U，两极板间距离 d（由仪器而定），油滴匀速下降的距离 l（一般固定），所用的时间 t_g，就可计算出油滴所带电荷。

实验发现，对于同一油滴（质量不变），如果改变它所带的电量 q，测得能使油滴平衡的电压为一些不连续的特定值 U_n。对于不同油滴，测得的平衡电压也为一些不连续的值。通过式（5.16），对大量的油滴进行测量计算，结果所有油滴带的电量 q 都是不连续的，是某一值的整数倍。这一值就是最小单位电荷 e。q 与 e 存在下列关系

$$q = ne \tag{5.17}$$

式中，$n = \pm 1,\ \pm 2,\ \cdots$；$e$ 为电子电荷，则

$$e = \frac{q}{n} \tag{5.18}$$

式（5.16）和式（5.18）是用平衡法测量电子电荷的计算公式。

2. 动态法测油滴所带电量

在两平行极板间加适当的电压 U，但不把 U 调至使静电力与重力平衡，而是使油滴在静电力作用下加速上升（$qE > mg$）。由于空气阻力作用，当上升速度达到某一值 v_e 时，空气阻力、重力与静电力达到平衡（空气浮力忽略不计），油滴将以速度 v_e 匀速上升（实际上油滴会立即达到匀速运动状态），如图 5-12 所示。这时三个力的平衡关系为

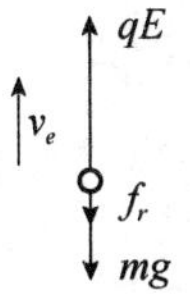

图 5-12　油滴在电场中匀速上升受力

$$6\pi r\eta v_e = q\frac{U}{d} - mg \tag{5.19}$$

当两极板间电压为零时，油滴立即匀速下降，且式（5.10）成立。由式（5.10）和式（5.19）

可得
$$\frac{v_e}{v_g} = \frac{q\dfrac{U}{d} - mg}{mg}$$

即
$$q = mg\frac{d}{U}\left(\frac{v_g + v_e}{v_g}\right) \tag{5.20}$$

将式（5.14）代入式（5.20）得

$$q = 9\sqrt{2}\pi\left(\frac{v_g}{\rho g}\right)^{\frac{1}{2}} \times \left[\frac{\eta}{1 + \dfrac{b}{pr}}\right]^{\frac{3}{2}}\frac{d}{U}\left(v_g + v_e\right) \tag{5.21}$$

实验时，取油滴匀速下降和匀速上升的距离都为 l，测出油滴匀速下降 l 所用的时间 t_g 和匀速上升 l 所用的时间 t_e，则

$$v_g = \frac{l}{t_g}, \qquad v_e = \frac{l}{t_e}$$

将 v_g 和 v_e 代入式（5.21）得

$$q = 9\sqrt{2}\pi\left(\frac{1}{\rho g}\right)^{\frac{1}{2}} \times \left[\frac{\eta l}{1 + \dfrac{b}{pr}}\right]^{\frac{3}{2}}\frac{d}{U}\left(\frac{1}{t_g} + \frac{1}{t_e}\right)\left(\frac{1}{t_g}\right)^{\frac{1}{2}} \tag{5.22}$$

由式（5.22）可知，对同一油滴而言，如果改变油滴所带电量 q，测得的 t_e 也发生改变。对多次改变油滴所带的电荷进行测量，分别由式（5.22）计算出 q，结果发现油滴所带电荷的增量 Δq_1，Δq_2，Δq_3，…和油滴原有的电量 q 具有一个最大公约数，且为某一量的整数倍。对不同的油滴测量计算，发现 q 仍为某一量的整数倍。这一量就是式（5.18）所述的最小电量。

$$e = \frac{q}{n}$$

n 为整数，e 为电子电荷。式（5.22）和式（5.18）是用动态法测量电子电荷的计算公式。

注意：在推导式（5.16）和式（5.22）时都忽略了空气的浮力，在更精确的测量和计算时，浮力不能忽略。油滴在空气中的重量和在真空中的重量分别为 $\frac{4}{3}\pi r^3(\rho_{油} - \rho_{空气})g$ 和 $\frac{4}{3}\pi r^3\rho_{油}g$，由此可见，将式（5.16）和式（5.22）中的 ρ 换成 $\rho_{油} - \rho_{空气}$，其结果就考虑了空气的浮力。

仪器简介

密立根油滴仪主要由油滴盒、CCD 电视显微镜、监视器和供电系统构成，面板如图 5-13 所示。

油滴盒是一个重要部件，其结构如图 5-14 所示。上下电极直接用精加工的平板垫在胶木圆环上，这样极板间的不平行度、极板间的间距误差都可以很小。在上电极板中心有一个 0.4mm 的油雾落入孔，在胶木圆环上开有显微镜观察孔和照明孔。

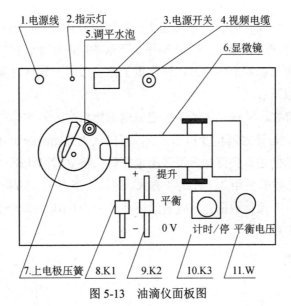

图 5-13 油滴仪面板图

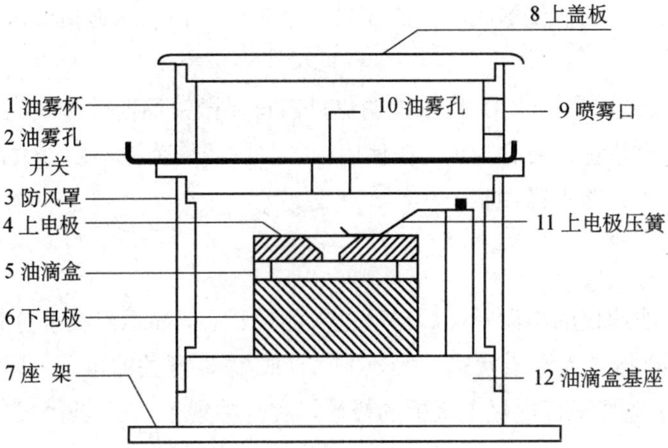

图 5-14 油滴盒示意图

在油滴盒外套有防风罩，罩上放置一个可取下的油雾杯，杯底中心有一个落油孔及一个挡片，用来开关落油孔。在上电极板的上方有一个可以左右拨动的压簧，注意，只有将压簧拨向最左边位置方可取出上极板，为的是保证压簧与电极始终接触良好。

OM99 油滴仪备有两种分划板，标准分划板 A 是 8×3 结构的，垂直线视场为 2mm，分 8 格，每格为 0.25mm。为观察油滴的布朗运动，设计了另一种 X、Y 方向各为 15 小格的分划板 B，每格为 0.08mm。进入或退出分划板 B 的方法是：按住"计时/停"按钮大于 5s 即可切换分划板。

在面板上有两只控制平行极板电压的三挡开关，K_1 用于控制上极板电压的极性，K_2 用于控制极板上电压的大小。当 K_2 处于中间位置即"平衡"挡时，可用电位器调节平衡电压。打向"提升"挡时，自动在平衡电压的基础上增加 200～300V 的提升电压，打向"0V"挡时，极板上电压为 0V。

为了提高测量精度，0M99 油滴仪将 K_2 的"平衡""0V"挡与计时器的"计时/停"联动。

在 K$_2$ 由 "平衡" 打向 "0V"，油滴开始匀速下落的同时开始计时，油滴下落到预定距离时，迅速将 K$_2$ 由 "0V" 挡打向 "平衡" 挡，油滴停止下落的同时停止计时。这样，在屏幕上显示的是油滴实际的运动距离和对应的时间，还提供了修正参数。这样可提高测距、测时精度。根据不同要求，也可以不联动。

由于空气阻力的存在，油滴是先经一段变速运动然后进入匀速运动的。但这变速运动时间非常短，小于 0.01s，与计时器精度相当。所以可以认为油滴自静止开始运动时，油滴是立即做匀速运动的；运动的油滴突然加上原平衡电压时，将立即静止下来。

OM99 油滴仪的计时器采用 "计时/停" 方式，即按一下开关，清零的同时立即开始计数，再按一下，停止计数，并保存数据。计时器的最小显示为 0.01s，但内部计时精度为 1μs，也就是说，清零时刻仅占用 1μs。

实验内容与步骤

1. 调整仪器

（1）调仪器水平。调节仪器底座上的 3 只调平手轮，使水准泡指示水平，这时两极板处于水平。

（2）CCD 显微镜调焦。CCD 显微镜调焦只需将显微镜筒前端和底座前端对齐，喷油后再稍稍前后微调，清楚看到油滴为止。在使用中，前后调焦范围不要过大，取前后调焦 1mm 内的油滴较好。照明光路不需调整。

2. 仪器使用

打开监视器和油滴仪的电源，5s 后自动进入测量状态，显示出标准分划板刻度线、V 值、S 值。开机后如想直接进入测量状态，按一下 "计时/停" 开关即可。

面板上 K$_1$ 用来选择平行电极上极板的极性，实验中置于 "+" 或 "–" 位置均可，一般不常变动。

监视器有 4 个调节旋钮。对比度一般置于较大位置，亮度不要太亮。如发现刻线上下抖动，这是 "帧抖" 现象，只要微调左边起第二只旋钮即可解决。

3. 测量练习

练习是顺利做好实验的重要环节，包括练习控制油滴运动、练习测量油滴运动时间和练习选择油滴。

（1）练习控制油滴运动。在两极板上加上平衡电压（300V 左右），换向开关放在 "+" 或 "–" 均可，驱走不需要的油滴，只留下几颗缓慢运动的油滴。注视某一颗油滴，仔细调节平衡电压，使这颗油滴静止不动。然后去掉平衡电压，让它匀速下降，下降一段距离后再加上平衡电压和升降电压，使油滴上升。如此反复练习，直至掌握控制油滴的方法。

判断油滴是否平衡时要有足够的耐心。调节 K$_2$ 使油滴移至某一刻线上，仔细调节平衡电压，这样反复操作几次，经一段时间观察油滴确实不再移动才认为是平衡了。

（2）练习测量油滴运动时间。任选几颗运动速度快慢不同的油滴，测出它们下降一段距离所花的时间，或者加上一定的电压，测出它们上升一段距离所花的时间。如此反复多次，掌握测量油滴运动时间的方法。

测量油滴上升或下降某段距离所需的时间，要注意一是要统一油滴到达刻度线的位置，二是眼睛要平视刻度线，不要有夹角。反复练习几次，使测出的各次时间的离散性较小。

（3）练习选择油滴。选择一颗合适的油滴十分重要。大而亮的油滴必然质量大，所带电荷也多，而匀速下降时间则很短，增大了测量误差和给数据处理带来困难。通常选择平衡电压为 200～300V，匀速下落 1.5mm 的时间在 10～20s 的油滴较适宜。喷油后，将 K_2 置于"平衡"挡，调节 W 使极板电压为 200～300V，注意几颗缓慢运动、较为清晰明亮的油滴。试将 K_2 置于"0V"挡，观察各颗油滴下落大概的速度，从中选一颗作为测量对象。对于 9 英寸监视器，目视油滴直径在 0.5～1mm 的较合适。过小的油滴观察困难，布朗运动明显，会引引入较大的测量误差。

4. 正式测量

实验方法可选用平衡测量法、动态测量法。

采用平衡测量法时，可将已调平衡的油滴用 K_2 控制，使其移到"起点"线上，然后将 K_2 拨向"0V"挡，油滴开始匀速下降的同时，计时器开始计时。到"终点"时迅速将 K_2 拨向"平衡"，油滴立即静止，计时也立即停止。记录平衡电压 U、下落时间 t_g 和运动距离 l。

动态测量法是分别测出加电压时油滴上升的时间 t_e 和不加电压时油滴下落的时间 t_g，记录测量数据和运动距离 l。

将数据代入相应公式，求出 e 值。油滴的运动距离一般取 1.5mm。对某颗油滴重复 5～10 次测量，如果油滴逐渐变模糊，应微调显微镜跟踪油滴。选择 10～20 颗油滴，求得电子电荷的平均值。在每次测量时都要检查和调节平衡电压，以减小偶然误差和因油滴挥发而使平衡电压发生变化。

由式（5.16）和式（5.22）计算油滴所带电荷 q，两式中

$$r = \sqrt{\frac{9\eta l}{2\rho g t_g}}$$

式中，空气黏滞系数 $\eta = 1.83 \times 10^{-5} \text{kg} \cdot \text{m}^{-1} \cdot \text{s}^{-1}$；油的密度 $\rho_{油} = 981 \text{kg} \cdot \text{m}^{-3}$；空气的密度 $\rho_{空气} = 1.29 \text{kg} \cdot \text{m}^{-3}$；平行极板距离 $d = 5.0 \times 10^{-3} \text{m}$；重力加速度 $g = 9.80 \text{m} \cdot \text{s}^{-2}$；油滴匀速升降的距离 $l = 1.50 \times 10^{-3} \text{m}$；修正常数 $b = 8.23 \times 10^{-3} \text{m} \cdot \text{Pa}$；大气压强 $p = 1.013 \times 10^5 \text{Pa}$。由于有些量随地点温度的变化而变化，计算时应采用当时当地的参数。但这些量变化较小，计算时仍能使用上面给定的值。

5. 数据处理

（1）可以采用"反过来验证"的办法处理数据：计算出每颗油滴电量 q_i 后，用 e 的公认值去除，得到每颗油滴带基本电荷个数的近似值 n_i，将 n_i 四舍五入取整，再用这个整数去除 q_i，所得结果为我们测出的电子电量 e_i。

（2）求出 e_i 的平均值，并与公认值（$e = 1.602 \times 10^{-19} \text{C}$）比较，求出相对不确定度 E。

注意事项

（1）喷雾器内的油不可装得太满，否则会喷出很多"油"而不是"油雾"，堵塞上电极的落油孔。每次实验完毕后应及时擦拭上极板及油雾室内的积油。

（2）喷油时喷雾器的喷头不要深入喷油孔内，防止大颗粒油滴堵塞落油孔。

（3）喷雾器的气囊不耐油，实验后应将气囊与金属件分离保管，以延长使用寿命。

思考题

（1）用动态法测量油滴所带电荷，当油滴匀速上升 *l* 后，怎样使油滴静止下来？

（2）对选定的油滴进行测量时，为什么有时油滴会逐渐变模糊？

（3）如何判断油滴盒内平行极板是否水平？不水平对实验结果有何影响？

（4）用 CCD 成像系统观测油滴比直接从显微镜中观测有何优点？

5.4 氢原子光谱的测定

19 世纪，当人们还不知道原子的真正结构时就已经知道，各种原子或分子发出的光是不一样的，每种原子或分子有它自己的特征光谱。例如，通常原子发射的是线光谱，分子发射的是带光谱，但是人们不能解释这些光谱现象。

随着实验数据的不断积累，人们逐渐总结出一些原子光谱的规律，发现氢原子是所有原子中最简单的原子，其光谱规律及核与电子之间的相互作用是最典型的。各种原子光谱线的规律性研究是首先在氢原子上得到突破的。100 多年来，人们不断研究氢原子，包括类氢原子的光谱结构，在实验方面和理论方面都取得了丰硕的成果。实验上对精细结构进行探测，数据越来越精确；理论上越来越圆满地解释了谱线的成因，提出了越来越接近于实际情况的理论模型，发展了电子与电磁场相互作用的理论，促进了对物质结构的深入认识。因此，对氢光谱规律的研究不但有历史意义，也有现实意义。

实验目的

（1）熟悉光栅光谱仪的性能及使用方法。

（2）学习拍摄光谱及谱线测量的基本技术，并学习测量里德伯常量的方法。

实验仪器

WGD-8A 型组合式多功能光栅光谱仪。

实验原理

原子光谱反映出原子结构的不同，研究原子结构的基本方法之一是进行光谱分析。氢原子光谱是最简单、最典型的原子光谱。1885 年，瑞士物理学家巴耳末根据实验结果给出氢原子光谱在可见光区域的经验公式为

$$\lambda_{\mathrm{H}} = \lambda_0 \frac{n^2}{n^2 - 2^2} \tag{5.23}$$

式中，λ_H 为氢原子谱线在真空中的波长，$\lambda_0 = 364.57\text{nm}$ 是一个经验常数，n 为整数 3、4、5、…。常称这些氢谱线为巴耳末线系。为了更清楚地表明谱线分布的规律，用波数 $\tilde{\nu} = 1/\lambda$ 表示，将式（5.23）改写作

$$\tilde{\nu} = \frac{1}{\lambda_H} = \frac{4}{\lambda_0}\left(\frac{1}{4} - \frac{1}{n^2}\right) = R_H\left(\frac{1}{2^2} - \frac{1}{n^2}\right) \tag{5.24}$$

式中，R_H 称为氢的里德伯常数，右侧的整数 2 换成 1、3、4、5、…时可得氢的其他线系。以这些经验公式为基础，玻尔建立了氢原子的理论（玻尔模型），并从而解释了气体放电时的发光过程。

根据玻尔理论，可得出氢和类氢原子的里德伯常数为

$$R_z = \frac{2\pi^2 m e^4 z^2}{(4\pi\varepsilon_0)^2 h^3 c(1 + \frac{m}{M})} \tag{5.25}$$

式中，ε_0 为真空中介电常数，h 为普朗克常数，c 为光速，e 为电子电荷，z 为原子序数，m 为电子质量，M 为原子核的质量。

当 $M \to \infty$ 时，由式（5.25）可求得相当于原子核不动时的里德伯常数（普适的里德伯常数）为

$$R_\infty = \frac{2\pi^2 m e^4 z^2}{(4\pi\varepsilon_0)^2 h^3 c} \tag{5.26}$$

所以

$$R_z = R_\infty\left(1 + \frac{m}{M}\right)^{-1} \tag{5.27}$$

对于氢，有

$$R_H = R_\infty\left(1 + \frac{m}{M_H}\right)^{-1} \tag{5.28}$$

这里，M_H 是氢原子核的质量。

里德伯常数 R_∞ 的测定比起一般的基本物理常数来可以达到更高的精度，因而成为调准基本物理常数值的重要依据之一，占有很重要的地位。目前的推荐值为：

$$R_\infty = 10\,973\,731.568\,549\,（83）\,\text{m}^{-1}$$

值得注意的是，计算 R_∞ 和 R_H 时，应该用氢谱线在真空中的波长，而实验是在空气中进行的，所以应将空气中的波长转换为真空中的波长，即 $\lambda_{真空} = \lambda_{空气} + \Delta\lambda$。

仪器简介

WGD-8A 型组合式多功能光栅光谱仪由光栅单色仪、接收单元、扫描系统、电子放大器、A/D 采集单元、计算机等组成。光学原理如图 5-15 所示。

入射狭缝、出射狭缝均为直狭缝，宽度范围 0～2mm 连续可调，光源发出的光束进入入射狭缝 S_1，S_1 位于反射式准光镜 M_2 的焦平面上，通过 S_1 射入的光束经 M_2 反

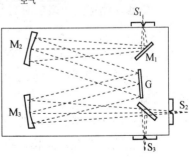

图 5-15　光学原理图

射成平行光束投向平面光栅 G 上，衍射后的平行光束经物镜 M_3 成像在 S_2 上和 S_3 上。通过 S_3 可以观察光的衍射情况，便于调节光栅。光通过 S_2 处后用光电倍增管接收，送入计算机进行扫描分析。

实验内容与步骤

1. 准备阶段

（1）系统按照图 5-16 进行连线。接通电源前仔细检查接线是否正确，并检查光栅光谱仪后背上转换开关的位置，如果用光电倍增管接收，需将扳手扳置"光电倍增管"挡（图 5-15 的 S_2 处）；如果用 CCD 接收，需将扳手扳置"CCD"挡（图 5-15 的 S_3 处）。本次实验用"光电倍增管"挡。

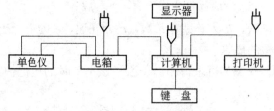

图 5-16 连线示意图

（2）狭缝调整。根据光源等实际情况，调节狭缝 S_1、S_2、S_3。顺时针旋转时狭缝宽度增大，反之减小。每旋转一周狭缝宽度变化 0.5mm。为保护狭缝，最大不超过 2mm，不要使狭缝刀口相接触，用力要轻。

（3）接通电源。根据情况将光栅光谱仪的电压调到 500～900V。

（4）启动软件。软件操作方法可参阅《WGD-8A 型组合式多功能光栅光谱仪使用说明书》。熟悉工作界面的各项功能，如菜单栏、工具栏、工作区、状态栏、参数设置区、寄存器信息提示区、寄存器选择及波长显示栏等。软件工作界面与一般的 Windows 应用程序类似。

（5）初始化。系统开始检零，然后向 200nm 处检索，需等待 4～5min。

2. 氢原子发射光谱的测量

（1）适当调节入射和出射狭缝的宽度，选定光谱光源，对准光谱仪入射狭缝，打开放电管电源。

一般地，测定氢光谱之前需要利用汞灯等对光栅光谱仪进行定标。汞灯标准谱线如图 5-17 所示。

（2）选择参数设置区的"参数设置"项，设置工作方式、范围及状态。

工作方式→模式：采集的数据格式有能量、透过率、吸光度和基线。测光谱时选择"能量"方式。

间隔：两个数据点之间的最小波长间隔，根据需要在 0.01～1nm 选择。

工作范围：在起始波长、终止波长和最大值、最小值 4 个编辑框中输入相应的值。

工作状态→负高压：即设置提供给光电倍增管的负高压。

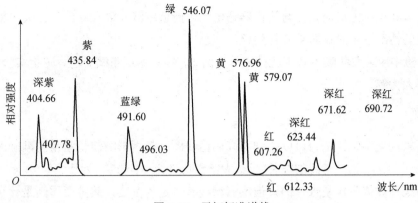

图 5-17　汞灯标准谱线

增益：用于设置放大器的放大率。

采集次数：在每个数据点上采集数据取平均的次数。拖动滑块，在 1～50 次选择。

在参数设置区中，选择"数据"项，在"寄存器"下拉列表框中选择某一寄存器（共计 5 个），在数值框中显示该寄存器的数据。在参数设置区中，有"系统""高级"两个选项，一般不要改动。

（3）选择"文件"→"新建"命令，并单击工具栏中的"单程"按钮扫描，系统首先进行检索，检索到起始波长后开始扫描并显示图像。扫描过程中，界面左上角会出现数值显示框，显示当前位置信息。

（4）如果在扫描过程中发现峰值超出标度，可单击"停止"按钮。然后寻找最高峰对应的波长，进行定波长扫描。同时调节光电倍增管入射狭缝的宽度，将峰值调节到合适位置。调节完毕，将波长范围设置成 200～800nm，再单程扫描。扫描完毕，获得氢光谱的谱线，通过"寻峰"或"读取谱线数据"求出巴耳末线系前 3～4 条谱线的波长，并记录下来。然后保存文件。

（5）结合表 5-1 将氢谱线空气中的波长修正为真空中的波长。

表 5-1　氢谱线的波长修正值

氢谱线	H_α	H_β	H_γ	H_δ	H_ε	H_ξ
$\Delta\lambda$ /nm	0.181	0.136	0.121	0.116	0.112	0.110

（6）利用式（5.24）计算各谱线的里德伯常数 R_H，求 R_H 的平均值。

（7）利用式（5.28）计算普适里德伯常数 R_∞，并与公认值进行比较，求相对不确定度。

注意事项

（1）严禁带电插拔光电倍增管接收器。

（2）光谱仪是贵重精密仪器，使用时必须特别爱护入射狭缝，不要使刀片处于相互紧闭的状态，因刀刃比较锐利，相互紧闭容易产生卷边而使刃口受到损伤与破坏。

（3）开启电源前，请确定调节高压的电位器在最小值位置，此时电压值最小；实验结束后，应该先将高压慢慢降到零，然后才能关掉电源。

（4）仪器断电或先启动软件再给仪器通电，可能造成波长混乱。此时应关闭软件，在先给仪器通电的情况下，对仪器重新初始化。

（5）实验中应采取防噪声和干扰的措施。例如，实验室尽量暗一些，防止实验台的振动，狭缝勿开得太大等。

思考题

（1）不同的光源位置是否可以得到不同的谱线图？是否影响波长测量的准确度？

（2）在同一 n 下氢氘谱线的波长，λ_H 大一点还是 λ_D 大一点？为什么？

（3）谱线计算值应该是唯一的，但实测谱线有一定的宽度，其主要原因是什么？

5.5 光拍法测量光速实验

从 17 世纪伽利略第一次尝试测量光速以来，各个时期人们都采用最先进的技术来测量光速。现在，光在一定时间中走过的距离已经成为一切长度测量的单位标准，即"米的长度等于真空中光在 1/299 792 458s 的时间间隔中所传播的距离"。光速也已直接用于距离测量，在国民经济建设和国防事业上大显身手，光的速度又与天文学密切相关，光速还是物理学中一个重要的基本常数，许多其他常数都与它相关。例如，光谱学中的里德伯常数，电子学中真空磁导率与真空电导率之间的关系，普朗克黑体辐射公式中的第一辐射常数、第二辐射常数，质子、中子、电子、μ 子等基本粒子的质量等常数都与光速 c 相关。正因为如此，光速的巨大魅力把科学工作者牢牢地吸引到这个课题上来，几十年如一日，兢兢业业地埋头于提高光速测量精度的事业。

实验目的

（1）理解光拍频的概念及光拍频的获得方式。
（2）掌握光拍法测量光速的技术。

实验仪器

LM2000C 光速测量仪。

实验原理

1. 光拍的产生和传播

根据振动迭加原理，频差较小、速度相同的二同向共线传播的简谐波相叠加即形成拍。考虑频率分别为 v_1 和 v_2（频差 $\Delta v = v_1 - v_2$ 较小）的光束（为简化讨论，假定 $\omega_1 > \omega_2$ 且它们具有相同的振幅）

$$E_1 = E\cos(\omega_1 t - k_1 x + \varphi_1)$$
$$E_2 = E\cos(\omega_2 t - k_2 x + \varphi_2)$$

它们的叠加

$$E_s = E_1 + E_2 = 2E \cos\left[\frac{\omega_1 - \omega_2}{2}\left(t - \frac{x}{c}\right) + \frac{\varphi_1 - \varphi_2}{2}\right] \times \cos\left[\frac{\omega_1 + \omega_2}{2}\left(t - \frac{x}{c}\right) + \frac{\varphi_1 + \varphi_2}{2}\right]$$

$$(5.29)$$

是角频率为 $\dfrac{\omega_1 + \omega_2}{2}$，振幅为 $2E\cos\left[\dfrac{\omega_1 - \omega_2}{2}\left(t - \dfrac{x}{c}\right) + \dfrac{\varphi_1 - \varphi_2}{2}\right]$ 的前进波。E_s 的振幅以频率

$\Delta\upsilon = \dfrac{\omega_1 - \omega_2}{2\pi}$ 周期性地变化，称为拍频波，$\Delta\upsilon$ 就是拍频，如图 5-18 所示。

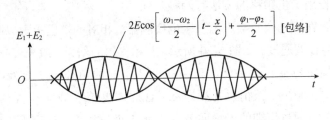

图 5-18　光拍频的形成

采用光电检测器（平方律检波器）接收这个拍频波。因为光检测器的光敏面上光照反应所产生的光电流与光强（电场强度的平方）成正比，故光电流为

$$i_0 = gE_s^2 \qquad (5.30)$$

式中，g 为接收器的光电转换常数。把式（5.29）代入式（5.30），同时注意：由于光频甚高（$\upsilon_0 > 10^{14}\,\text{Hz}$），光敏面来不及反映频率如此之高的光强变化，迄今仅能反映频率 $10^8\,\text{Hz}$ 左右的光强变化，并产生光电流。将 i_0 对时间积分，并取对光检测器的响应时间 $t(\dfrac{1}{\upsilon_0} < t < \dfrac{1}{\Delta\upsilon})$ 的平均值。结果，i_0 积分中高频项为零，只留下常数项和缓变项，即

$$\bar{i_0} = \frac{1}{t}\int_t i_0 \mathrm{d}t = gE^2\left\{1 + \cos\left[\Delta\omega(t - \frac{x}{c}) + \Delta\varphi\right]\right\} \qquad (5.31)$$

其中，$\Delta\omega = 2\pi\,\Delta\upsilon$，$\Delta\varphi = \varphi_1 - \varphi_2$。检测器输出的光电流包含直流和光拍信号两种成分。滤去直流成分，即得频率为拍频 $\Delta\upsilon$、位相与初相和空间位置有关的输出光拍信号。

图 5-19 所示的是光拍信号 $\bar{i_0}$ 在某一时刻的空间分布，如果接收电路将直流成分滤掉，即得纯粹的拍频信号在空间上的分布。这就是说处在不同空间位置的光检测器，在同一时刻有不同位相的光电流输出。这就提示我们可以用比较相位的方法间接地决定光速。

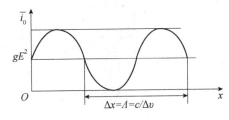

图 5-19　光拍的空间分布

事实上，由式（5.31）可知，光拍频的同位相诸点有如下关系

$$\Delta\omega\frac{x}{c} = 2n\pi \ \text{或} \ x = \frac{nc}{\Delta\upsilon} \qquad (5.32)$$

式中，n 为整数，两相邻同相点的距离 $\Lambda = \dfrac{c}{\Delta \upsilon}$ 相当于拍频波的波长。测定了 Λ 和光拍频 $\Delta \upsilon$，即可确定光速 c。

2. 相拍二光束的获得

光拍频波要求相拍二光束具有一定的频差。使激光束产生固定频移的办法有很多。一种最常用的办法是使超声波与光波互相作用。超声波（弹性波）在介质中传播，引起介质光折射率发生周期性变化，就成为一位相光栅。这就使入射的激光束发生了与声频有关的频移。

利用声光相互作用产生频移的方法有两种。

一种是行波法。在声光介质与声源（压电换能器）相对的端面上敷以吸声材料，防止声反射，以保证只有声行波通过，如图 5-20 所示。互相作用的结果，激光束产生对称多级衍射。第 l 级衍射光的角频率为 $\omega_l = \omega_0 + l\Omega$。其中 ω_0 为入射光的角频率，Ω 为声角频率，衍射级 $l = \pm 1、\pm 2、\cdots$。如其中 +1 级衍射光频为 $\omega_0 + 1\Omega$，衍射角为 $\alpha = \lambda / \Lambda$，$\lambda$ 和 Λ 分别为介质中的光波长和声波长。通过仔细的光路调节，可使 +1 级与 0 级二光束平行叠加，产生频差为 Ω 的光拍频波。

另一种是驻波法，如图 5-21 所示。利用声波的反射，使介质中存在驻波声场（对应于介质传声的厚度为半声波长的整数倍的情况）。它也产生 l 级对称衍射，而且衍射光比行波法时强得多（衍射效率高），第 l 级的衍射光频为 $\omega_{l,m} = \omega_0 + (l+2m)\Omega$，其中 $l,m = 0, \pm 1, \pm 2，\cdots$ 可见在同一级衍射光束内就含有许多不同频率的光波的叠加（当然强度不相同），因此用不到像声行波声光器件那样通过光路的调节才能获得拍频波。例如，选取第一级，由 $m=0$ 和 -1 的两种频率成分叠加得到拍频为 2Ω 的拍频波。

两种方法比较，显然驻波法有利，本实验中选择驻波法。

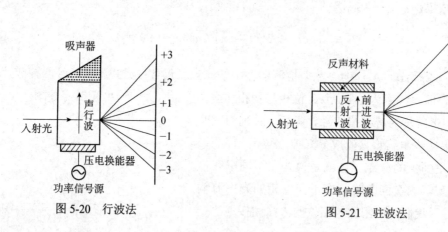

图 5-20　行波法　　　　　　　　　　图 5-21　驻波法

仪器简介

1. LM2000C 光速测量仪外形和面板结构（见图 5-22）
2. LM2000C 光速测量仪光学系统示意图（见图 5-23）
3. LM2000C 光速测量仪光电系统框图（见图 5-24）

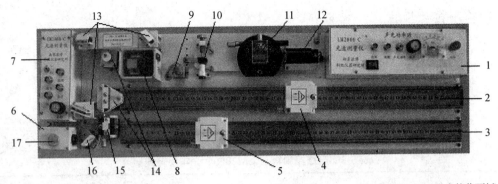

1—声光功率源；2—导轨 A；3—导轨 B；4—棱镜小车 A；5—棱镜小车 B；6—光电接收器；7—光电接收面板；
8—斩光器；9—斩光器控制旋钮；10—手调旋钮 1；11—声光器件；12—激光器；13—平面反光镜；
14—直角棱镜；15—手调旋钮 2；16—半反半透镜；17—防尘/校准盖

图 5-22 外形和面板结构

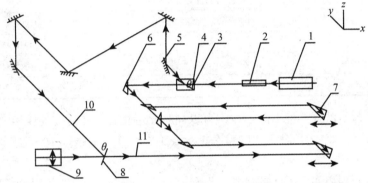

1—激光器；2—声光器件；3—斩光器；4—半反半透镜；5—平面反光镜；6—直角棱镜；7—直角棱镜
8—半反半透镜；9—接收系统；10—内光程；11—外光程

图 5-23 光学系统示意图

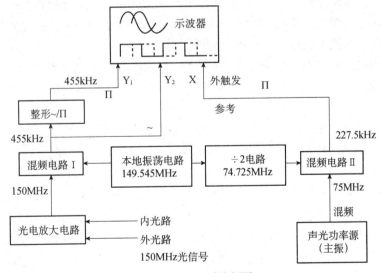

图 5-24 光电系统框图

实验内容与步骤

（1）预热。电子仪器都有一个温飘问题，光速仪的声光功率源、晶振和频率计须预热半小时再进行测量。在这期间可以进行线路连接、光路调整（即下述步骤（3）至（7））、示波器调整等工作。因为由斩光器分出了内外两路光，所以在示波器上的曲线有些微抖，这是正常的。

（2）连接。电路控制箱的面板与 LM2000C 光学平台或其他仪器连接（见表 5-2）。

表 5-2　电路控制箱与 LM2000C 光学平台连接

序号	电路控制箱面板	光学平台/频率计/示波器	连接类型 （电路控制箱-光学平台/其他）
1	光电接收	光学平台上的光电接收盒	4 芯航空插头-由光电接收盒引出
2	信号（～）	示波器的通道 1	Q9-Q9
3	信号（Π）	示波器的通道 2	Q9-Q9
4	参考	示波器的同步触发端	Q9-Q9
5	测频	频率计	Q9-Q9
6	声光器件	光学平台上的声光器件	莲花插头-Q9
7	激光器	光学平台上的激光器	3 芯航空插头-3 芯航空插头

可以使用单踪示波器，但双踪示波器可以同时显示正弦波和方波的比相波形。频率计为 100MHz，6 位显示。声光功率源上的功率指示表头中，读数值乘以 10 就是毫瓦数（即满量程是 1000mW）。

（3）调节声光功率源面板上的"频率"和"功率"旋钮，使示波器上的图形清晰、稳定（频率大约在 75MHz 左右）。注意，频率和功率是相互影响的（即"牵制效应"），在调节时应注意这一点。

（4）调节声光器件平台旋钮，使激光器发出的光束垂直射入声光器件晶体，产生 Raman-Nath 衍射（可用一白屏置于声光器件的光出射端以观察 Raman-Nath 衍射现象），这时应明确观察到 0 级光和左右两个（以上）强度对称的衍射光斑。

（5）内光路调节：调节手调旋钮 1，使某个 1 级衍射光正好进入斩光器，同时调节光路上的平面反射镜，使内光程的光打在光电接收器入光孔的中心（可将防尘/校准盖罩在入光孔上以判断光是否打在其中心上）。

（6）外光路调节：在内光路调节完成的前提下，调节手调旋钮 2，使棱镜小车 A、B 在整个导轨上来回移动时，外光路的光也始终保持在光电接收器入光孔的中心（光斑上下微小的移动是可以接受的）。

（7）反复进行步骤（5）、（6），直至示波器上的两条曲线清晰、稳定、幅值相等。

（8）记下频率计上的读数 υ，在步骤（5）和（6）中应随时注意 υ，如发生变化，应立即调节声光功率源面板上的"频率"旋钮，保持 υ 在整个实验过程中的稳定。

（9）利用千分尺将棱镜小车 A 定位于导轨 A 最左端某处（如 5mm 处），这个起始值记为 $D_a(0)$；同样，从导轨 B 最左端开始运动棱镜小车 B，当示波器上的两条正弦波完全重合时，记下棱镜小车 B 在导轨 B 上的读数，反复重合 5 次，取这 5 次的平均值，记为 $D_b(0)$。

（10）将棱镜小车 A 定位于导轨 A 右端某处（如 535mm 处），这个值记为 D_a（2π）；将棱镜小车 B 向右移动，当示波器上的两条正弦波再次完全重合时，记下棱镜小车 B 在导轨 B 上的读数，反复重合 5 次，取这 5 次的平均值，记为 D_b（2π）。

（11）计算出光速 v（光在空气中的速度为 $2.997\,92\times10^8\,\mathrm{m/s}$），计算相对不确定度。

$$光速 v = 2v\left\{2\left[D_b(2\pi)-D_b(0)\right]+2\left[D_a(2\pi)-D_a(0)\right]\right\}$$

注意事项

（1）认真仔细地进行内外光路的调节。

（2）移动棱镜小车时用力要均匀。

（3）频率计指示错乱时，检查声光功率源上的功率指示，其值应不小于满量程的 40%。

（4）切忌用手或其他物体接触光学元件的光学面，实验结束后要盖上防护罩。

思考题

（1）根据实验中各个量的测量精度，分析本实验的误差。

（2）光拍是怎样形成的？它有什么特点？

（3）本实验中，只要测量出两个什么量，就能计算出光速？为什么？

5.6 核磁共振

1945 年 12 月，美国哈佛大学的 E. M. Purcell 等人首先观察到石蜡样品中质子的核磁共振吸收信号。1946 年 1 月，美国斯坦福大学的 F. Bloch 研究小组在水样品中也观察到质子的核磁共振信号。Bloch 和 Purcell 两人由于这项成就，获得了 1952 年诺贝尔物理学奖。

核磁共振是重要的物理现象。所谓核磁共振，就是位于恒定磁场中的原子核大量吸收小交变磁场能量，从低能级跃迁到高能级的现象。核磁共振实验技术在物理、化学、生物、临床诊断、计量科学和石油分析与勘探等许多领域得到重要应用。

实验目的

（1）了解核磁共振的基本原理。

（2）掌握共振信号的产生机理。

（3）学习利用核磁共振校准磁场的方法。

实验仪器

FD-CNMR-I 核磁共振实验仪。

实验原理

自旋角动量不为零的原子核具有与之相联系的自旋磁矩（简称核磁矩）。原子核的自旋量子数 I 可以是整数，如 0、1、2、3、…；也可以是半整数，如 1/2、3/2、5/2、…。原子核的自旋角动量在空间某一方向，例如，Z 方向上的分量不能连续变化，只能取分立的数值

$P_z = m\hbar$，其中量子数 m 只能取 I、$I-1$、$\cdots$、$-I+1$、$-I$ 共 $2I+1$ 个数值。根据角动量理论，自旋角动量本身的大小为 $P = \sqrt{I(I+1)}\hbar$。与原子核自旋角动量相联系的核磁矩为

$$\mu = g\frac{e}{2M}p \tag{5.33}$$

其中，e 为质子的电荷，M 为质子的质量，g 是一个由原子核结构决定的因子，对不同种类的原子核 g 的数值不同，g 称为原子核的 g 因子（朗德因子）。g 可能是正数，也可能是负数。因此，核磁矩的方向可能与核自旋角动量方向相同，也可能相反。

由于核自旋角动量在任意给定的 Z 方向只能取 $2I+1$ 个分立的数值，因此核磁矩在 Z 方向也只能取 $2I+1$ 个分立的数值

$$\mu_z = g\frac{e}{2M}p_z = gm\frac{e\hbar}{2M} \tag{5.34}$$

原子核的磁矩通常用 $\mu_N = \dfrac{e\hbar}{2M}$ 作为单位，μ_N 称为核磁子。采用 μ_N 作为核磁矩的单位以后，μ_z 可记为 $\mu_z = gm\mu_N$。与角动量本身的大小为 $\sqrt{I(I+1)}\hbar$ 相对应，核磁矩本身的大小为 $g\sqrt{I(I+1)}\mu_N$。除了用 g 因子表征核的磁性质外，通常引入另一个可以由实验测量的物理量 γ（旋磁比）

$$\gamma = \frac{\mu}{P} = \frac{ge}{2M} \tag{5.35}$$

可写成 $\mu = \gamma p$，相应地有 $\mu_z = \gamma p_z$。

当不存在外磁场时，每一个原子核的能量都相同，所有原子处在同一能级。但是，当施加一个恒定的外磁场 $\boldsymbol{B}$ 后，情况会发生变化。为了方便起见，通常把 $\boldsymbol{B}$ 的方向规定为 Z 方向，由于外磁场 $\boldsymbol{B}$ 与磁矩的相互作用能为

$$E = -\boldsymbol{\mu} \cdot \boldsymbol{B} = -\mu_z B = -\gamma p_z B = -\gamma m\hbar B \tag{5.36}$$

因此量子数 m 取值不同的核磁矩的能量也就不同，从而原来简并的同一能级分裂为 $2I+1$ 个子能级。由于在外磁场中各个子能级的能量与量子数 m 有关，因此量子数 m 又称为磁量子数。这些不同子能级的能量虽然不同，但相邻能级之间的能量间隔却是一样的。而且对于质子而言，$I=1/2$，因此，m 只能取 $m=+1/2$ 和 $m=-1/2$ 两个数值，这两种取向的能量是不同的，用两个能级来表示（见图 5-25）。其中，$m=-1/2$ 能级因自旋取向与磁场方向相反，能量较高。这两个能级之间的能量差 $\Delta E = \gamma\hbar B$。

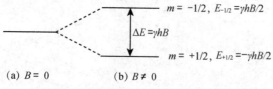

图 5-25　施加磁场前后的能级示意图

当施加外磁场 $\boldsymbol{B}$ 以后，原子核在不同能级上的分布服从玻尔兹曼分布，显然处在下能级的粒子数要比上能级的多，其粒子数由 ΔE 大小、系统的温度和系统的总粒子数决定。这时，若

在与 $\boldsymbol{B}$ 垂直的方向上再施加一个高频电磁场，通常为射频场，当射频场的频率 $h\upsilon = \Delta E$ 时会引起原子核在上下能级之间跃迁，但由于一开始在下能级的核比在上能级的要多，因此净效果是往上跃迁的比往下跃迁的多，从而使系统的总能量增加，这相当于系统从射频场中吸收了能量。

当 $h\upsilon = \Delta E$ 时引起的上述跃迁称为共振跃迁（简称共振）。显然共振时要求 $h\upsilon = \Delta E = \gamma \hbar B$，从而要求射频场的频率满足共振条件

$$\upsilon = (\gamma / 2\pi) B \tag{5.37}$$

如果用圆频率 $\omega = 2\pi\upsilon$ 表示，则共振条件可写成

$$\omega = \gamma B \tag{5.38}$$

如果频率 υ 的单位用 Hz，磁场的单位用 T（特斯拉，$1T = 10^4 Gs$），对质子而言经过大量测量得到 $\gamma / 2\pi = 42.577\,469 MHz/T$，知道了质子的 $\gamma / 2\pi$ 数值，可以通过测量质子的共振频率达到校准磁场的目的。

$$B = \frac{\upsilon}{\gamma / 2\pi} \tag{5.39}$$

反之，若已知 B，通过测量未知原子核的共振频率 υ 便可求出待测原子核的 γ 值或 g 因子

$$\gamma = 2\pi\upsilon / B \tag{5.40}$$

$$g = \gamma \frac{2M}{e} = \gamma \frac{\hbar}{\mu_N} = \frac{\upsilon / B}{\mu_N / h} \tag{5.41}$$

其中，$\mu_N / h = 7.622\,591\,4 MHz/T$。

通过上述讨论，要发生共振必须满足 $\upsilon = (\gamma / 2\pi) B$。为了观察共振现象通常有以下两种方法：

（1）固定 B，连续改变射频场的频率，这种方法称为扫频方法。

（2）固定射频场的频率，连续改变磁场的大小，这种方法称为扫场方法。如果磁场的变化不是太快，而是缓慢通过与频率 υ 对应的磁场时，用一定的方法可以检测到系统对射频场的吸收信号，称为吸收曲线（见图 5-26 所示曲线 2），这种曲线具有洛伦兹型曲线的特征。但是，如果扫场变化太快，得到的将是带有尾波的衰减振荡曲线（见图 5-26 中的曲线 3）。然而，扫场变化的快慢是相对具体样品而言的，对变化十分缓慢的磁场，其吸收信号将如曲线 2 所示。而对液态的水样品而言却是变化太快的磁场，其吸收信号将如曲线 3 所示，而且磁场越均匀，尾波中振荡的次数越多。

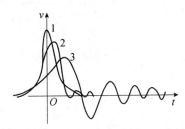

1—扫场速度趋于零；2—扫场速度中等；3—扫场速度较快

图 5-26　扫场速度不同时所观察到的核磁共振吸收信号

本实验用扫场方法，即在稳恒磁场 B_0 上叠加一个交变低频调制磁场 $B' \cos\omega't$，使样品所在的实际磁场为 $B = B_0 + B' \cos\omega't$，其中 B' 是交变磁场的幅度，ω' 是市电的圆周频率（见图 5-27）。由共振条件 $\omega = \gamma B$ 可知，只有 $\omega / \gamma = B$ 才会发生共振，总磁场在 $B_0 - B'$ 到 $B_0 + B'$ 的

范围内按正弦曲线随时间变化，只有 ω/γ 落在这个范围内才能发生共振。为了容易找到共振信号，要加大 B'（即把可调变阻器的输出调到较大数值），使可能发生共振的磁场变化范围增大；另一方面要调节射频场的频率，使 ω/γ 落在这个范围内，一旦 ω/γ 落在这个范围内，在磁场变化的某些时刻的总磁场 $B=\omega/\gamma$，在这些时刻就能观察到共振信号。共振发生在数值为 ω/γ 的水平虚线与代表总磁场变化的正弦曲线交点对应的时刻。水的共振信号将出现尾波振荡，而且磁场越均匀尾波中的振荡次数越多。因此一旦观察到共振信号以后，应进一步仔细调节电路盒的左右位置，使尾波中振荡的次数最多，即使探头处在磁铁中磁场最均匀的位置，并记下此时电路盒边缘的位置。

由图 5-27 可知，只要 ω/γ 落在 $(B_0-B') \sim (B_0+B')$ 范围内就能观察到共振信号，但这时 ω/γ 未必正好等于 B_0，从图上可以看出：当 $(\omega/\gamma) \neq B_0$ 时，各个共振信号发生的时间间隔并不相等，共振信号在示波器上的排列不均匀，只有当 $(\omega/\gamma) = B_0$ 时，它们才均匀排列，这时共振发生在交变磁场过零时刻，而且从示波器的时间标尺可测出它们的时间间隔为 10ms。当然，当 $(\omega/\gamma) = B_0 - B'$ 或 $(\omega/\gamma) = B_0 + B'$ 时，在示波器上也能观察到均匀排列的共振信号，但它们的时间间隔不是 10ms，而是 20ms。因此，只有当共振信号均匀排列而且间隔为 10ms 时才有 $(\omega/\gamma) = B_0$，这时频率计的读数才是与 B_0 对应的质子的共振频率。

仪器简介

FD-CNMR-I 型核磁共振实验仪由扫描电源、磁铁、边限振荡器（包括探头）、数字频率计、示波器组成（见图 5-28）。

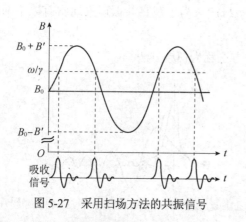

图 5-27　采用扫描方法的共振信号

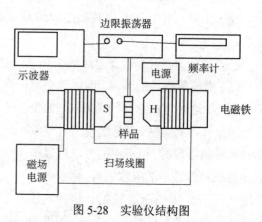

图 5-28　实验仪结构图

（1）磁铁由钕铁硼材料和扼铁组成，磁极左右各有 2 组线圈，一组用于调节磁场强度，一组用于调节磁场的对称度。

（2）射频场的产生与共振信号的接收。射频场由边限振荡器的振荡线圈提供。这个线圈插入永久磁铁中心，方向与 B 垂直。当电路振荡时，线圈中即有射频场产生。

待测样品处在振荡线圈中间，实际上振荡线圈绕制在样品管上，样品管及这个线圈组成探头并通过电缆和铜管与边限振荡器的电路盒连接在一起。这个线圈同时兼作共振信号的接收线圈。其接收原理如下：振荡器不是工作在振幅稳定的状态，而是调节在刚刚起振的边际状态（边限振荡器由此得名）。这时电路参数的任何变化都会引起振荡幅度的变化。当发生共振时，样品要吸收射频场的能量，使振荡线圈的品质因数（Q 值）下降。由于电路处在边限振荡状态，Q 值的下降导致振幅下降，振荡信号经检波、放大后得到的实际上是振荡幅度的包络线，它反映共振时吸收引起的振荡幅度的变化，也就是共振吸收曲线。

（3）数字频率计。数字频率计与边限振荡器的"频率输出"连接，用于测量射频场的频率。振荡器未经检波的高频信号直接输出到数字频率计，从而可直接读出射频场的频率。

（4）示波器。示波器与边限振荡器的"检波输出"连接。

实验内容与步骤

（1）按图 5-28 所示正确接线。

（2）在探头上放上 $CuSO_4$ 溶液（在水或重水等实验样品中，通常要掺入约 1% 的 $CuSO_4$ 或 $FeCl_3$ 等含顺磁离子的物质，以减少样品的弛豫时间）。打开电源，调节磁场电源的 I_0 至最大值附近，缓慢调节边限振荡器的频率旋钮，改变振荡频率（由小到大或由大到小）同时监视示波器，找出共振信号，记下共振频率。

已知质子 H 的旋磁比 $\gamma/(2\pi) = 42.5759\mathrm{MHz}/\mathrm{T}$，求出磁场强度。

共振信号调节参考步骤：

①将磁场扫描电源的"扫描输出"旋钮顺时针调节至接近最大，再往回旋半圈，这样可以加大捕捉范围。

②调节边限振荡器的频率"粗调"电位器，将频率调节至磁铁标志的共振频率附近，然后旋动频率调节"细调"旋钮，在此附近捕捉信号，当满足共振条件时，就可以观察到共振信号。

③调出大致共振信号后，降低扫描幅度，调节频率"微调"至信号等宽，同时调节样品在磁铁中的位置以得到微波最多的共振信号。

（3）测量 $^{19}\mathrm{F}$ 的旋磁比。在探头上放上聚四氟乙烯，在上述磁场下，测出共振频率，求出 $^{19}\mathrm{F}$ 的旋磁比。

（4）在探头上放上其他样品，观察共振信号和频率的变化，比较纯水和 $CuSO_4$ 溶液的共振信号和频率的变化。

注意事项

（1）磁铁的磁感应强度随温度的变化而变化（成反比关系），应在标志频率附近 ±1MHz 的范围内进行信号的捕捉。

（2）将"扫描电源"的"扫描输出"顺时针调至接近最大（旋至最大后，再往回旋半圈；因为最大时电位器电阻为零，输出短路会对仪器有一定损伤），这样可以加大捕捉信号的范围。

思考题

（1）核磁共振发生的条件是什么？

（2）试述如何调节出共振信号。

（3）不加扫场电压能否观察到共振信号？

5.7 电子顺磁共振

电子顺磁共振（Electron Paramagnetic Resonance，EPR）或称电子自旋共振（Electron Spin Resonance，ESR）是探索物质中未耦合电子及它们与周围环境相互作用的非常重要的方法，成为观察物质结构及运动状态的一种手段。电子顺磁共振具有极高的灵敏度和分辨率，测量时对样品的结构无破坏作用，因此，广泛应用于物理、化学、生物、医学和生命科学等领域。

实验目的

（1）学习观测电子顺磁共振信号的方法。
（2）掌握电子顺磁共振的原理。

实验仪器

FD-ESR-II 电子顺磁共振谱仪。

实验原理

具有未成对电子的物质置于静磁场 B_z 中，由于电子自旋磁矩与外部磁场的相互作用导致电子的基态发生塞曼能级分裂：$\Delta E = g\mu_B B_z$（μ_B 为玻尔磁子，g 为朗德因子）。当在垂直于静磁场方向上所加横向电磁波的量子能量 $h\upsilon$ 等于 ΔE 时，满足共振条件，即 $h\upsilon = g\mu_B B_z$，此时未成对电子由下能级跃迁至上能级。

1. 实验样品

本实验测量的标准样品 DPPH（Di-phenyl-picryl-Hydrazyl）为含有自由基的有机物，称为二苯基苦酸基联氨，分子式为 $(C_6H_5)_2N\text{-}NC_6H_2(NO_2)_3$，结构式如图 5-29 所示。它的第二个氮原子上存在一个未成对的电子的磁共振现象。其 g 因子标准值为 2.0036，标准线宽为 2.7×10^{-4} T。

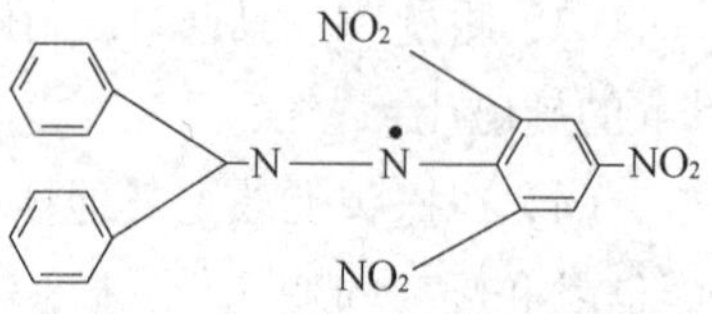

图 5-29 DPPH 的分子结构式

2. 电子自旋共振条件

由原子物理学可知，原子中电子的轨道角动量 P_L 和自旋角动量 P_S 会引起相应的轨道磁矩 μ_L 和自旋磁矩 μ_S，而 P_L 和 P_S 的总角动量 P_J 引起相应的电子总磁矩为

$$\mu_J = -g\frac{e}{m_e}P_J \tag{5.42}$$

式中，m_e 为电子质量，e 为电子电荷，负号表示电子总磁矩方向与总角动量方向相反，g 是一个无量纲的常数，称为朗德因子。按照量子理论，电子的 L-S 耦合结果，朗德因子为

$$g = 1 + \frac{J(J+1) + S(S+1) - L(L+1)}{2J(J+1)} \tag{5.43}$$

式中，L、S 分别为对原子角动量 J 有贡献的各电子所合成的总轨道角动量和自旋角动量量子数。由式（5.43）可见，若原子的磁矩完全由电子自旋所贡献（$L=0$，$S=J$），则 $g=2$，反

之，若磁矩完全由电子的轨道磁矩所贡献（$L=J$，$S=0$），则 $g=1$。若两者都有贡献，则 g 的值在 $1\sim2$ 之间。因此，g 与原子的具体结构有关，通过实验精确测定 g 的数值可以判断电子运动状态的影响，从而有助于了解原子的结构。

通常原子磁矩的单位用玻尔磁子 μ_B 表示，这样原子中的电子的磁矩可以写成

$$\mu_J = -g\frac{\mu_B}{\hbar}P_J = \gamma\,P_J \tag{5.44}$$

式中，γ 称为旋磁比

$$\gamma = -g\frac{\mu_B}{\hbar} \tag{5.45}$$

由量子力学可知，在外磁场中角动量 P_J 和磁矩 μ_J 在空间的取向是量子化的。在外磁场 B_z 方向（Z 轴）的投影为

$$P_z = m\hbar \tag{5.46}$$

$$\mu_z = \gamma m\hbar \tag{5.47}$$

式中，m 为磁量子数，$m = J, J-1, \cdots, -J$。

当原子磁矩不为零的顺磁物质置于恒定外磁场 B_z 中时，其相互作用能也是不连续的，其相应的能量为

$$E = -\mu_J B_z = -\gamma m\hbar B_z = -mg\mu_B B_z \tag{5.48}$$

不同磁量子数 m 所对应的状态上的电子具有不同的能量。各磁能级是等距分裂的，两相邻磁能级之间的能量差为

$$\Delta E = g\mu_B B_z = \omega_0 \hbar \tag{5.49}$$

若在垂直于恒定外磁场 B_z 方向上加一交变电磁场，其频率满足

$$\omega\,\hbar = \Delta E \tag{5.50}$$

当 $\omega = \omega_0$ 时，电子在相邻能级间就有跃迁。这种在交变磁场作用下，电子自旋磁矩与外磁场相互作用所产生的能级间的共振吸收（和辐射）现象，称为电子自旋共振（ESR）。式（5.50）即为共振条件，可以写成

$$\omega = g\frac{\mu_B}{\hbar}B_z \tag{5.51}$$

或者

$$\upsilon = g\frac{\mu_B}{h}B_z \tag{5.52}$$

对于样品 DPPH 来说，$g = 2.003\,6$，将 μ_B、h 和 g 值代入式（5.52）可得（这里取 $\mu_B = 5.788\,382\,63\,(52)\times10^{-11}\text{MeV}\cdot\text{T}^{-1}$，$h=4.135\,669\,2\times10^{-21}\text{MeV}\cdot\text{s}$）

$$\upsilon = 2.804\,3B_z \tag{5.53}$$

在此 B_z 的单位为高斯（$1\text{Gs}=10^{-4}\,\text{T}$），$\upsilon$ 的单位为兆赫兹（MHz），如果实验时用 3cm 波段的微波，频率为 9 370MHz，则共振时相应的磁感应强度要求达到 3 342Gs。

共振吸收的另一个必要条件是在平衡状态下，低能态 E_1 的粒子数 N_1 比高能态 E_2 的粒子数 N_2 多，这样才能够显示出宏观（总体）共振吸收，因为热平衡时粒子数分布服从玻尔兹曼分布

$$\frac{N_1}{N_2} = \exp\left(-\frac{E_2 - E_1}{kT}\right) \tag{5.54}$$

由式（5.54）可知，因为 $E_2 > E_1$，显然有 $N_1 > N_2$，即吸收跃迁（$E_1 \rightarrow E_2$）占优势，然而随着时间推移及 $E_2 \rightarrow E_1$ 过程的充分进行，势必使 N_2 与 N_1 之差趋于减小，甚至可能反转，于是吸收效应会减少甚至停止，但实际并非如此，因为包含大量原子或离子的顺磁体系中，自旋磁矩之间随时都在相互作用而交换能量，同时自旋磁矩又与周围的其他质点（晶格）相互作用而交换能量，这使处在高能态的电子自旋有机会把它的能量传递出去而回到低能态，这个过程称为弛豫过程。正是弛豫过程的存在，才能维持着连续不断的磁共振吸收效应。

弛豫过程所需的时间称为弛豫时间 T，理论证明

$$T = \frac{1}{2T_1} + \frac{1}{T_2} \tag{5.55}$$

T_1 称为"自旋-晶格弛豫时间"，也称为"纵向弛豫时间"；T_2 称为"自旋-自旋弛豫时间"，也称为"横向弛豫时间"。

仪器简介

FD-ESR-II 电子顺磁共振谱仪主要由磁铁系统、实验主机系统、微波系统、FD-TX-PLL 锁相放大器和示波器等组成。

1. 仪器主机前面板结构

FD-ESR-II 电子顺磁共振谱仪前面板（见图 5-30）主要包括以下 6 个部分。

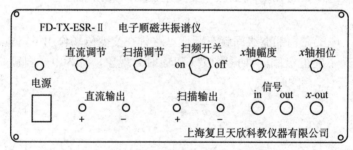

图 5-30 仪器主机前面板结构

（1）直流输出：此输出端将会输出 0～600mA 的电流，通过直流调节电位器来改变输出电流的大小。

（2）扫描输出：此输出端将会输出 0～1 000mA 的交流电流，其大小由扫描调节电位器来改变。

（3）扫频开关：用来改变扫描信号的频率。

（4）in 与 out：此两个接头是一组放大器的输入和输出端，放大倍数为 10 倍，in 端为放大器的输入端，out 端为放大器的输出端。

（5）x-out：此输出端为一组正弦波的输出端，x 轴幅度为正弦波的幅度调节电位器，x 轴相位为正弦波的相位调节电位器。

（6）仪器后面板上的 5 芯插座为微波源的输入端。

2. 微波系统

微波系统装配图如图 5-31 所示。

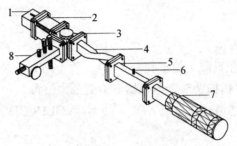

1—微波源；2—隔离器；3—环型器；4—扭波导；5—直波导；6—样品；
7—短路活塞；8—检波器

图 5-31　微波系统装配图

3. 仪器连接

仪器连接如图 5-32 所示。由微波传输部件把 **X** 波段体效应二极管信号源的微波功率反馈给谐振腔内的样品，样品处于恒定磁场中，磁铁由 50Hz 交流电对磁场提供扫描，当满足共振条件时输出共振信号，信号由示波器直接检测。然后将信号通过锁相放大器处理后由微机系统显示微分图形。

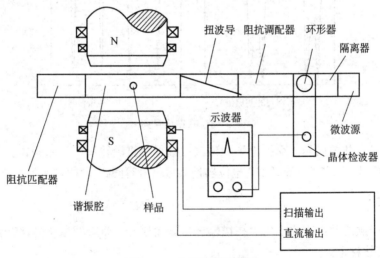

图 5-32　仪器连接示意图

实验内容与步骤

1. 正确接线（实验室一般已连接）

（1）将 FD-ESR-Ⅱ电子顺磁共振谱仪的"直流输出"和"扫描输出"分别与永磁铁的两端相连。

（2）将 FD-PLL 锁相放大器的"调制输出"与放置样品的直波导信号线相连。

（3）将晶体检波器输出信号与示波器 CH_1（或 CH_2）相连。

（4）将微波源上的连接线连到主机（电子顺磁共振谱仪）后面板上的 5 芯插座上。

（5）将锁相放大器后面板上的 PC 连接口的输出信号与 PC 主机相应端口连接。

2. 共振信号

（1）打开各仪器电源开关。

（2）将 DPPH 样品插在直波上的小孔中。

（3）"直流调节"和"扫描调节"电位器右旋到最大位置。

（4）将示波器的输入通道打在直流（DC）挡上，VOLTS/DIV：20mV～0.2V 选择 TIME/DIV：2ms 左右。

（5）调节检波器中的旋钮，使直流（DC）信号输出最大。

（6）调节端路活塞，再使直流（DC）信号输出最小。

（7）将示波器的输入通道打在交流（AC）挡上，幅度为 5mV 挡（VOLTS/DIV：5mV 挡，TIME/DIV：5ms 左右）。

（8）此时通过示波器可以观察到共振信号，但不一定为最强，如图 5-33（a）所示；可以小范围地调节短路活塞与检波器，也可以调节样品在磁场中的位置（样品在磁场中心处为最佳状态），使信号达到一个最佳的状态，如图 5-33（b）所示。

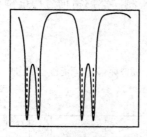 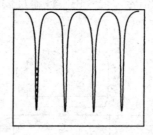

(a) 不均匀的共振信号　　　　　(b) 均匀的共振信号

图 5-33　共振信号图

（9）如果没有共振信号，交换电子顺磁共振谱仪"直流输出"到永磁铁上的正负极，直至观察到共振信号，调节"直流调节"电位器使共振信号等间距（"扫描调节"处在最大位置）。

3. 正弦波

（1）将电子顺磁共振谱仪上的"扫描输出"旋钮松开，将导线取下并接在锁相放大器的"电流输出"接线柱上。

（2）锁相放大器的灵敏度选择 $5\mu V$，积分时间选择 10ms。

（3）配合调节锁相放大器的"电流调节"电位器和电子顺磁共振谱仪的"直流调节"电位器，直至观察到比较理想的正弦波（示波器 VOLTS/DIV：5mV，AC 挡，TIME/DIV：2ms 左右）。此正弦波的幅度较小。如果没有出现正弦波，则将锁相放大器的"电流输出"到永磁铁的正负极对换一下试试。

4. 谱线测量

（1）将示波器上的通道信号线取下并接至锁相放大器的"in"接口，将"调制幅度"电位器右旋接近最大位置。

（2）手动调节电子顺磁共振谱仪的"直流调节"电位器，观察锁相放大器两表针摆动情况（要求两表针摆向一致且在中心点附近来回摆动。若不是，则须微调"电流调节"和"调制相位"使达到要求）。

（3）将仪表下方的两开关分别打到"输入"和"采样"位置，打开计算机相应软件进行采样，获取比较理想的微分图形，如图 5-34 所示。

（4）记下 3 种不同的信号波形（共振信号、正弦波、微分图形），试分析解释之。

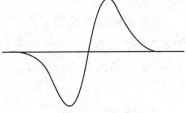

图 5-34　微机采样的微分图形

（5）用特斯拉计测量共振磁场 B_z 的大小。

（6）由式（5.52）求出 g 因子，与标准值（g_0=2.0036）比较，求出相对不确定度。

注意事项

（1）由于样品是使用玻璃管封装的，故在放置样品的时候，要防止玻璃管折断或破碎。

（2）本实验在操作的过程中，每一步都需要细心地完成。

（3）实验完毕后，应将仪器上所有电位器都旋到接近零位，以防止下次开机时的冲击电流将电位器损坏。

思考题

（1）本实验中电子顺磁共振的共振条件是什么？

（2）电子自旋共振的本质什么？

（3）本实验若谐振腔不与信号源频率谐振，能否观察到共振信号？为什么？

5.8　塞曼效应

塞曼效应是继法拉第（M. Faraday，1791—1867，英国物理学家）1845 年发现旋光效应、克尔（J. Kerr，1824—1907，英国物理学家）1875 年发现电光效应、1876 年发现克尔磁光效应之后，由荷兰物理学家塞曼（P. Zeeman，1865—1943）于 1896 年发现的又一个磁光效应。法拉第旋光效应和克尔效应的发现在当时引起了众多物理学家的兴趣。1862 年法拉第出于"磁力和光波彼此有联系"的信念，曾试图探测磁场对钠黄光的作用，因仪器精度欠佳未果。塞曼在法拉第的信念的激励下，经过多次的失败，最后用当时分辨本领最高的罗兰凹面光栅和强大的电磁铁，终于在 1896 年发现了钠黄线在磁场中变宽的现象。后来又观察到了镉蓝线在磁场中的分裂。荷兰物理学家洛仑兹（H. A. Lorentz，1853—1928）根据他的电磁理论（电子发现后称为电子论），解释了正常塞曼效应和分裂后谱线的偏振特性。塞曼根据电子论和分裂谱线的波数差，估算出的电子的荷质比与几个月后汤姆逊从阴极射线得到的电子荷质比相同。塞曼效应不仅证实洛仑兹电子论的准确性，而且为汤姆逊发现电子提供了证据，也证实了原子具有磁矩并且空间取向是量子化的。1902 年洛仑兹和塞曼因此而共享诺贝尔物理学奖。经典电子论无法解释反常塞曼效应，对反常塞曼效应及复杂光谱的研究，促使朗德（Lande）于 1921 年提出 g 因子概念，乌伦贝克和哥德斯密特于 1925 年提出电子自旋的概念，推动了量子理论的发展。

塞曼效应证实了原子具有磁矩并且空间取向是量子化的。从塞曼效应的实验数据可推断能级的分裂情况，并确定量子数和朗德因子 g，从而获得有关原子态的信息。塞曼效应是研究原子结构的重要方法之一，是我们学习原子物理学的概念、理解磁对光的作用的重要实验。

实验目的

（1）学习观测塞曼效应的实验方法。

（2）加深对原子磁矩及空间量子化等原子物理学概念的理解。

（3）通过观察并拍摄 Hg（546.1nm）谱线在磁场中的分裂情况，测量其裂距并计算荷质比 $\dfrac{e}{m_e}$。

实验仪器

CCD 光学多通道分析系统的塞曼效应实验装置。

实验原理

1. 谱线在磁场中的能级分裂

对于多电子原子，角动量之间的相互作用有 LS 耦合模型和 JJ 耦合模型。对于 LS 耦合，电子之间的轨道与轨道角动量的耦合作用及电子间自旋与自旋角动量的耦合作用强，而每个电子的轨道与自旋角动量耦合作用弱。

原子中电子的轨道磁矩和自旋磁矩合成为原子的总磁矩。总磁矩在磁场中受到力矩的作用而绕磁场方向旋进。可以证明旋进所引起的附加能量为

$$\Delta E = mg\mu_B B \tag{5.56}$$

其中，m 为磁量子数，μ_B 为玻尔磁子，B 为磁感应强度，g 是朗德因子。朗德因子 g 表征原子的总磁矩和总角动量的关系，定义为

$$g = 1 + \frac{J(J+1) - L(L+1) + S(S+1)}{2J(J+1)} \tag{5.57}$$

其中，L 为总轨道角动量量子数，S 为总自旋角动量量子数，J 为总角动量量子数。磁量子数 m 只能取 J，$J-1$，$J-2$，…，$-J$，共 $2J+1$ 个值，即 ΔE 有 $2J+1$ 个可能值。这就是说，无磁场时的一个能级，在外磁场的作用下将分裂成 $2J+1$ 个能级。由式（5.56）还可以看到，分裂的能级是等间隔的，且能级间隔正比于外磁场 B 及朗德因子 g。

能级 E_1 和 E_2 之间的跃迁产生频率为 υ 的光

$$hv = E_2 - E_1$$

在磁场中，若上下能级都发生分裂，新谱线的频率 v' 与能级的关系为

$$hv' = \left(E_2 + \Delta E_2\right) - \left(E_1 + \Delta E_1\right)$$

$$= \left(E_2 - E_1\right) + \left(\Delta E_2 - \Delta E_1\right)$$

$$= hv + \left(m_2 g_2 - m_1 g_1\right)\mu_B B$$

分裂后谱线与原谱线的频率差为

$$\Delta v = v' - v = \left(m_2 g_2 - m_1 g_1\right)\frac{\mu_B B}{h} \tag{5.58}$$

代入玻尔磁子 $\mu_B = \dfrac{eh}{4\pi m_e}$，得到

$$\Delta v = \left(m_2 g_2 - m_1 g_1\right)\frac{e}{4\pi m_e}B \tag{5.59}$$

等式两边同除以 c，可将式（5.59）表示为波数差的形式

$$\Delta \sigma = \left(m_2 g_2 - m_1 g_1\right)\frac{e}{4\pi m_e c}B \tag{5.60}$$

令

$$L = \frac{e}{4\pi m_e c}B \tag{5.61}$$

则

$$\Delta \sigma = \left(m_2 g_2 - m_1 g_1\right)L \tag{5.62}$$

式中，L 称为洛伦兹单位，即

$$L = B \times 46.7 \mathrm{m}^{-1} \cdot \mathrm{T}^{-1} \tag{5.63}$$

塞曼跃迁的选择定则为：$\Delta m = 0$，为 π 成分，是振动方向平行于磁场的线偏振光，只在垂直于磁场的方向上才能观察到，平行于磁场的方向上观测不到，但当 $\Delta J = 0$ 时，$m_2 = 0$ 到 $m_1 = 0$ 的跃迁被禁止；$\Delta m = \pm 1$，为 σ 成分，垂直于磁场观察时为振动垂直于磁场的线偏振光，沿磁场正向观察时，$\Delta m = +1$ 为右旋圆偏振光，$\Delta m = -1$ 为左旋圆偏振光。

以汞的 546.1nm 谱线为例，说明谱线分裂情况。波长 546.1nm 的谱线是汞原子从 $6s7s\,^3\mathrm{S}_1$ 到 $6s6p\,^3\mathrm{P}_2$ 能级跃迁时产生的，其上下能级有关的量子数值列在表 5-3 中。

表 5-3　$6s7s\,^3\mathrm{S}_1$、$6s6p\,^3\mathrm{P}_2$ 上下能级的量子数值

	$^3\mathrm{S}_1$			$^3\mathrm{P}_2$				
L	0			1				
S	1			1				
J	1			2				
g	2			3/2				
m	1	0	−1	2	1	0	−1	−2
mg	2	0	−2	3	3/2	0	−3/2	−3

在磁场作用下能级分裂如图 5-35 所示。可见，546.1nm 一条谱线在磁场中分裂成 9 条线，垂直于磁场观察，中间三条谱线为 π 成分，两边各三条谱线为 σ 成分；沿着磁场方向观察，π 成分不出现，对应的 6 条 σ 线分别为右旋圆偏振光和左旋圆偏振光。若原谱线的强度为 100，其他各谱线的强度分别约为 75、37.5 和 12.5。在塞曼效应中有一种特殊情况，上下能级的自旋量子数 S 都等于零，塞曼效应发生在单重态间的跃迁。此时，无磁场时的一条谱线在磁场中分裂成三条谱线。其中 $\Delta m = \pm 1$ 对应的仍然是 σ 态，$\Delta m = 0$ 对应的是 π 态，分裂后的谱线与原谱

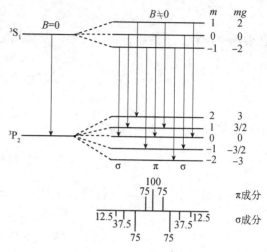

图 5-35　Hg（546.1nm）谱线在磁场中的分裂

线的波数差 $\Delta \sigma = L = \dfrac{e}{4\pi m_e c} B$。由于历史的原因，称这种现象为正常塞曼效应，而前面介绍的称为反常塞曼效应。

2. 观察塞曼分裂的方法

塞曼分裂的波长差很小，波长差和波数差的关系为 $\Delta \lambda = -\lambda^2 \Delta \sigma$。波长 $\lambda = 5 \times 10^{-7}$ m 的谱线，在 $B = 1$T 的磁场中，分裂谱线的波长差只有 10^{-11}m。要观察如此小的波长差，用一般的棱镜摄谱仪是不可能的，需采用高分辨率的仪器，如法布里-珀罗标准具（简称 F-P 标准具）。

F-P 标准具是由平行放置的两块平面玻璃或石英板组成的，在两板相对的平面上镀有较高反射率的薄膜，为消除两平板背面反射光的干涉，每块板都做成楔形。两平行的镀膜平面中间夹有一个间隔圈，用热胀系数很小的石英或铟钢精加工而成，用于保证两块平面玻璃之间的间距不变。玻璃板上带有 3 个螺丝，可精确调节两玻璃板内表面之间的平行度。

标准具的光路如图 5-36 所示。自扩展光源 S 上任一点发出的单色光，射到标准具板的平行平面上，经过 M_1 和 M_2 表面的多次反射和透射，分别形成一系列相互平行的反射光束 1, 2, 3, 4, … 和透射光速 1′, 2′, 3′, 4′, …。在透射的诸光束中，相邻两光束的光程差为 $\Delta = 2d \cos \theta$，这一系列平行并有确定光程差的光束在无穷远处或透镜的焦平面上形成干涉像。当光程差为波长的整数倍时产生干涉极大值。一般情况下标准具反射膜间是空气介质，$n \approx 1$，因此，干涉极大值为

$$2d \cos \theta = K\lambda \qquad\qquad (5.64)$$

式中，K 为整数，称为干涉级。由于标准具的间隔 d 是固定的，在波长 λ 不变的条件下，不同的干涉级对应不同的入射角 θ，因此，在使用扩展光源时，F-P 标准具产生等倾干涉，其干涉条纹是一组同心圆环。中心处 $\theta = 0$，$\cos \theta = 1$，级次 K 最大，$K_{\max} = \dfrac{2d}{\lambda}$。其他同心圆亮环依次为 $K-1$ 级、$K-2$ 级等。

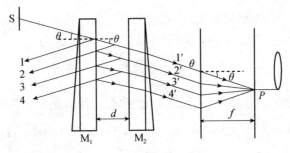

图 5-36　标准具光路图

标准具有两个特征参量：自由光谱范围和分辨本领，分别说明如下。

（1）自由光谱范围。考虑同一光源发出的具有微小波长差的单色光 λ_1 和 λ_2（设 $\lambda_1 < \lambda_2$）入射的情况，它们将形成各自的圆环系列。对同一干涉级，波长大的干涉环径小，如图 5-37 所示。如果 λ_1 和 λ_2 的波长差逐渐加大，使得 λ_1 的第 K 级亮环与 λ_2 的第 $K-1$ 级亮环重叠，则有

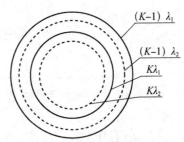

图 5-37　F-P 标准具等倾干涉图（$\lambda_1 < \lambda_2$）

$$2d\cos\theta = K\lambda_1 = (K-1)\lambda_2$$

则

$$\Delta\lambda = \lambda_2 - \lambda_1 = \frac{\lambda_2}{K}$$

由于 F-P 标准具中，在大多数情况下，$\cos\theta \approx 1$，所以上式中

$$K \approx \frac{2d}{\lambda_1}$$

因此

$$\Delta\lambda = \frac{\lambda_1\lambda_2}{2d}$$

近似可认为 $\lambda_1\lambda_2 = \lambda_1^2 = \lambda^2$，则

$$\Delta\lambda = \frac{\lambda^2}{2d}$$

用波数差表示

$$\Delta\sigma = \frac{1}{2d} \tag{5.65}$$

$\Delta\lambda$ 或 $\Delta\sigma$ 定义为标准具的自由光谱范围。它表明在给定间隔圈厚度 d 的标准具中，若入射光的波长为 $\lambda \sim \lambda + \Delta\lambda$（或波数为 $\sigma \sim \sigma + \Delta\sigma$），所产生的干涉圆环不重叠。若被研究的谱线波长差大于自由光谱范围，两套花纹之间就要发生重叠或错级，给分析辨认带来困难。因此，在使用标准具时，应根据被研究对象的光谱波长范围来确定间隔圈的厚度。

（2）分辨本领。定义 $\dfrac{\lambda}{\Delta\lambda}$ 为光谱仪的分辨本领，对于 F-P 标准具，分辨本领为

$$\frac{\lambda}{\Delta\lambda} = KN \tag{5.66}$$

式中，K 为干涉级数，N 为精细度，它的物理意义是在相邻两个干涉级之间能够分辨的最大条纹数。N 依赖于平板内表面反射膜的反射率 R，其计算公式为

$$N = \frac{\pi\sqrt{R}}{1-R} \tag{5.67}$$

反射率越高，精细度越高，仪器能够分辨的条纹数也就越多。为了获得高分辨率，R 一般在 90% 左右。使用标准具时光近似于正入射，$\sin\theta \approx 0$，从式（5.64）可得 $K = \frac{2d}{\lambda}$。将 K 与 N 代入式（5.66）得

$$\frac{\lambda}{\Delta\lambda} = KN = \frac{2d\pi\sqrt{R}}{\lambda(1-R)} \tag{5.68}$$

例如，对于 $d = 5\text{mm}$，$R = 90\%$ 的标准具，若入射光 $\lambda = 500\text{nm}$，可得仪器分辨本领

$$\frac{\lambda}{\Delta\lambda} = 6\times10^5, \quad \Delta\lambda \approx 0.001\text{nm}$$

可见 F-P 标准具是一种分辨本领很高的光谱仪器。正因为如此，它才能被用来研究单个谱线的精细结构。当然，实际上由于 F-P 板内表面加工精度有一定的误差，加上反射膜层的不均匀及有散射耗损等因素，仪器的实际分辨本领要比理论值低。

3. 测量塞曼分裂谱线波长差的方法

应用 F-P 标准具测量各分裂谱线的波长或波长差是通过测量干涉环的直径来实现的，如图 5-36 所示，用透镜把 F-P 标准具的干涉圆环成像在焦平面上。出射角为 θ 的圆环的直径 D 与透镜焦距 f 间的关系为 $\tan\theta = \dfrac{D}{2f}$，对于近中心的圆环，$\theta$ 很小，可认为 $\theta \approx \sin\theta \approx \tan\theta$，而

$$\cos\theta = 1 - 2\sin^2\frac{\theta}{2} = 1 - \frac{\theta^2}{2} = 1 - \frac{D^2}{8f^2}$$

代入式（5.64）得

$$2d\cos\theta = 2d\left(1 - \frac{D^2}{8f^2}\right) = K\lambda \tag{5.69}$$

由上式可推得，同一波长 λ 相邻两级 K 和 $K-1$ 级圆环直径的平方差为

$$\Delta D^2 = D_{K-1}^2 - D_K^2 = \frac{4f^2\lambda}{d} \tag{5.70}$$

可见 ΔD^2 是与干涉级次无关的常数。

设波长 λ_a 和 λ_b 的第 K 级干涉圆环的直径分别为 D_a 和 D_b，由式（5.69）和式（5.70）得

$$\lambda_a - \lambda_b = \frac{d}{4f^2K}\left(D_b^2 - D_a^2\right) = \left(\frac{D_b^2 - D_a^2}{D_{K-1}^2 - D_K^2}\right)\frac{\lambda}{K}$$

将 $K = \dfrac{2d}{\lambda}$ 代入，得

波长差
$$\Delta\lambda = \frac{\lambda^2}{2d}\left(\frac{D_b^2 - D_a^2}{D_{K-1}^2 - D_K^2}\right) \tag{5.71}$$

波数差
$$\Delta\sigma = \frac{1}{2d}\left(\frac{D_b^2 - D_a^2}{D_{K-1}^2 - D_K^2}\right) \tag{5.72}$$

测量时用 $K-2$ 或 $K-3$ 级圆环。由于标准具间隔圈厚度 d 比波长 λ 大得多，中心处圆环的干涉级数 K 是很大的，因此用 $K-2$ 或 $K-3$ 代替 K，引入的误差可忽略不计。

4. 用塞曼分裂计算荷质比 $\dfrac{e}{m_e}$

对于正常塞曼效应，分裂的波数差为

$$\Delta\sigma = L = \frac{eB}{4\pi\, m_e\, c}$$

代入测量波数差公式（5.72），得

$$\frac{e}{m_e} = \frac{2\pi c}{dB}\left(\frac{D_b^2 - D_a^2}{D_{K-1}^2 - D_K^2}\right) \tag{5.73}$$

已知 d 和 B，从塞曼分裂的照片测出各环直径，就可计算 $\dfrac{e}{m_e}$。

对于反常塞曼效应，分裂后相邻谱线的波数差是洛伦兹单位 L 的某一倍数，注意到这一点，用同样的方法也可计算电子荷质比。

仪器简介

如图 5-38 所示，光源 O，实验中用水银辉光放电管，其电源用交流 220V，通过自耦变压器点燃放电管。自耦变压器用来调节放电管两端电压，从而调节放电管的亮度。

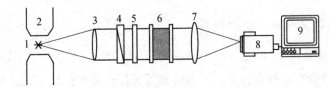

1—光源 O；2—电磁铁 N、S；3—会聚透镜 L_1；4—偏振片 P；5—干涉滤色片 F；
6—F-P 标准具；7—成像透镜 L_2；8—CCD 摄像机；9—接口与微机

图 5-38　具有 CCD 光学多通道分析系统的塞曼效应实验装置图

电磁铁的磁极 N、S，电磁铁用直流电源供电。调节通过电磁铁线圈的电流可改变磁感应强度 B，磁感应强度可用高斯计来测量。

会聚透镜 L_1 使通过标准具的光强增强。偏振片 P，用于鉴别偏振方向。透射干涉滤光片 F，根据实际波长选择 F-P 标准具 6。成像透镜 L_2，使 F-P 标准具的干涉条纹成像在 CCD 摄像机上。

实验内容与步骤

通过实验观察 Hg（546.1nm）绿线在外磁场中的分裂情况并测量 $\dfrac{e}{m_e}$。

1. 调节光路共轴

实验装置如图 5-38 所示。仔细调节 F-P 标准具到最佳分辨状态，即要求两个镀膜面完全平行。此时用眼睛直接观察 F-P 标准具，当眼睛上、下、左、右移动时，圆环中心没有吞吐现象。

2. 垂直于磁场方向观察塞曼分裂

（1）用间隔圈厚度 $d=2mm$ 的 F-P 标准具观察 Hg 546.1nm 谱线的塞曼分裂，并用偏振片区分 π 成分和 σ 成分；稍增大或减小励磁电流，观察分裂谱线的变化。

（2）换用间隔圈厚度 $d=5mm$ 的 F-P 标准具。励磁电流调至最小值，缓慢增加励磁电流，观察第 K 级圆环与第 $K-1$ 级圆环的重叠或交叉现象（主要观察 σ 成分的重叠或交叉）。

励磁电流及其对应的磁感应强度 B 的选择取决于谱线的裂距及标准具的自由光谱范围。Hg 546.1nm 线在磁场作用下分裂成 9 条谱线，总裂距为 $4L$，要使相邻两级不发生重叠，B 必须满足

$$4L \leqslant \frac{1}{2d}$$

$$B \leqslant \frac{1}{2d \times 4 \times 46.7} \text{T} \cdot \text{m} \tag{5.74}$$

（3）计算电子荷质比 $\frac{e}{m_e}$。选择适当的励磁电流（如 3A），用相机拍摄 546.1nm 谱线塞曼分裂的 π 成分，测量底片上 $K-3$ 及 $K-4$ 级圆环直径，计算 $\frac{e}{m_e}$。

3. CCD 光学多通道分析系统的使用

CCD 是电荷耦合器件（Charge Couple Device）的简称，从发明到现在仅几十年的历史，但已广泛应用于信号处理、数据存储、图像传感等领域。其中图像传感是其最为成功的应用领域。与传统的摄像器件相比，它具有频谱响应范围宽、灵敏度高、线性度大、动态范围大、体积小、功耗低、自扫描等优点。CCD 图像传感器不仅可以应用于可见光波段，而且可以应用于 X 射线、紫外和近红外波段。

光学多通道分析系统是一种多通道探测系统，它的原理如图 5-39 所示。光源产生的光经单色仪或光栅光谱仪分光后，由多通道的 CCD 图像传感器成像，转换为电信号，经过数据采集通道将图像数据存储在数据存储器中，并送入计算机进行数据处理、显示、绘图等工作。

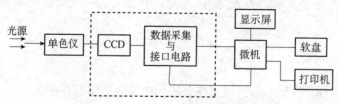

图 5-39 光学多通道分析系统原理图

注意事项

（1）F-P 标准具调整时不要用力过大以免损坏光学元件。

（2）稳流稳压电源预热 30min 再工作以保持磁场稳定，加磁场时要逐渐升压或降压，不能长时间工作在高电压状态，以少于 30min 为宜。一般工作范围：电压 20～40V；电流 1.5～2.5A。

（3）使用特斯拉计测磁场时，要注意保护变送器探头，以免损坏霍尔元件。

思考题

（1）如何鉴别 F-P 标准具的两反射面是否严格平行，如发现不平行应该如何调节？例如，当眼睛向某方向移动，观察到干涉条纹从中心冒出来，应如何调节？

（2）已知标准具间隔圈厚度 $d=5mm$，该标准具的自由光谱范围是多大？根据标准具自由光谱范围及 546.1nm 谱线在磁场中的分裂情况，对磁感应强度 B 有何要求？若磁感应强度 B 达到 0.62T，分裂谱线中哪几条将会发生重叠？

（3）沿着磁场方向观察，$\Delta m = +1$ 和 $\Delta m = -1$ 的跃迁各产生哪一种圆偏振光？试用实验现象说明之。

5.9　法拉第效应

当线偏振光沿着磁场方向透过磁场中的磁性物质时，透过光仍为线偏振光，但由于磁场中的磁性物质对左、右圆偏振的折射率不同，使透射线偏振光的偏振方向旋转。这个现象是 1845 年由英国科学家法拉第发现的，故称法拉第效应（磁光效应）。

法拉第效应的旋光性与旋光物质的旋光性有明显的差别。线偏振光通过旋光物质，光沿偏振方向旋转角度 α，光被反射而沿相反方向第二次通过同一旋光物质后，又恢复到第一次通过旋光物质之前的偏振方向；若线偏振光通过磁场中的磁性物质，由于法拉第效应，偏转方向也旋转角度 α，当光被反射再沿相反方向第二次通过同一物质后，与第一次通过之前相比，则偏振方向转过角度 2α。

法拉第效应有许多方面的应用，它可以作为物质结构研究的手段，如根据结构不同的碳氢化合物其法拉第效应的表现不同来分析碳氢化合；在半导体物理的研究中，它可以用来测量载流子的有效质量和提供能带结构的知识；特别是在激光技术中，利用法拉第效应的特性，制成了光波隔离器或单通器，这在激光多级放大技术和高分辨激光光谱技术中都是不可缺少的器件。此外，在激光通信、激光雷达等技术中，也应用了基于法拉第效应的光频环行器、调节器等。

实验目的

（1）了解法拉第效应原理。

（2）掌握法拉第旋光角的测量方法。

实验仪器

法拉第效应实验仪。

实验原理

均匀透明的物质在磁场中表现出来的光学特性，换句话说就是当一束线偏振光透过这种物质时，它的偏振平面会转过一个角度。1845 年，法拉第在探索磁场和光现象之间的联系时，发现了这种效应。

偏振平面旋转的角度 $\Delta\Phi$ 正比于透射的长度 L 和磁感应强度 B，即偏振旋转的角度

$$\Delta\Phi = V \cdot B \cdot L$$

其中，V 为比例系数，称为费尔德常量。

实验中，磁场场强由特斯拉测量器测出，磁感应强度由通过线圈的电流决定，由此，就可以观察在重火石上的法拉第效应。

为了提高测量精度，在每次测量中，将磁场的方向反向，从而测得 2 倍的旋转角度。这样，$\Delta\Phi$ 与 B 的正比关系和带有费尔德常量的减小就会得到修正。

我们可以将偏振光看成是正旋偏振光 σ_+ 和反旋偏振光 σ_- 相干叠加而成。在原子物理中，原子中的电子将受到磁场的作用，从而引起电荷的振动，其产生电磁波的频率为莱曼频率，即

$$\omega_L = \frac{e}{m_e} B$$

式中，e、m_e 分别为振动粒子的电量和质量，B 为磁感应强度。对于运动电荷，正、反旋偏振光具有不同的频率。正旋偏振光频率为 $\omega + \omega_L$，反旋偏振光频率为 $\omega - \omega_L$。相对于它们的折射率分别为 n_+ 和 n_-，传播速度为 v_+ 和 v_-，这与光的特性相同。

当一束偏振光透过长度为 L 的物质时，其偏振平面旋转的角度的公式为

$$\Delta\Phi = \frac{\omega(n_+ - n_-)}{2c} \cdot L \tag{5.75}$$

式中，c 为光速，ω 为光的频率。

如果已知折射率 $n(\lambda)$ 是关于波长的函数，从式（5.75）则可以算出 V

$$V = \frac{e\lambda}{2m_e c^2} \frac{dn}{d\lambda} \tag{5.76}$$

其中 e 为电子电荷，m_e 为电子质量，c 为光速。已知重火石的 $\dfrac{dn}{d\lambda} = -\dfrac{1.8 \times 10^{-14}}{\lambda^3} m^2$，因此，$V$ 与 $\dfrac{1}{\lambda^2}$ 成正比

$$V = -\frac{e}{2mc^2} \cdot \frac{1.8 \times 10^{-14}}{\lambda^2} m^2 \tag{5.77}$$

其中荷质比 $\dfrac{e}{m}$ 可以利用光学测量和光速知识得到。用这种方法得到的结果和根据一些材料得到的理论值结果符合得相当好。这就直接说明了电子的自然振动与法拉第效应有关。

在这个实验中，单单足够大的磁场是不能确保式（5.75）和式（5.76）在数值上得到满足，

所以应做如下的限制：

- 保证旋光角 $\Delta\Phi$ 与磁感应强度成正比。
- 保证费尔德常量是随波长的增大而减小的。

仪器简介

在每个偏振片上都装有标有转动角度的刻度盘（见图 5-40），因此，在实验中就可以读出偏振片转过的角度。实验仪器的安装如图 5-41 所示。

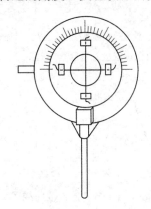

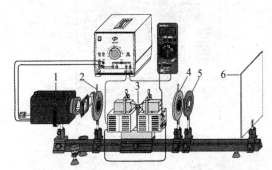

1—光源（配有准光透镜和单色片）；2—起偏振片；3—待测的
重火石；4—检偏振片；5—聚光透镜；6—光屏

图 5-40　偏振片　　　　　　　　　图 5-41　实验装置图

将刻度盘安装在偏振片上，保证刻度盘的中心处于偏振片的中心，且处于正确的刻度，确保各实验仪的通光孔在一直线上。在安装单色片时，注意要放上绝热片，防止单色片受损。

实验内容与步骤

1. 光路调整

在安装仪器时，暂不安装起偏振片和聚光透镜。打开光源，使其光成像于光屏上，将装有绝热片的单色片安装在光源上，使各仪器的通光孔都在同一直线上，这样就可以使光尽量通过各个孔。放上重火石，将两磁铁顶尖正对重火石，但不要碰到。固定磁铁，再插入聚光透镜，并使其处于光轴上，适当调整使整个检偏振片都被照亮。放上光屏，插入起偏振片。

2. 测量内容

（1）确定 $B = f(I)$，I 为通过线圈的电流。拿开重火石，接通电流，用特拉斯测量器的探头放在两磁铁顶尖中，测出其大小（见图 5-42）。通过改变电流，测出各电流时的磁感应强度，画出 $B-I$ 曲线（见图 5-43）。

（2）测磁场 B 和旋转角 $\Delta\Phi$ 的正比关系。装上 $\lambda = 450\text{nm}$（蓝光）的滤色片，把重火石（长度 $L = 0.02\text{m}$）放在磁铁顶尖中间，通过控制电流设定磁感应强度。

断开磁场直流电，把检偏振片设为 0°。通过转动起偏振片找到光强最弱的时候（因为通过偏振后，找到光强最弱时比最强时容易做到），接通磁场直流电，此时接收屏上出现一定亮度的光点。再通过转动检偏振片找到光强最弱的位置，记下检偏振片转过的角度 $\Delta\Phi_1$，通过改变磁场电流大小重复操作，记下相应的检偏振片转过的角度 $\Delta\Phi_2$，…，以此研究磁场 B 和旋转角 $\Delta\Phi$ 的比例关系。注意，在拿开重火石前，记下偏振片的刻度。

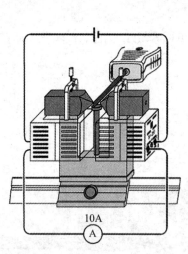

图 5-42　磁感应强度 B 的测量

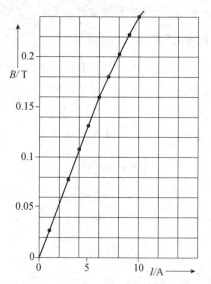

图 5-43　I 与 B 的校准曲线

　　一般地，为了提高测量精度，在每次测量中，将磁场的方向反向，从而测得磁场 B 与 $2\Delta\Phi$ 的关系。当测得某一磁场 B 所对应的 $\Delta\Phi$ 后，首先断开产生磁场的线圈电源，改变线圈电源接线极性后再接通电源，确保通过线圈的电流大小保持不变，并测得换向后同样大小磁场 B 所对应的 $\Delta\Phi$，两次偏转角之和即为 $2\Delta\Phi$（见图 5-44）。改变磁场 B 的大小重复以上过程，即得 $2\Delta\Phi$ 与 B 的关系。

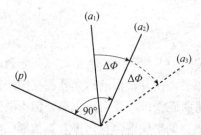

$\Delta\Phi$：偏振平面转过的角度；

（p）改变磁场方向前后起偏振片的位置　　（a_1）在开始磁场中检偏振片的位置

（a_2）检偏振片的起始位置　　（a_3）改变磁场方向后检偏振片的位置

图 5-44　通过改变磁场方向测量 2 倍旋光角

　　列表记录磁场 B 和旋转角 $2\Delta\Phi$ 的对应值，画出 B 与 $2\Delta\Phi$ 的关系曲线（以 $2\Delta\Phi$ 为纵坐标）。利用公式 $V=\dfrac{\Delta\Phi}{B\cdot L}=\dfrac{1}{2}\cdot\dfrac{2\Delta\Phi}{B}\cdot\dfrac{1}{L}$ 求出该条件下的费尔德常量。

　　（3）费尔德常量 V 与单色光波长 λ 的关系。把磁场 B 调到最大，换上不同波长的滤色片同实验（2）进行实验，测量并记下每个 λ 所对应的 $2\Delta\Phi$ 值，分别画出 $2\Delta\Phi$ 与 λ 和 $2\Delta\Phi$ 与 λ^{-2} 的关系曲线（以 $2\Delta\Phi$ 为纵坐标），研究费尔德常量 V 与单色光波长 λ 的关系。

　　实验（2）、（3）的结果反映了法拉第效应与磁场 B 及单色光波长的关系。

注意事项

（1）改变磁场方向前必须切断线圈电流，换向后线圈电流 I 的大小不变即磁场 B 的值保持不变。

（2）不能将光源的散热孔堵住，不能用手去接触以免烫伤。

（3）不要用手触摸灯泡（不论是否点燃）。

（4）实验时工作台不能振动，以免滤色片等部件掉落摔碎。

思考题

（1）法拉第效应的旋光性与旋光物质的旋光性有什么区别？

（2）通过改变磁场方向可以达到测量 2 倍旋光角的目的，请思考如何操作？

（3）实验中，为何利用消光状态来观察实验现象？

5.10　超声光栅测量声速

在光路中放置一种产生声波振动的媒介实现对透过光的调制，而且调制效果与声信号存在可计算的联系，了解如何对光信号进行调制，以及实现这一过程的手段。同时也为测量液体（非电解质溶液）中的声速提供另一种思路和方法。

实验目的

（1）了解超声光栅产生的原理。

（2）了解声波如何对光信号进行调制。

（3）通过对液体（非电解质溶液）中的声速的测定，加深对其概念的理解。

实验仪器

WSG-I 超声光栅声速仪、待测样品。

实验原理

光波在介质中传播时被超声波衍射的现象称为超声波光衍射（亦称声光效应）。

超声波作为一种纵波在液体中传播时，其声压使液体分子产生周期性的变化，促使液体的折射率也相应地做周期性的变化，形成疏密波。此时，如有平行单色光沿垂直于超声波传播的方向通过该疏密相同的液体时，就会被衍射，这一作用，类似光栅，所以称为超声光栅。

超声波传播时，如前进波被一个平面反射，会反向传播。在一定条件下前进波与反射波叠加而形成超声频率的纵向振动驻波。由于驻波的振幅可以达到单一行波的两倍，加剧了波源和反射面之间液体的疏密变化程度。某时刻，纵向振动驻波的某一波节两边的质点都涌向这个节点，使该节点附近成为质点密集区，而相邻的波节处为质点稀疏处；半个周期后，这个节点附近的质点有向两边散开变为稀疏区，相邻波节处变为密集区。在这些驻波中，稀疏作用使液体折射率减小，而压缩作用使液体折射率增大。在距离等于波长 A 的两点，液体的密度相同，折射率也相等（见图 5-45）。

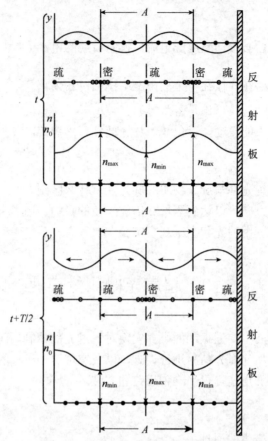

图 5-45 在 t 和 $t+T/2$（T 为超声振动周期）两时刻
振幅 y、液体疏密分布和折射率 n 的变化

单色平行光 λ 沿着垂直于超声波传播方向通过上述液体时，因折射率的周期变化使光波的波阵面产生了相应的位相差，经透镜聚焦出现衍射条纹。这种现象与平行光通过透射光栅的情形相似。因为超声波的波长很短，只要盛装液体的液体槽的宽度能够维持平面波（宽度为 l），槽中的液体就相当于一个衍射光栅。图中行波的波长 A 相当于光栅常数。由超声波在液体中产生的光栅作用称为超声光栅。

当满足声光喇曼－奈斯衍射条件（$2\pi\lambda l/A^2 \ll 1$）时，这种衍射相似于平面光栅衍射，可得如下光栅方程

$$A\sin\phi_k = k\lambda \tag{5.78}$$

式（5.78）中 k 为衍射级次，ϕ_k 为零级与 k 级间夹角。在调好的分光计上，由单色光源和平行光管中的会聚透镜（L_1）与可调狭缝 S 组成平行光系统（见图 5-46），让光束垂直通过装有锆钛酸铅陶瓷片（或称 PZT 晶片）的液槽，在玻璃槽的另一侧，用自准直望远镜中的物镜（L_2）和测微目镜组成测微望远系统。若振荡器使 PZT 晶片发生超声振动，形成稳定的驻波，从测微目镜即可观察到衍射光谱。从图 5-46 中可以看出，当 ϕ_k 很小时，有

$$\sin\phi_k = \frac{l_k}{f} \tag{5.79}$$

式（5.79）中 l_k 为衍射光谱零级至 k 级的距离，f 为透镜的焦距。所以超声波波长为

$$A = \frac{k\lambda}{\sin\phi_k} = \frac{k\lambda f}{l_k} \tag{5.80}$$

超声波在液体中传播的速度为

$$v = A\upsilon = \frac{\lambda f \upsilon}{\Delta l_k} \tag{5.81}$$

式（5.81）中的 υ 是振荡器和锆钛酸铅陶瓷片的共振频率，Δl_k 为同一色光衍射条纹间距。

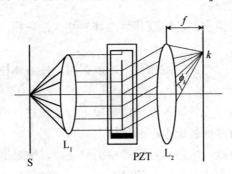

图 5-46　超声光栅衍射光路图

仪器简介

　　WSG-I 超声光栅声速仪由超声信号源、液体槽（可称为超声池）、高频信号连接线、测微目镜等组成，并配置了具有 11MHz 左右共振频率的锆钛酸铅陶瓷片。实验 JJY1 分光计系列为实验平台。超声信号源面板如图 5-47 所示，液体槽在分光计上的放置位置如图 5-48 所示。

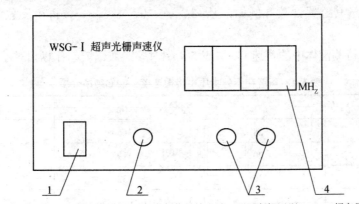

1—电源开关；2—频率微调钮；3—高频信号输出端（无正负极区别）；4—频率显示窗

图 5-47　超声信号源面板示意图

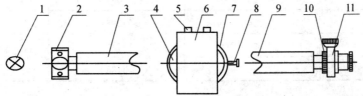

1—单色光源（钠或汞）；2—分光计狭缝；3—分光计平行光管；4—分光计载物台；5—液体槽盖上的接线柱；
6—液体槽及超声片；7—液体槽座；8—锁紧螺钉；9—分光计望远镜；10—接筒；11—测微目镜

图 5-48　WSG-I 超声光栅声速仪实验装置示意图

实验内容与步骤

（1）分光计的调整。用自准直法使望远镜聚焦于无穷远，望远镜的光轴与分光计的转轴中心垂直，平行光管与望远镜同轴并射出平行光，观察望远镜的光轴与载物台的台面平行。目镜调焦以便看清分划板刻线，并以平行光管射出的平行光为准，调节望远镜使观察到的狭缝清晰，狭缝应调至最小，实验过程中无须调节。

（2）采用低压汞灯作光源。

（3）将待测液体（如蒸馏水、乙醇或其他液体）注入液体槽内，液面高度以液体槽侧面的液体高度刻线为准。

（4）将此液体槽放置于分光计的载物台上，放置时，使液体槽两侧表面基本垂直于望远镜和平行光管的光轴。

（5）两支高频连接线的一端各插入液体槽盖板上的接线柱，另一端接入超声光栅仪电源箱的高频输出端，然后将液体槽盖板盖在液体槽上。

（6）开启超声信号源电源，从阿贝目镜观察衍射条纹，细微调节微调频率旋钮，使电振荡频率与锆钛酸铅陶瓷片固有频率共振，此时，衍射光谱的级次会显著增多且更为明亮。

（7）如此前分光计已调整到位，左右转动液体槽（也可转动分光计载物台或游标盘），使射于液体槽的平行光束完全垂直于超声束，同时观察视场内的衍射光谱左右级次亮度及对称性，直到从目镜中观察到稳定而清晰的左右各 3～4 级的衍射条纹为止。

（8）按上述步骤仔细调节，可观察到左右各 3～4 级以上的衍射光谱。

（9）取下阿贝目镜，换上测微目镜，调焦目镜，使观察到的衍射条纹清晰可见。利用测微目镜逐级测量其位置读数（例如，从 -3、…、0、…、$+3$），再用逐差法求出条纹间距的平均值。

（10）计算在待测液体中的声速 v，与表 5-4 中对应参数比较，计算相对不确定度。

表 5-4　声波在下列物质中传播速度：20℃纯净介质

液体	t_0/℃	v_0/(m/s)	a/(m/s·k)
苯胺	20	1656	-4.6
丙酮	20	1192	-5.5
苯	20	1326	-5.2
海水	17	1510～1550	/
普通水	25	1497	2.5
甘油	20	1923	-1.8
煤油	34	1295	/
甲醇	20	1123	-3.3
乙醇	20	1180	-3.6

表中对于其他温度 t 的速度可近似按公式 $v_t = v_0 + a(t - t_0)$ 计算（注：a 为温度系数）。

（11）实验室提供相关参数。

f 为透镜 L_2 的焦距（JJY 分光计），$f = 170$mm；汞灯波长 λ（其不确定度忽略不计）分

别为 $\lambda_{蓝} = 435.8\text{nm}$，$\lambda_{绿} = 546.1\text{nm}$，$\lambda_{黄} = 578.0\text{nm}$（双黄线平均波长）。

注意事项

（1）液体槽置于载物台上必须稳定，在实验过程中应避免振动，使超声在液体槽内形成稳定的驻波。导线分布电容的变化会对输出电频率有微小影响，因此不能触碰连接液体槽和高频信号源的两条导线。

（2）锆钛酸铅陶瓷片表面与对应面的玻璃槽壁表面必须平行，此时才会形成较好的表面驻波，因此实验时应将液体槽的上盖盖平，而上盖与玻璃槽留有较小的空隙，实验时微微扭动一下上盖，有时也会使衍射效果有所改善。

（3）一般共振频率在 11.3MHz 左右，WSG-I 超声光栅仪给出 10～12MHz 可调范围。在稳定共振时，数字频率计显示的频率值应是稳定的，最多最末尾有 1～2 个单位数的变动。

（4）实验时间不宜过长，其一，声波在液体中的传播与液体温度有关，时间过长，温度可能在小范围内有变动，从而会影响测量精度，一般测量可以待被测液体温度同于室温，精密测量可在液体槽内插入温度计测量；其二，频率计长时间处于工作状态，会对其性能有一定影响，尤其在高频条件下有可能会使电路过热而损坏，实验时，特别注意不要使频率长时间调在 12MHz 以上，以免振荡线路过热。

（5）提取液体槽时应拿两端面，不要触摸两侧表面通光部位，以免污染，如已有污染，可用酒精乙醚清洗干净，或用镜头纸擦净。

（6）实验中液体槽中会有一定的热量产生，并导致媒质挥发，槽壁会因挥发气体凝露，一般不影响实验结果，但须注意液面下降太多致锆钛酸铅陶瓷片外露时，应及时补充液体至正常液面线处。

（7）实验完毕应将液体槽内被测液体倒出，不要将锆钛酸铅陶瓷片长时间浸泡在液体槽内。

（8）温度不同对测量结果有一定的影响，可对不同温度下的测量结果进行修正。

思考题

（1）用逐差法处理数据的优点是什么？

（2）误差产生的原因有哪些？

（3）能否用钠灯作光源？

（4）实验中观察到蓝线会有晃动，它是由什么原因产生的？

5.11 音频信号光纤传输技术实验

随着 Internet 网络时代的到来，人们对通信带宽速度的要求不断提高，光纤通信具有宽频带、高速、不受电磁干扰影响等一系列优点，正在得到不断发展。音频信号光纤传输实验就是让学生熟悉信号光纤传输的基本原理。

实验目的

（1）学习音频信号光纤传输系统的基本结构及各部件选配原则。

（2）熟悉光纤传输系统中电光/光电转换器件的基本性能。

（3）训练如何在音频光纤传输系统中获得较好信号传输质量。

实验仪器

TKGT-1 型音频信号光纤传输实验仪、信号发生器、双踪示波器。

实验原理

光纤传输系统如图 5-49 所示，一般由三部分组成：光信号发送端、用于传送光信号的光纤、光信号接收端。光信号发送端的功能是将待传输的电信号经电光转换器件转换为光信号，目前，发送端电光转换器件一般采用发光二极管或半导体激光管。发光二极管的输出光功率较小，信号调制速率相对低，但价格便宜，其输出光功率与驱动电流在一定范围内基本上呈线性关系，比较适宜于短距离、低速、模拟信号的传输；激光管输出功率大，信号调制速率高，但价格较贵，适宜于远距离、高速、数字信号的传输。

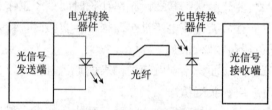

图 5-49　光纤传输系统示意图

光纤的功能是将发送端光信号以尽可能小的衰减和失真传送到光信号接收端，目前光纤一般采用在近红波段 $0.84\,\mu m$、$1.31\,\mu m$、$1.55\,\mu m$ 有良好透过率的多模或单模石英光纤。光信号接收端的功能是将光信号经光电转换器件还原为相应的电信号，光电转换器件一般采用半导体光电二极管或雪崩光电二极管。组成光纤传输系统光源的发光波长须与传输光纤呈现低损耗窗口的波段、光电检测器件的峰值响应波段匹配。本实验发送端电光转换器件采用中心发光波段为 $0.84\,\mu m$ 的高亮度近红外半导体发光二极管，传输光纤采用多模石英光纤，接收端光电转换器件采用峰值响度为 $0.8\sim0.9\,\mu m$ 的硅光电二极管。下面对各部分做进一步介绍。

1. 光信号发送端的工作原理

系统采用的发光二极管的驱动和调制电路如图 5-50 所示，信号调制采用光强度调制的方法，发送光强度调节电位器用于调节流过 LED 的静态驱动电流，从而相应改变发光二极管的发射光功率，设定的静态驱动电流调节范围为 $0\sim20mA$，对应面板光发送强度驱动显示值 0～2000 单位。当驱动电流较小时，发光二极管的发射光功率与驱动电流基本上呈线性关系，音频信号经电容、电阻网络及运放跟随隔离后耦合到另一运放的负输入端，与发光二极管的静态驱动电流相叠加，使发光二极管发送随音频信号变化的光信号，如图 5-51 所示，并经光纤耦合器将这一光信号耦合到传输光纤。可传输信号频率的低端可由电容、电阻网络决定，系统低频响应不大于 20Hz。

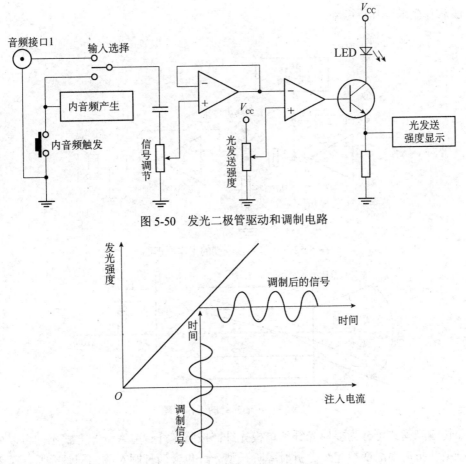

图 5-50　发光二极管驱动和调制电路

图 5-51　发光二极管的正弦信号调制原理

2. 光信号接收端的工作原理

图 5-52 是光信号接收端的工作原理图，传输光纤把从发送端发出的光信号通过光纤耦合器将光信号耦合到光电转换器件光电二极管，光电二极管把光信号转变为与之成正比的电流信号，光电接收二极管使用时应反偏压，经运放的电流电压转换把光电流信号转换成与之成正比的电压信号，电压信号中包含的音频信号经电容、电阻耦合到音频功率放大器驱动喇叭发声。光电二极管的频响一般较高，系统的高频响应主要取决于运放等的响应频率。

3. 传输光纤的工作原理

目前用于光通信的光纤一般采用石英光纤，它是在折射率 n_2 较大的纤芯内部，覆上一层折射率 n_1 较小的包层，光在纤芯与包层的界面上发生全反射而被限制在纤芯内传播，如图 5-53 所示。在立体角 $2\theta_{max}$ 范围内入射到光纤端面的光线在光纤内部界面产生全反射而得以传输。在 $2\theta_{max}$ 范围外入射到光纤端面的光线则在光纤内部界面不产生全反射，而是透射到包层马上被衰减掉。光纤实际上是一种介质波导，光被闭锁在光纤内，只能沿光纤传播，光纤的芯径一般从几微米至几百微米。

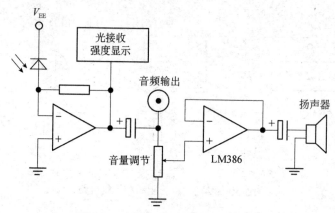

图 5-52　光信号接收端的工作原理图

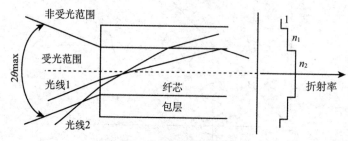

图 5-53　传输光纤的工作原理

　　按照传输光模式可分为多模光纤和单模光纤；按照光纤折射率分布方式不同可以分为折射率阶跃型和折射率渐变型光纤。折射率阶跃型光纤包含两种圆对称的同轴介质，两者都质地均匀，但折射率不同，外层折射率低于内层折射率。梯度折射率光纤是一种折射率沿光纤横截面渐变的光纤，这样改变折射率的目的是使各种模传播的群速度相近，从而减小色散，增加通信带宽。多模折射率阶跃型光纤由于各模传输的群速度不同而产生模间色散，传输的带宽受到限制。多模折射率渐变型光纤由于其折射率特殊分布使各模传输的群速度一样而增加信号传输的带宽，单模光纤是只传输单种光模式的光纤，单模光纤可传输信号带宽最高，目前长距离光通信大都采用单模光纤。

仪器简介

TKGT-1 型音频信号光纤传输实验仪由以下几部分组成。

1. 光信号的调制和发送

音频接口：用于连接外加的音频信号。

示波器接口：用于连接外加的正弦波、方波、三角波。

输入选择：拨向"外"选择外接语音信号，拨向"内"选择内置语音片产生的语音信号。

内音频触发：按下按钮，启动内置语音片信号产生器，此时当输入选择开关拨向"内"时，语音信号叠加到静态的 LED 驱动电流上。

音频幅度：用于调节语音信号的强度。

光发送强度：用于调节 LED 静态驱动电流，调节范围为 0～20mA，对应光发送强度显示为 0～2000。

2. 传送光信号的光纤

传送光纤采用优质石英光纤，是本仪器的关键器件，为了加深对光通信各部分有较直观的理解，仪器将光纤及光耦合器外置。

3. 光纤耦合器

光纤耦合器将 LED 发射的光信号耦合到石英光纤和将经光纤传输的光信号耦合到光电检测器件光电二极管。

4. 光信号的检测与解调

音频输出：用于连接示波器观察输出解调的音频信号及各种输出波形。

音量调节：用于调节扬声器的音量。

光接收强度显示：显示静态光接收强度，面板显示 0～2000 对应静态电压 0～20mV。当有音频信号调制时，显示的是平均值，显示值会变动。当发送光强度为零时，面板上显示的数值是光电二极管的暗电流产生的电压输出。

实验内容与步骤

1. 光纤传输系统静态电光/光电传输特性的测定

分别打开光发送端电源和光接收端电源，面板上两个三位半数字表头分别显示发送光驱动强度和接收光强度。调节"发送光强度"电位器，每隔 200 单位（相当于改变发光管驱动电流 2mA）分别记录发送光驱动强度数据与接收光强度数据，在方格纸上绘制静态电光/光电传输特性曲线。

2. 光纤传输系统频响的测定

将输入选择开关拨向"外"，在"音频接口"上送入信号发生器产生的正弦波。将双踪示波器的通道 1 和通道 2 分别接到"示波器接口"和接收端的"音频输出"。保持输入信号的幅度不变，调节信号发生器频率，记录信号变化时输出端信号幅度的变化，分别测定系统的低频和高频截止频率。

3. LED 偏置电流与无失真最大信号调制幅度关系测定

将从信号发生器输入的正弦波频率设定在 1kHz，调节电位器使输入信号"音频幅度"置于最大位置，然后在 LED 偏置电流为 5mA、10mA 两种情况下，调节信号源的输出幅度，使其从零开始增大，同时在接收端的"音频输出"处观察波形变化，直到波形出现截止现象时，记下电压波形的峰-峰值，由此确定 LED 在不同偏置电流下光功率的最大调制幅度。

4. 多种波形光纤传输实验

分别将方波信号和三角波信号输入"音频接口"，改变输入频率，从接收端观察输出波形的变化情况。在数字光纤传输系统中往往采用方波来传输数字信号。

5. 音频信号光纤传输实验

将输入选择拨向"内"，调节电位器改变"发送光强度"，改变发送端 LED 的静态偏置电流，按下"内音频触发"按钮，观察在接收端听到的音乐声，考察当 LED 的静态偏置电流小于多少时，音频传输信号产生明显失真，分析原因，并同时在示波器中分析观察语音信号波形变化情况。

注意事项

切切不可将光纤取下，随意弯曲，否则容易折断光纤！

思考题

（1）实验中 LED 偏置电流是如何影响信号传输质量的？
（2）实验中光传输系统哪几个环节引起光信号的衰减？
（3）光传输系统中如何合理选择光源与探测器？
（4）光电接收二极管在工作时应为正偏压还是负偏压，为什么？

5.12 X 射线衍射实验

1895 年德国科学家伦琴（W. K. Rontgen）发现 X 光，是人类揭开研究微观世界序幕的"三大发现"之一（另两大发现分别是 1896 年法国贝克勒尔发现放射性和 1897 年英国汤姆逊发现电子）。X 光管的制成，则被誉为人造光源史上的第二次大革命（第一次是电灯的制成，第三次是激光的出现）。X 光也叫 X 射线，它是波长在 10nm 到 10^{-2}nm 范围的电磁波。它在医学（如 X 光诊断）、工业（如 X 光探伤）、材料科学（如 X 光分析）、天文学（如 X 光望远镜）、生物学（如 X 光显微镜）等方面的应用十分广泛。本实验要求了解 X 光的产生及其特性，并初步掌握一种利用 X 光测定晶面间距的方法。

实验目的

（1）了解 X 射线衍射的应用范围。
（2）理解晶体的衍射原理。
（3）研究 X 射线在 NaCl 单晶上的衍射，学习测量晶面间距的方法。

实验仪器

X 射线实验仪。

实验原理

当具有一定能量的电子和原子相碰撞时，可把原子的外层电子撞击到高能态（称为激发态）甚至激出原子（称为电离）。当电子从高能态回归到低能态，或被电离的原子（离子）与电子复合时，就会发光。这是一般气体放电光源（如生活中常用的日光灯及实验室常用的汞灯、钠灯等）的基本发光过程。如果电子的能量高达几万电子伏（～10^{14} 焦耳）时，它就可能把原子的内层电子撞击到高能态，甚至击出原子。这时，原子的外层电子就会向内层跃迁，其所发出的光子能量较大，即波长较短，通常为 X 光。例如，钼原子内主要有两对电子可在其间跃迁的能级，其能量差分别为 17.4keV 和 19.6keV，电子从高能级跃迁到低能级时，分别发出波长为 7.11×10^{-2}nm 和 6.31×10^{-2}nm 的两种 X 光。这两种 X 光在光谱图上表现为两个尖峰（如图 5-54 中两尖峰曲线所示），在理想情况下则为两条线，故称为"线光谱"，这种线光谱反映了该物质（钼）的特性，称为"标识 X 射线谱"或"X 射线特征光谱"。此外，高速电子接近原子核时，原子核的库仑场要使它偏转并急剧减速，同时产生电磁辐射，这种辐射称为"轫致辐射"，它的能量分布是连续的，在光谱图上表现为很宽的光谱带，称为"连续谱"（如图 5-54 中的宽带曲线所示）。一般地，让高速电子撞击金属，就可以产生 X 光。

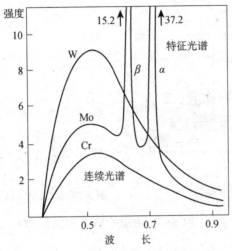

图 5-54　X 射线管产生的 X 射线的波长谱

由于 X 光的波长与一般物质中原子的间距同数量级，因此 X 光成为研究物质微观结构的有力工具。当 X 光射入原子有序排列的晶体时，会发生类似于可见光入射到光栅时的衍射现象。1913 年英国科学家布拉格父子（W. H. Bragg 和 W. L. Bragg）证明了 X 光在晶体上衍射的基本规律为（如图 5-55 所示）

$$2d\sin\theta = n\lambda \tag{5.82}$$

其中，d 是晶体的晶面间距，即相邻晶面之间的距离，θ 是衍射光的方向与晶面的夹角，λ 是 X 光的波长，n 是一个整数，为衍射级次，式（5-82）称为布拉格公式。

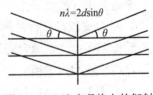

图 5-55　X 光在晶格上的衍射

根据布拉格公式，既可以利用已知的晶体（d 已知）通过测量 θ 角来研究未知 X 光的波长，也可以利用已知的 X 光（λ 已知）来测量未知晶体的晶面间距。

仪器简介

德国莱宝教具公司生产的 X 射线实验仪如图 5-56 所示。

它的正面装有两扇铅玻璃门，既可看清楚 X 光管和实验装置的工作情况，又可保证人身不受 X 射线的危害。要打开这两扇铅玻璃门中的任一扇，必须先按下 A_0，此时 X 光管上的高压立即断开，保证了人身安全。

该装置分为三个工作区：左边是监控区，中间是 X 光管，右边是实验区。

左边的监控区包括电源和各种控制装置。

B_1 是液晶显示区。

B_2 是个大转盘，各参数都由它来调节和设置。

B_3 有 5 个设置按键，由它确定 B_2 所调节和设置的对象。

B_4 有 3 个扫描模式选择按键和一个归零按键。3 个扫描模式按键是：SENSOR——传感器扫描模式；TARGET—靶台扫描模式；COUPLED——耦合扫描模式，按下此键时，传感器的转角自动保持为靶台转角的 2 倍（见图 5-57）。归零按键是 ZERO，按下此键后，靶台和传感器都回到零位。

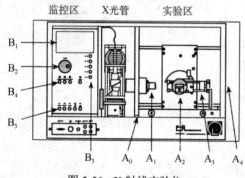

图 5-56　X 射线实验仪

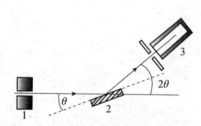

图 5-57　COUPLED 模式下靶台和传感器的角位置

B_5 有 5 个操作键，它们是：RESET、REPLAY、SCAN（ON/OFF）、◀ 声脉冲开关。HV（ON/OFF）是 X 光管上的高压开关。

设备中间的 X 光管结构如图 5-58 所示。它是一个抽成高真空的石英管，其下面 1 是接地的电子发射极，通电加热后可发射电子；上面 2 是钼靶，工作时加以几万伏的高压。电子在高压作用下轰击钼原子而产生 X 光，钼靶受电子轰击的面呈斜面，以利于 X 光向水平方向射出。3 是铜块；4 是螺旋状热沉，用以散热；5 是管脚。

右边的实验区可安排各种实验。

A_1 是 X 光的出口，做衍射实验时，要在它上面加一个光阑（光缝），使出射的 X 光成为一个近似平行的细光束。

A_2 是安放晶体样品的靶台，安装样品的方法（见图 5-59）为：①把样品轻轻放在靶台上，向前推到底；②把靶台轻轻向上抬起，使样品被支架上的凸楞压住；③顺时针方向轻轻转动锁定杆，使靶台被锁定。

A_3 是装有 G-M 计数管的传感器，它用来探测 X 光的强度。

A_2 和 A_3 都可以转动，并可通过测角器分别测出它们的转角。

A_4 是荧光屏，用于在暗室中对 X 光的荧光进行观察。

本实验仪专用的软件"X-ray Apparatus"已安装在计算机内，只要双击该快捷键的图标，即可出现一个测量画面，它主要由上面的菜单栏、左边的数据栏和右边的图形栏三部分组成。在菜单栏上选择"Bragg"，即可进行布拉格衍射实验。当在 X 射线实验仪中按下"SCAN"

开关（ON）时，软件就开始自动采集和显示测量结果：屏幕的左边显示靶台的角位置 β 和传感器中接收到的 X 光光强 R 的数据；而右边则将此数据作图，其纵坐标为 X 光光强（单位是 1/s），横坐标为靶台的转角（单位是度°），如图 5-60 所示。单击"Save Measurement"按钮，可以存储实验数据；单击"Print Diagram"按钮，可以打印衍射谱图。

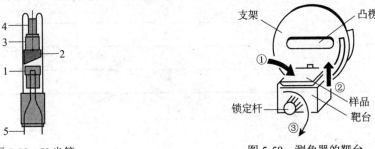

图 5-58　X 光管　　　　　　　　　　　　图 5-59　测角器的靶台

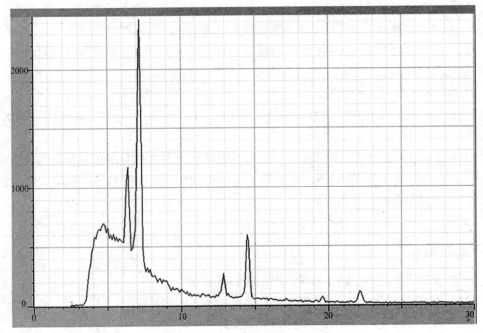

图 5-60　一个典型的测量结果画面

实验内容与步骤

1. 测定 NaCl 晶体的晶面间距

（1）在靶台上安装 NaCl 晶体（该晶体易碎，请小心操作）。

（2）在高压 35kV、管电流 1mA、$\Delta t = 3 \sim 5s$ 的情况下，选择 COUPLED（耦合）扫描模式，用 SKAN 键自动测试 NaCl 的 X 光衍射曲线（从 $\beta = 2° \sim 5°$ 到 $\beta = 25° \sim 30°$）。

（3）打印或用坐标纸描绘该衍射曲线，粘贴在实验报告中的相应位置。记住将光标移到衍射谱线的相应位置，从屏幕左边读出各衍射角。

（4）结合曲线和式（5.82）求出 NaCl 的晶面间距。相交线系、衍射级及波长参考值如表 5-5 所示。

表 5-5　相应线系、衍射级及波长参考值

线系	n	$n\lambda$/pm
k_β	1	63.06
k_α	1	71.08
k_β	2	126.12
k_α	2	142.16
k_β	3	189.18
k_α	3	213.24

（5）取下 NaCl 晶体，放回干燥缸（小心！）。

2. 观察 X 光透射像

（1）取下靶台，把传感器调到 40° 左右，以不遮挡 X 光射向荧光屏。

（2）用力而缓慢地拔出光缝（注意不要碰到实验区内的其他物件）。

（3）将待观察的样品放在荧光屏前（样品可以是一般的计算器，或装有钥匙、钢笔等金属物件的文具袋等）。

（4）取下荧光屏后的防护罩。

（5）在暗室条件下用 HV 键打开高压（35kV、1mA），在荧光屏后观察样品的 X 光透射像。

（6）分别改变高压和管流的大小，半定量地记录 X 光透射像与高压和管流的关系（例如高压或管流分别降低到原来的 0.9、0.8、0.7、0.6、…时透射像的强度和清晰程度如何改变？），并分析讨论这种关系。

（7）取出样品，装回光缝和靶台。

注意事项

（1）取放晶体时只能接触其边缘，不能接触其表面。

（2）晶体容易破碎，取放时要特别小心且必须戴上手套。

（3）开启高压之前要确保铅玻璃门已经关上。

（4）实验结束取下样品之前，需旋松锁定杆，此时必须用手托住凸楞，防止样品与凸楞一起掉落。

（5）实验结束后应立即将晶体小心放回干燥缸。

思考题

（1）X 光与可见光在发光机制、光子能量、光波波长等方面有何区别？为什么低能电子轰击金属时并不发出可见光？为什么在气体放电管端加高电压时并不发出 X 光？

（2）观察和测量 X 射线的衍射为什么要使用晶体？

（3）为了测量某晶体的晶面间距，在制备样品时，对晶体的切割方向有什么要求？对晶体的平行度有什么要求？

第6章 研究性教学拓展实验

6.1 非线性电路振荡周期的分岔与混沌实验

长期以来，人们在认识和描述运动时，大多只局限于线性动力学描述方法，即确定的运动有一个完美确定的解析解。但是自然界在相当多情况下，非线性现象却起着很大的作用。1963 年美国气象学家 Lorenz 在分析天气预报模型时，首先发现空气动力学中的混沌现象，该现象只能用非线性动力学来解释。于是，1975 年混沌作为一个新的科学名词首先出现在科学文献中。从此，非线性动力学发展迅速，并成为有丰富内容的研究领域。该学科涉及非常广泛的科学范围，从电子学到物理学，从气象学到生态学，从数学到经济学等。本实验将引导学生自己建立一个非线性电路。该电路包括有源非线性负阻、LC 振荡器和移相器三部分。采用物理实验方法研究 LC 振荡器产生的正弦波与经过 RC 移相器移相的正弦波合成的相图（李萨如图），观测振动周期发生的分岔及混沌现象，测量非线性单元电路的电流——电压特性，从而对非线性电路及混沌现象有一深刻了解，学会自己设计和制作一个实用电感器及测量非线性器件伏安特性的方法。

实验目的

（1）通过观测振动周期发生的分岔及混沌现象，测量非线性单元电路的电流—电压特性，从而对非线性电路及混沌现象有一深刻了解。

（2）学会自己设计和制作一个实用电感器及测量非线性器件伏安特性的方法。

实验仪器

非线性电路混沌实验仪、示波器、电感、电阻箱。

实验原理

1. 非线性电路与非线性动力学

实验电路如图 6-1 所示，图 6-1 中只有一个非线性元件 R，它是一个有源非线性负阻器件。电感器 L 和电容器 C_1 组成一个损耗可以忽略的振荡回路：可变电阻 $R_{v1}+R_{v2}$ 和电容器 C_2 串联将振荡器产生的正弦信号移相输出。较理想的非线性元件 R 是一个三段分段线性元件。图 6-2 所示的是该电阻的伏安特性曲线，从特性曲线可以看出加在此非线性元件上电压与通过它的电流极性是相反的。由于加在此元件上的电压增大时，通过它的电流却减小，因而将此元件称为非线性负阻元件。

电路的非线性动力学方程为

$$C_1 \frac{dU_{c1}}{dt} = G(UC_2 - UC_1) + i_L$$

$$C_2 \frac{dU_{c2}}{dt} = G(UC_1 - UC_2) - gUC_2$$

$$L \frac{di_L}{dt} = -UC_1$$

式中，导纳 $G = 1/(R_{v1} + R_{v2})$；UC_1 和 UC_2 分别表示加在 C_1 和 C_2 上的电压；i_L 表示流过电感器 L 的电流；g 表示非线性电阻的导纳。

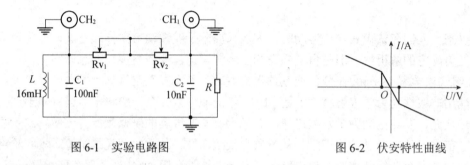

图 6-1　实验电路图　　　　　　　　　　图 6-2　伏安特性曲线

2. 有源非线性负阻元件的实现

有源非线性负阻元件实现的方法有多种，这里使用的是一种较简单的电路：采用两个运算放大器（一个双运放 TL082）和 6 个配置电阻来实现，其电路如图 6-3 所示，它的伏安特性曲线如图 6-4 所示。由于本实验研究的是该非线性元件对整个电路的影响，只要知道它主要是一个负阻电路（元件），能输出电流维持 LC_1 振荡器不断振荡，而非线性负阻元件的作用是使振动周期产生分岔和混沌等一系列现象。

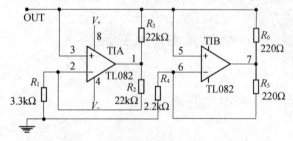
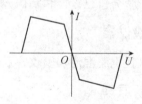

图 6-3　有源非线性负阻元件实现图　　　　图 6-4　负阻伏安特性曲线

实际非线性混沌实验电路如图 6-5 所示。

仪器简介

非线性电路混沌实验仪由 4 位半电压表（量程 0～20V，分辨率 1mV）；−15～+15V 稳压电源和非线性电路混沌实验线路板三部分组成。观察倍周期分岔和混沌现象可用双踪示波器。实验仪面板上的 CH₂ 接线柱连接示波器的 Y 输入，CH₁ 接线柱连接示波器的 X 输入，连接实验仪与示波器的接地。调节示波器的相关旋钮，使示波器的水平方向显示 X 输入的大小，垂直方向显示 Y 输入的大小，并置 X 和 Y 输入为 DC。非线性电路混沌实验外观图如图 6-6 所示。

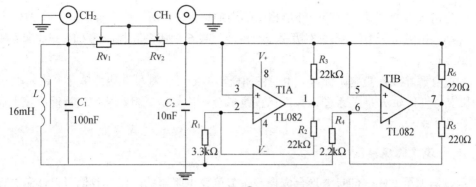

图 6-5　实际实验电路原理图

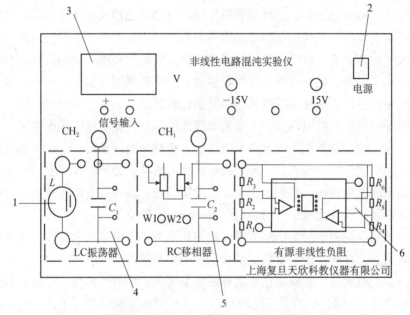

1—电感；2—电源开关；3—20V 数字电压表；4—LC 振荡器；5—RC 移相器；6—有源非线性负阻

图 6-6　非线性电路混沌实验仪外观图

实验内容与步骤

1. 测量

（1）按图 6-5 所示电路接线，其中电感器 L 由实验者用漆包铜线手工缠绕。可在线框上绕 80～90 圈，然后装上铁氧体磁芯，并把引出漆包线端点上的绝缘漆用刀片刮去，使两端点导电性能良好。

（2）串联谐振法测电感器的电感量。把自制电感器、电容器、电阻箱（取 10Ω）串联，并与低频信号发生器相连接。用示波器测量电阻两端的电压，调节低频信号发生器正弦波频率，使电阻两端电压达到最大值。同时，计算通过电阻的电流值 I，要求达到 $I=5mA$（有效值）时，电感器电感 $L=17.5mH$。

（3）把自制电感器接入图 6-5 所示的电路中，调节 $R_{v1}+R_{v2}$ 阻值。在示波器上观测图 6-5 所示的 CH₁ 地和 CH₂ 地所构成的相图（李萨如图），调节电阻 $R_{v1}+R_{v2}$ 值由大至小时，描绘相图周期的分岔及混沌现象,将一个环形相图的周期定为 P,那么要求观测并记录 $2P$、$4P$、阵发混沌、$3P$、单吸引子(混沌)、双吸引子(混沌)共 6 个相图和相应的 CH_1—地和 CH_2—地两个输出波形。

(4)把有源非线性负电阻元件与 RC 移相器连线断开。测量非线性单元电路在电压 $U<0$ 时的伏安特性,做 $I\text{–}U$ 关系图,并进行直线拟合(什么是负阻?从伏安特性曲线上如何体现负阻概念?)。

2. 实验现象的观察

将示波器调至 CH_1—CH_2 波形合成挡,调节可变电阻器的阻值,我们可以从示波器上观察到一系列现象。最初仪器刚打开时,电路中有一个短暂的稳态响应现象。这个稳态响应被称为系统的吸引子(Attractor)。这意味着系统的响应部分虽然初始条件各异,但仍会变化到一个稳态。在本实验中对于初始电路中的微小正负扰动,各对应于一个正负的稳态。当电导继续平滑增大时,到达某一值时,我们发现响应部分的电压和电流开始周期性地回到同一个值,产生了振荡。这时,我们就说,我们观察到了一个单周期吸引子(Penod-one Attractor)。它的频率决定于电感与非线性电阻组成的回路的特性。

再增加电导时,我们就观察到了一系列非线性的现象,先是电路中产生了一个不连续的变化:电流与电压的振荡周期变成了原来的两倍,也称分岔(Bifurcation)。继续增加电导,我们还会发现二周期倍增到四周期,四周期倍增到八周期。如果精度足够,当我们连续地、越来越小地调节时就会发现一系列永无止境的周期倍增,最终在有限的范围内会成为无穷周期的循环,从而显示出混沌吸引(Chaotic Attractor)的性质。

需要注意的是,对应于前面所述的不同的初始稳态,调节电导会导致两个不同的但却是确定的混沌吸引子,这两个混沌吸引子是关于零电位对称的。

实验中,我们很容易地观察到倍周期和四周期现象。再有一点变化,就会导致一个单漩涡状的混沌吸引子),较明显的是三周期窗口。观察到这些窗口表明了我们得到的是混沌的解,而不是噪声。在调节的最后,我们看到吸引子突然充满了原本两个混沌吸引子所占据的空间,形成了双漩涡混沌吸引子。由于示波器上的每一点对应着电路中的每一个状态,出现双混沌吸引子就意味着电路在这个状态时,相当于每一点对应着电路中的每一个状态,出现双混沌吸引子就意味着电路在这个状态时,相当于电路处于在最初的那个响应状态,最终会到达哪一个状态完全取决于初始条件。

在实验中,尤其需要注意的是,由于示波器的扫描频率可能不符合,当分别观察每个示波器输入端的波形时,可能无法观察到正确的现象,这样,就需要仔细分析。可以通过使用示波器的不同的扫描频率挡来观察现象,以期得到最佳的图像。

注意事项

(1)双运算放大器 TL082 的正负极不能接反,地线与电源接地点接触必须良好。

(2)关掉电源后拆线。

(3)仪器应预热 10min 后开始测量数据。

思考题

（1）实验中需自制铁氧体为介质的电感，该电感器的电感量与哪些因素有关？此电感量可用哪些方法测量？

（2）非线性负阻电路（元件），在本实验中的作用是什么？

（3）为什么要采用 RC 移相器，并且用相图来观测倍周期分岔等现象？如果不用移相器，可用哪些仪器或方法？

（4）通过本实验请阐述：倍周期分岔、混沌、奇怪吸引子等概念的物理含义。

6.2　巨磁阻传感器的应用

1988 年，法国巴黎大学的研究小组首先在 Fe/Cr 多层膜中发现了巨磁阻效应，在国际上引起很大的反响。巨磁阻效应易使器件小型化、廉价化。巨磁阻传感器应用广泛，可用来测量磁场、位移、角度、电流等，可制成测速仪、定向仪，也可用于车辆监控、航运、验钞等方面，另外巨磁阻传感器在医疗方面也有很大应用。

实验目的

（1）了解巨磁阻效应原理。

（2）了解巨磁阻传感器的原理及其使用方法。

（3）学习用巨磁阻传感器测量通电导线电流和测量弱磁场方法。

实验仪器

FD-GMR-A 巨磁阻效应实验仪。

实验原理

1. 巨磁阻效应

磁电阻是指导体在磁场中电阻值发生变化的现象，通常用电阻变化率 $\Delta R / R$ 描述。巨磁阻（Giant Magneto Resistance）是一种层状结构，外层是超薄的铁磁材料（Fe、Co、Ni 等），中间层是一个超薄的非磁性导体层（Cr、Cu、Ag 等），这种多层膜的电阻随外磁场的变化而显著变化。所谓巨磁阻效应，是指某些磁性或合金材料的磁电阻在一定磁场作用下急剧减小，而 $\Delta R / R$ 急剧增大的特性，一般增大的幅度比通常的磁性或合金材料的磁电阻约高 10 倍的现象。利用这一效应制成的传感器称为巨磁阻（GMR）传感器。

2. 巨磁阻传感器

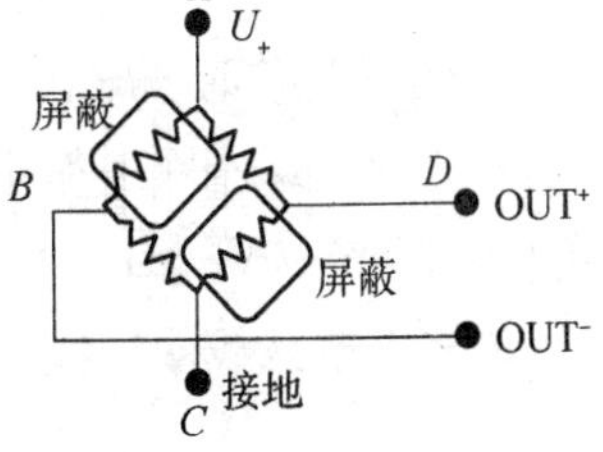

巨磁阻传感器采用带有磁通屏蔽的惠斯通电桥（见图 6-7）和磁通集中器。

在传感器基片上镀一层很厚的磁性材料，这块材料对其下方的巨磁阻电阻器形成屏蔽，不让任何外加磁场进入被屏蔽的电阻器。惠斯通电桥中的两个电阻器(桥的两个相反的支路 AD

图 6-7　惠斯通电桥图示

段和 BC 段）在磁性材料的上方，受外界磁场的作用。另外两个电阻器（桥的另外两个相反的支路 AB 段和 CD 段）在磁性材料的下方，因受到屏蔽而不受外界磁场作用。当外界磁场作用时，AD 段和 BC 段电阻器的电阻值下降，而 AB 段和 CD 段两个电阻值保持不变，这样在电桥的终端 DB 就有一个信号输出。

传感器输出

$$U_{输出} = U_{OUT^+} - U_{OUT^-} = \frac{R_{CD}}{R_{AD} + R_{CD}} U_+ - \frac{R_{BC}}{R_{AB} + R_{BC}} U_+ \tag{6.1}$$

当无外加场强时，若

$$R_{AB} = R_{BC} = R_{CD} = R_{AD} = R \tag{6.2}$$

则

$$U_{输出} = U_{OUT^+} - U_{OUT^-} = 0 \tag{6.3}$$

当外场强存在时，未被屏蔽的巨磁阻电阻器 R_{BC}、R_{AD} 电阻值减小，$R_{BC} = R + \Delta R$，$R_{AD} = R + \Delta R$。而受屏蔽的巨磁阻电阻器 R_{AB}、R_{CD} 电阻值不变，$R_{AB} = R$，$R_{CD} = R$，$R_{AD} + R_{CD} = R_{AB} + R_{BC} = 2R + \Delta R$，则

$$U_{输出} = U_{OUT^+} - U_{OUT^-} = \frac{R_{CD} - R_{BC}}{R_{AB} + R_{BC}} U_+ = \frac{R - (R + \Delta R)}{2R + \Delta R} U_+ = -\frac{\Delta R}{2R + \Delta R} U_+ \tag{6.4}$$

即在相同场强条件下，传感器输出与传感器的工作电压成正比。

$$\frac{R_H}{R} = \frac{R + \Delta R}{R} = \frac{U_+ - U_{输出}}{U_+ + U_{输出}} \tag{6.5}$$

式中，R_H 为外加磁感应强度为 H 时的电阻。

$$\frac{\Delta R}{R} = -\frac{2U_{输出}}{U_+ + U_{输出}} \tag{6.6}$$

另外，镀层还可以使磁通集中器放置在基片上。磁通集中器收集垂直于传感器引脚方向上的磁通量并把它们聚集在芯片中心的 GMR 电桥的电阻器上（见图 6-8）。垂直于传感器引脚的方向为巨磁阻传感器的敏感轴方向。当外磁场方向平行于传感器敏感轴方向时，传感器的输出信号最大。

在相同场强下，当外场强方向平行于传感器敏感轴方向时，传感器输出最大。当外场强方向偏离传感器敏感轴方向时，传感器输出与偏离角度呈余弦关系。即传感器灵敏度 S（Sensitivity）与偏离角度 θ 呈余弦关系 $S(\theta) = S(0)\cos\theta$。

传感器灵敏度为

$$S = \frac{U_{输出}}{B \cdot U_+} \tag{6.7}$$

其中，$U_{输出}$ 为传感器输出，以 mV 为单位；B 为亥姆霍兹线圈产生的磁感应强度，以 mT 为单位；U_+ 为传感器工作电压，以 V 为单位。例如，传感器技术指标中传感器灵敏度为 $30.0 \sim 42.0 \text{mV} / \text{V} \cdot \text{mT}$。

该亥姆霍兹线圈轴线上中心位置的磁感应强度 B 与通过线圈的电流 I 之间的关系为

$$B = \frac{8\mu_0 NI}{5^{3/2} R} = \frac{8 \times 4\pi \times 10^{-7} \times 200}{5^{3/2} \times 0.100} \times I = 17.98 \times 10^{-4} I \tag{6.8}$$

式中，磁感应强度 B 的单位为 T（特斯拉），通过线圈的电流 I 的单位为 A（安培）。

　　GMR 磁场传感器能有效地检测有电流产生的磁场。图 6-9 所示的传感器封装是用来检测通电导线产生的磁场的。导线可放在芯片的上方或下方，但必须垂直于敏感轴。通电导线在导线周围辐射状地布满磁场的。当传感器中的 GMR 材料感应到磁场，传感器的输出引脚就产生一个差分输出。磁场强度与通过导线的电流成正比。当电流增大时，周围的磁场增大，传感器的输出也增大。同样，当电流减小时，周围磁场和传感器输出都减小。

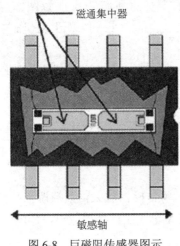

图 6-8　巨磁阻传感器图示

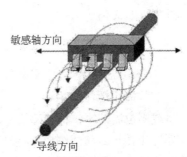

图 6-9　传感器测电流图示

仪器简介

　　FD-GMR-A 巨磁阻效应实验仪，包括实验主机（见图 6-10）、亥姆霍兹线圈实验装置（见图 6-11）及连接导线等。主机面板主要有恒定电流源输出、巨磁阻传感器输出、巨磁阻传感器电源电压调节及总电源开关。

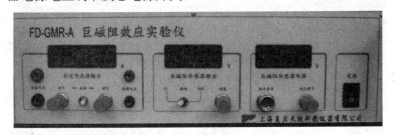

图 6-10　主机面板图

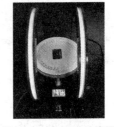

图 6-11　亥姆霍兹线圈

实验内容与步骤

　　将巨磁阻传感器调整到亥姆霍兹线圈公共轴的中点，旋转传感器内盘，使外盘的刻度线对准内盘 0°，调整传感器外盘，使传感器引脚方向与磁感应强度方向垂直（此时巨磁阻传感器敏感轴与磁场方向平行），用水平仪调整转盘水平，用 5 芯航空线连接主机和实验装置。

1. 测量巨磁阻传感器的 R_H / R 与磁感应强度 B 的关系

（1）将主机恒流源用波段开关扳向线圈电流方向，将亥姆霍兹线圈用红黑导线串联起来，并与主机上的线圈用恒流源相连。

（2）打开主机，将线圈电流调零，传感器工作电压调为 5V，将传感器放大倍数挡调至×1 挡，将传感器输出调零。逐渐增大线圈电流，可以看见传感器输出逐渐增大，将线圈电流和传感器输出再次归零。

（3）将线圈电流由零开始逐渐增大，每隔 0.05A 记一次传感器输出，以传感器输出为 Y 轴，线圈电流值为 X 轴作图。

（4）选取"传感器输出-线圈电流"关系图中的线性部分重新作 $U-I$ 关系图。

（5）结合式（6.7）、式（6.8），计算巨磁阻传感器灵敏度的大小（传感器敏感轴与磁感应强度方向平行且传感器工作电压为 5V 时）。

（6）将线圈电流和传感器输出转换成磁感应强度 B(mT) 与 R_H / R 的关系表，并作图。

（7）计算 $\Delta R / R$ 值。

2. 测定巨磁阻传感器的灵敏度与其工作电压的关系

（1）将主机恒流源用波段开关扳向线圈电流方向，将亥姆霍兹线圈用红黑导线串联起来，并与主机上的线圈用恒流源相连。

（2）将线圈电流调零，将传感器工作电压调为 2V，将传感器放大倍数挡调至×1 挡，巨磁阻传感器输出调零，将线圈电流逐渐增大，每隔 0.05A 记一次传感器输出，作图，得到传感器工作电压为 2V 时传感器的灵敏度。

（3）将传感器的工作电压调高，可每隔 1V 或 2V 测一次灵敏度，以传感器灵敏度为 Y 轴，传感器工作电压为 X 轴作图，得到传感器的灵敏度与其工作电压的关系。

3. 用巨磁阻传感器测量通电导线的电流大小

（1）将主机恒流源用波段开关扳向被测电流方向，用红黑导线将实验装置黑色底板上的被测电流插座与主机上的对应插座相连。

（2）将被测电流调零，将传感器工作电压调为 5V，将传感器放大倍数挡调至×10 挡，巨磁阻传感器输出调零，逐渐增大被测电流，可以看见传感器输出逐渐增大，将被测电流和传感器输出再次归零。

（3）将被测电流由零开始逐渐增大，每隔 0.1A 或 0.2A 记一次传感器输出，以传感器输出为 Y 轴，被测电流值为 X 轴，作图，得到被测电流大小与传感器输出的关系。

（4）若时间充足，可改变传感器工作电压再测几组数据（注意，每次改变巨磁阻工作电压后，传感器输出要重新调零）。

注意事项

（1）在实验中需注意地磁场对实验产生的影响。

（2）使用磁性传感器时，应尽量避免铁质材料和可以产生磁性的材料在传感器附近出现。

思考题

（1）什么是巨磁阻效应？

（2）试描述巨磁阻传感器测量电流的原理。

（3）本实验中什么情况下传感器的输出信号最大？试解释原因。

6.3　椭圆偏振光法测量薄膜厚度和折射率

椭圆偏振光在样品表面反射后，偏振状态会发生变化，利用这一特性可以测量固体上介质薄膜的厚度和折射率。它具有测量范围宽（厚度可从 $10^{-10} \sim 10^{-6}$m 量级）、精度高（可达百分之几单原子层）、非破坏性、应用范围广（金属、半导体、绝缘体、超导体等固体薄膜）等特点。目前商品化的全自动椭圆偏振光谱仪，利用动态光度法跟踪入射光波长和入射角改变时反射角和偏振状态的变化，实现全自动控制及椭偏参数的自动测定、光学常数的自动计算等，但实验装置复杂，价格昂贵。本实验采用简易的椭圆偏振仪，利用传统的消光法测量椭偏参数，使学生掌握椭偏法的基本原理、仪器的使用，并且实际测量硅衬底上薄膜的厚度和折射率。

实验目的

（1）了解椭圆偏振法测量硅表面介质薄膜的厚度和折射率的基本原理。

（2）学习和掌握椭圆偏振仪的基本原理和使用方法。

（3）对硅表面介质薄膜的厚度和折射率进行测量。

实验仪器

He-Ne 激光器、WJZ－Ⅱ椭圆偏振仪、$\lambda/4$ 波片（负晶体）、黑色玻璃块、待测样品。

实验原理

1. 椭圆偏振方程

将一束自然光经起偏器变成线偏振光，再经 1/4 波片，使它变成椭圆偏振光入射在待测的膜面上。反射时，光的偏振状态（振幅和相位的改变）将发生变化，通过检测这种变化，便可推算出待测膜的厚度和折射率。

图 6-12 所示为一光学均匀和各向同性的单层介质膜。它有两个平行的界面，通常上部是折射率为 n_1 的空气（或真空），中间是一层厚度为 d 折射率为 n_2 的介质薄膜，均匀地附在折射率为 n_3 的衬底材料上。当一束光射到膜面上时，在界面Ⅰ和界面Ⅱ上形成多次反射和折射，并且分别产生多光束干涉，其干涉结果反映了膜的光学特性。设 φ_1 表示光的入射角，φ_2 和 φ_3 分别为在界面Ⅰ和界面Ⅱ上的折射角，根据折射定律有：

$$n_1 \sin \varphi_1 = n_2 \sin \varphi_2 = n_3 \sin \varphi_3$$

光波的电场矢量可以分解成在入射面内振动的 p 分量和垂直于入射面振动的 s 分量。若用 $(I_p)_i$ 和 $(I_s)_i$ 分别代表入射光波的 p 和 s 分量，用 $(I_p)_r$ 和 $(I_s)_r$ 分别代表各束反射光 O_p，I_p，$Ⅱ_p$，$Ⅲ_p$，…中电矢量的 p 分量之和及 s 分量之和。由菲涅尔反射公式，可以分别给出 p 波、s 波的振幅反射率。

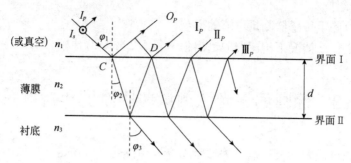

图 6-12　各向同性薄膜系统的光反射和折射示意图

对空气—薄膜界面 I

$$\gamma_{1p} = \frac{n_2 \cos \varphi_1 - n_1 \cos \varphi_2}{n_2 \cos \varphi_1 + n_1 \cos \varphi_2} \tag{6.9}$$

$$\gamma_{1s} = \frac{n_1 \cos \varphi_1 - n_2 \cos \varphi_2}{n_1 \cos \varphi_1 + n_2 \cos \varphi_2} \tag{6.10}$$

对薄膜—衬底界面 II

$$\gamma_{2p} = \frac{n_3 \cos \varphi_2 - n_2 \cos \varphi_3}{n_3 \cos \varphi_2 + n_2 \cos \varphi_3} \tag{6.11}$$

$$\gamma_{2s} = \frac{n_2 \cos \varphi_2 - n_3 \cos \varphi_3}{n_2 \cos \varphi_2 + n_3 \cos \varphi_3} \tag{6.12}$$

再由图 6-12 可算出任意两相邻反射光之间的光程差

$$l = 2n_2 d \cos \varphi_2$$

因而反射光 O_p，I_p，II_p，III_p，…的相位依次落后 2δ

$$2\delta = \frac{360}{\lambda} l$$

于是得

$$\delta = \frac{360}{\lambda} d \left(n_2^2 - n_1^2 \sin^2 \varphi_1 \right)^{\frac{1}{2}} \tag{6.13}$$

另一方面，由多束光干涉原理来考察空气—薄膜—衬底作为一个整体的总反射系数，以 R_p 和 R_s，分别表示这个系统对 p 波和 s 波的总反射系数。从图 6-12 可以看出，对 p 波，R 由 O_p、I_p、II_p、III_p、…各级反射光叠加合成。设入射的 p 波振幅为 1。在界面 I 处，光线由 $n_1 \rightarrow n_2$ 的反射率记为 γ_{1p}，透射率记为 t_{1p}；光线由 $n_2 \rightarrow n_1$ 的反射率记为 γ_{1p}^*，透射率记为 t_{1p}^*。在界面 II 处光线反射率记为 γ_{2p}，p 波的各级反射光为：O_p 为直接反射光 γ_{1p}；I_p 为 $\gamma_{2p} t_{1p} t_{1p}^* e^{-2i\delta}$；$II_p$ 为 $\gamma_{2p}^2 t_{1p} t_{1p}^* \gamma_{1p}^* e^{-4i\delta}$；以此类推得 III_p、IV_p、…，因此 p 波总反射系数

$$\begin{aligned}
R_p &= \gamma_{1p} + \gamma_{2p} t_{1p} t_{1p}^* e^{-2i\delta} + \gamma_{2p}^2 t_{1p} t_{1p}^* \gamma_{1p}^* e^{-4i\delta} + \cdots \\
&= \gamma_{1p} + \sum_{n=1}^{\infty} \gamma_{2p} t_{1p} t_{1p}^* e^{-2i\delta} \left(\gamma_{1p}^* \gamma_{2p} e^{-2i\delta} \right)^{n-1}
\end{aligned}$$

因 γ_{1p}^*，γ_{2p} 均小于 1，故上式求和项为无穷递减级数，故

$$R_p = \gamma_{1p} + \frac{\gamma_{1p} t_{1p}^* \gamma_{2p} e^{-2i\delta}}{1 - \gamma_{1p}^* \gamma_{2p} e^{-2i\delta}}$$

由于

$$\gamma_{1p} = -\gamma_{1p}^*$$

又由斯托克斯定律

$$t_{1p}t_{1p}^* = 1 - \gamma_{1p}^2$$

于是

$$R_p = \frac{\gamma_{1p} + \gamma_{2p}\mathrm{e}^{-2\mathrm{i}\delta}}{1 + \gamma_{1p}\gamma_{2p}\mathrm{e}^{-2\mathrm{i}\delta}} \qquad (6.14)$$

同理可得 s 波总反射系数

$$R_s = \frac{\gamma_{1s} + \gamma_{2s}\mathrm{e}^{-2\mathrm{i}\delta}}{1 + \gamma_{1s}\gamma_{2s}\mathrm{e}^{-2\mathrm{i}\delta}} \qquad (6.15)$$

又按 R_p 和 R_s 定义

$$R_p = \frac{(I_p)_r}{(I_p)_i}, \quad R_s = \frac{(I_s)_r}{(I_s)_i}$$

其中 $(I_p)_i$、$(I_p)_r$ 分别是 p 波的入射波和反射波的振幅；$(I_s)_i$、$(I_s)_r$ 分别是 s 波的入射波和反射波的振幅。

考虑一般情况下薄膜和衬底存在光吸收效应，R_p 和 R_s 一般为复数，薄膜上的反射光与入射光相比较，不仅振幅发生变化，而且相位也发生变化，反射系数比有如下形式

$$\frac{R_p}{R_s} = \frac{|R_p|\mathrm{e}^{\mathrm{i}\Delta p}}{|R_s|\mathrm{e}^{\mathrm{i}\Delta s}} = \frac{\left|\dfrac{(I_p)_r}{(I_p)_i}\right|}{\left|\dfrac{(I_s)_r}{(I_s)_i}\right|}\mathrm{e}^{\mathrm{i}(\Delta p - \Delta s)} = \left|\frac{\left(\dfrac{I_p}{I_s}\right)_r}{\left(\dfrac{I_p}{I_s}\right)_i}\right|\mathrm{e}^{\mathrm{i}(\Delta p - \Delta s)} \qquad (6.16)$$

为测量简化做如下定义

$$\tan\psi = \left|\frac{\left(\dfrac{I_p}{I_s}\right)_r}{\left(\dfrac{I_p}{I_s}\right)_i}\right| \qquad (6.17)$$

$$\Delta = \Delta p - \Delta s = (\theta_{pr} - \theta_{pi}) - (\theta_{sr} - \theta_{si}) = (\theta_p - \theta_s)_r - (\theta_p - \theta_s)_i \qquad (6.18)$$

式中，θ_p、θ_s 分别为 p 波和 s 波的振动相位，它们的下标 r 表示反射部分，i 表示入射部分。上两式中，$\tan\psi$ 表征了 p 波和 s 波经薄膜系统反射后的相对振幅变化，Δ 表征其相位差 $\theta_p - \theta_s$ 的变化。ψ 和 Δ 是可以通过实验测量的量，将在下面的实验方法中介绍。

由式（6.9）～式（6.18）这一系列方程可得到

$$\tan\psi\mathrm{e}^{-\mathrm{i}\Delta} = \frac{\gamma_{1p} + \gamma_{2p}\mathrm{e}^{-2\mathrm{i}\delta}}{\gamma_{1s} + \gamma_{2s}\mathrm{e}^{-2\mathrm{i}\delta}} \cdot \frac{1 + \gamma_{1s}\gamma_{2s}\mathrm{e}^{-2\mathrm{i}\delta}}{1 + \gamma_{1p}\gamma_{2p}\mathrm{e}^{-2\mathrm{i}\delta}} = F(n_1, n_2, n_3, \varphi_1, \delta(d), \lambda) \qquad (6.19)$$

上式称为椭圆偏振方程，它表明 ψ 和 Δ 是薄膜系统光学参数 n_1、n_2、n_3、φ_1、$\delta(d)$、λ 的复杂函数。椭偏光法测量薄膜的厚度 d 和折射率 n_2 正是利用 ψ 和 Δ 来描述经系统反射后

光偏振状态的变化，在某些参数（如 $n_1, n_3, \varphi_1, \lambda$）确定的情况下，通过实验测得 ψ 和 Δ 后，来求取另一些参数（如 $n_2, \delta(d)$）的。然而，解上述一系列方程组是极其烦冗的，以至要由测量值得到方程组解析解实际上是办不到的，由计算机编制大量的 $[\psi, \Delta]-[n_2, \delta(d)]$ 的数值表，绘制成如图 6-13 所示意的 $[\psi, \Delta]-[n_2, \delta(d)]$ 关系曲线图，曲线图是由无数的等 n 线和等 δ 线交织而成，这样在实验测得 $[\psi, \Delta]$ 后，可从图中的曲线查出对应点的 n_2 和 $\delta(d)$ 数值，再由式（6.13）算出 d。

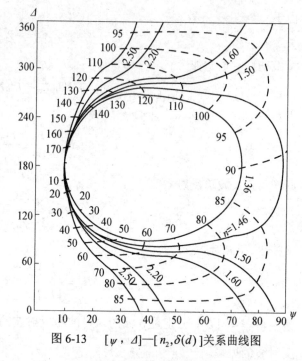

图 6-13　$[\psi, \Delta]-[n_2, \delta(d)]$ 关系曲线图

2. 椭偏法测量 ψ 和 Δ 的实验光路及数学表达式

通常椭偏法测量椭偏状态变化参数 ψ 和 Δ 可用消光法。其过程为

$$\text{激光} \xrightarrow{\text{自然光}} \text{起偏器} \xrightarrow{\text{线偏振}} \lambda/4\text{波片} \xrightarrow{\text{椭偏光}} \text{样品} \xrightarrow{\text{线偏振}} \text{检偏器} \xrightarrow{\text{消光}} \text{光屏}$$

消光法也称指零法，其光路图和椭偏状态的变化如图 6-14 所示。消光法必须采用 $\lambda/4$ 波片，故通常只用给定波长的单色光源测量，本实验用 He-Ne 激光。为了简化 ψ 和 Δ 的测量，可使线偏振光通过 45° 放置的 $\lambda/4$ 波片，这样入射椭圆方位角成 45° 倾斜（从入射面算起），于是

$$\left|\left(\frac{I_p}{I_s}\right)_i\right| = 1 \tag{6.20}$$

此时，$\tan\psi = \left|\left(\dfrac{I_p}{I_s}\right)_r\right|$，即 ψ 只与反射光的振幅比有关，可以很方便地从检偏器方位角求出。

如图 6-14 所示，He-Ne 激光管射出 632.8nm 的单色自然光，经光阑、起偏器、$\lambda/4$ 波片、光阑射到样品上，样品反射后，再经光阑、检偏器、光阑后，到达接收屏或光电转换接收系统。光阑的作用是使入射、反射光路准直。

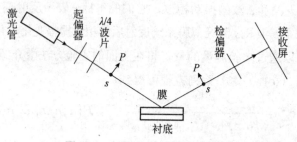

图 6-14　椭圆偏振仪的基本结构

自然光经起偏器变成线偏振光，改变起偏器的方位角可以改变线偏振光的振动方向；此线偏振光穿过 $\lambda/4$ 波片后，由于双折射效应分成两束光，即 o 光和 e 光。对正晶体的 $\lambda/4$ 波片，o 光沿快轴方向偏振，e 光沿慢轴方向偏振，o 光的振动位相超前 e 光 90° 角；对负晶体的 $\lambda/4$ 波片，情况反之。o 光 e 光合成后的光矢量端点形成椭圆偏振光，如图 6-15 所示，此椭圆的长短轴方位角决定于 $\lambda/4$ 波片快慢轴的方位角，而椭圆的形状（即椭圆率）则决定于入射线偏振光的振动方向，再将此椭圆偏振光以一定入射角（本实验为 70°）投射到样品表面，经薄膜系统的反

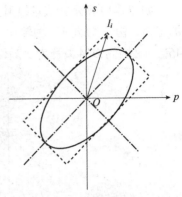

图 6-15　椭圆偏振光

射、折射后，一般仍为椭圆偏振光，但随着薄膜厚度和折射的不同，反射光的椭圆方位和椭圆率发生变化，也即椭圆的偏振状态发生了改变。通过转动起偏器，总可以找到某一方位角时，使反射光变成了线偏振状态（椭圆率为零），这样就可以用检偏器消光时的方位角来决定反射线偏振光的振动方向。

由图 6-16 可见。消光时 ψ 与检偏器的方位角 A 的关系比较直观，由于消光时样品反射的线偏振光的振动方向与检偏器的偏振化方向互相垂直，故

$$\psi = |A| \tag{6.21}$$

当 A 在第一象限（$A>0$），则反射的线偏振光振动方向位于第二、四象限，由图 6-16（a）可知

$$\left(\theta_p - \theta_s\right)_r = 180°$$

当 A 在第四象限（$A<0$），则反射的线偏振光振动方向位于第一、三象限，由图 6-16（b）可知

$$\left(\theta_p - \theta_s\right)_r = 0°$$

因此，消光时 Δ 的表达式（6.18）可改写为

$$\Delta = \begin{cases} 180 - \left(\theta_p - \theta_s\right)_i & \text{当} A > 0 \\ -\left(\theta_p - \theta_s\right)_i & \text{当} A < 0 \end{cases} \tag{6.22}$$

由上式可见，Δ 只与入射椭偏光的 p 波、s 波的相位差 $\left(\theta_p - \theta_s\right)_i$ 有关。接下来将讨论 $\left(\theta_p - \theta_s\right)_i$ 与起偏器方位角 P 的关系。

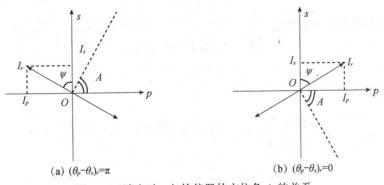

(a) $(\theta_p - \theta_s)_r = \pi$　　　　　　　　(b) $(\theta_p - \theta_s)_r = 0$

图 6-16　消光时 ψ 与检偏器的方位角 A 的关系

如图 6-17 所示，假设投射到 $\lambda/4$ 波片之前线偏振光的振幅为 I，又假设 p 轴作为起偏器的零点，由 p 轴向 $+s$ 轴转动为正角度，向 $-s$ 轴转动为负角度，再假设 $\lambda/4$ 波片快轴倾斜 $45°$。又因为 $\lambda/4$ 波片为负晶体，故 e 光沿快轴偏振。

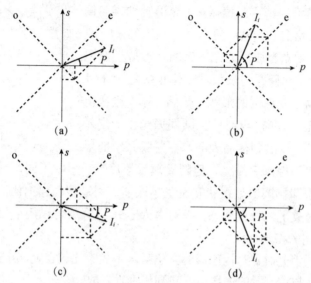

图 6-17 经 $\lambda/4$ 波片后的入射椭偏光的 p 波和 s 波的相位差

（光进行方向垂直于纸面指向读者）

（1）当起偏器方位角 P 处于 $0° \sim 45°$（见图 6-17 (a)），经 $\lambda/4$ 波片后

$$\begin{cases} E_o = I \sin(45° - P) \sin \omega t \\ E_e = I \cos(45° - P) \cos \omega t \end{cases}$$

变换成 p，s 坐标系

$$E_P = \frac{\sqrt{2}}{2}(E_e + E_o) = \frac{\sqrt{2}}{2} I \cos(\omega t - 45° + P)$$

$$E_s = \frac{\sqrt{2}}{2}(E_e - E_o) = \frac{\sqrt{2}}{2} I \cos(\omega t + 45° - P)$$

可见

$$(\theta_p - \theta_s)_i = 2P - 90° \tag{6.23}$$

（2）当起偏器方位角 P 处于 $45° \sim 90°$（见图 6-17 (b)），经 $\lambda/4$ 波片后

$$\begin{cases} E_o = I \sin(P - 45°) \sin \omega t \\ E_e = I \cos(P - 45°) \cos \omega t \end{cases}$$

变换成 p，s 坐标系

$$E_P = \frac{\sqrt{2}}{2}(E_e - E_o) = \frac{\sqrt{2}}{2} I \cos(\omega t + P - 45°)$$

$$E_s = \frac{\sqrt{2}}{2}(E_e - E_o) = \frac{\sqrt{2}}{2} I \cos(\omega t - P - 45°)$$

同样可得

$$\left(\theta_p-\theta_s\right)_i=2P-90°$$

（3）当起偏器方位角 P 处于 $0°\sim-45°$（见图 6-17（c）），P 为负角，令 $P'=-P$

$$\begin{cases}E_o=I\cos\left(45°-P'\right)\sin\omega t\\E_e=I\sin\left(45°-P'\right)\cos\omega t\end{cases}$$

变换成 p,s 坐标系

$$E_P=\frac{\sqrt2}{2}\left(E_e+E_o\right)=\frac{\sqrt2}{2}I\sin\left(\omega t+45°-P'\right)$$

$$E_s=\frac{\sqrt2}{2}\left(E_e+E_o\right)=\frac{\sqrt2}{2}I\sin\left(45°-P'-\omega t\right)$$

$$=\frac{\sqrt2}{2}I\sin\left(\omega t+135°+P'\right)$$

同样可得

$$\left(\theta_p-\theta_s\right)_i=-90°-2P'=2P-90°$$

（4）当起偏器方位角 P 处于 $-45°\sim-90°$（见图 6-17（d）），P 为负角，令 $P'=-P$

$$\begin{cases}E_o=I\cos\left(P'-45°\right)\sin\omega t\\E_e=I\sin\left(P'-45°\right)\cos\omega t\end{cases}$$

变换成 p,s 坐标系

$$E_P=\frac{\sqrt2}{2}\left(E_o-E_e\right)=-\frac{\sqrt2}{2}I\sin\left(P'-\omega t-45°\right)$$

$$=\frac{\sqrt2}{2}I\sin\left(\omega t+45°-P\right)$$

$$E_s=\frac{\sqrt2}{2}\left(E_o-E_e\right)=\frac{\sqrt2}{2}I\sin\left(\omega t+P'-45°\right)$$

$$=\frac{\sqrt2}{2}I\sin\left(\omega t+315°+P\right)$$

也可得

$$\left(\theta_p-\theta_s\right)_i=-2P'+270°-=2P-90°$$

由上述推导可知，无论起偏器方位角 P 处于第一象限还是第四象限，经 $\lambda/4$ 波片后的入射椭偏光的 p 波和 s 波的相位差，总有

$$\left(\theta_p-\theta_s\right)_i=2P-90°$$

由上式代入式（6.22）

$$\Delta=\begin{cases}270°-P&\text{当}A>0\\90°-2P&\text{当}A<0\end{cases}\tag{6.24}$$

以上就是消光法椭偏测量中，ψ、Δ 与起、检偏器方位角 P、A 之间的关系式。

仪器简介

WJZ－II 椭圆偏振仪结构如图 6-18 所示。

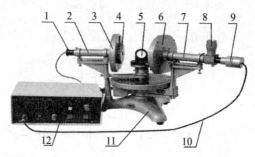

1—半导体激光器；2—平行光管；3—起偏器读数头（与 6 可换用）；4—1/4 波片读数头；
5—氧化锆标准样板；6—检偏器读数头；7—望远镜筒；8—半反目镜；9—光电探头
10—信号线；11—分光计；12—数字式检流计

图 6-18　椭圆偏振仪的实验装置图

半导体激光器出厂时已调好，应满足以下两点：

（1）激光光斑在距激光器约 45cm 处最小，如发现偏离较远，可将激光器从其座中取出，调节其前端的会聚透镜即可。

（2）激光与平行光管共轴，如发现已破坏，请按实验内容与步骤中"光路调整"所述方法进行调整，一旦调好，轻易不要将其破坏。

实验内容与步骤

1. 仪器调试步骤

（1）用自准直法调整好分光计（请参照分光计说明书），使望远镜和平行光管共轴并与载物台平行。

（2）分光计度盘的调整：使游标与刻度盘零线置适当位置，当望远镜转过一定角度时不致无法读数。

（3）光路调整。

①卸下望远镜和平行光管的物镜，先在平行光管物镜的位置旋上校光片 A。

②将半导体激光器（出厂时已校好其光轴），装在平行光管外端，在平行光管另一端（原物镜位置）旋上校光片 A，此时如旋转激光器，观察光斑应始终在黑圆框内（见图 6-19），如不在，说明激光器的共轴已破坏，则应调整激光器在其座内的位置，使其共轴，方法如下：

如图 6-20 所示，半导体激光器被 6 颗调节螺钉固定在激光器座内，把激光器及激光器座置于平行光管外端，在平行光管内端校光片 A 上可见激光光斑，当激光器转动时，其光斑位置也不停变化，适当调节 6 颗调节螺钉，令光斑始终在黑圆框内，然后紧固螺钉即可。由于激光器出厂时已调好共轴，如因特殊原因被破坏，应由教师调好共轴。

图 6-19　激光器共轴时光斑位置

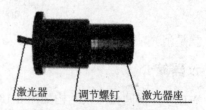

图 6-20　半导体激光器

　　③将校光片 A 和 B 分别置于望远镜光管内外两端（A 和 B 因架不同，只可分别装于光管两端），同理，光斑也应同时在校光片 A 和 B 的圆框内，如不在，说明平行光管与望远镜的共轴未调整好，应重新第（1）步的调整，使其共轴。

　　④换下两只校光片，换上半反目镜，并在半反目镜上套上光电探头，通过信号线连接数字式检流计，因目镜内装有 45° 半反镜片，既可从目镜中观察光斑，也可通过检流计确定光电流值。

　　（4）检偏器读数头位置的调整与固定。

　　①检偏器读数头套在望远镜筒上，90° 读数朝上，位置基本居中。

　　②附件黑色反光镜置于载物台中央，将望远镜转过 66°（与平行光管成 114° 夹角），使激光束按布儒斯特角（约 57°）入射到黑色反光镜表面，并反射入望远镜最终到达半反目镜上成为一个圆点。

　　③转动整个检偏器读数头使调整与望远镜筒的相对位置（此时检偏器读数应保持 90° 不变），使半反目镜内的光点达到最暗。这时检偏器的透光轴一定平行于入射面，将此时检偏器读数头的位置固定下来（拧紧三颗平头螺钉）。

　　④适当旋转激光器在平行光管中的位置，使目镜中光点最暗（或检流计值最小），然后固定激光器。

　　（5）起偏器读数头位置的调整与固定。

　　①将起偏器读数头套在平行光管镜筒上，此时不要装上 1/4 波片，0° 读数朝上，位置基本居中。

　　②取下黑色反光镜，将望远镜系统转回原来位置，使起、检偏器读数头共轴，并令激光束通过中心。

　　③调整起偏器读数头与镜筒的相对位置（此时起偏器读数应保持 0° 不变），找出最暗位置。定此值为起偏器读数头位置，并将三颗平头螺钉拧紧。

　　（6）1/4 波片零位的调整。

　　①起偏器读数保持 0°，检偏器读数保持 90°，此时白屏上的光点应最暗（或检流计值最小）。

　　②1/4 波片读数头（即内刻度圈）对准零位。

　　③1/4 波片框的标志点（即快轴方向记号）向上，套在波片盘上，并微微转动波片框（注意不要带动波片盘），使半反目镜内的光点达到最暗（或检流计值最小），定此位置为 1/4 波片的零位。

2. 测量硅衬底上二氧化硅（SiO_2）、氮化硅（Si_3N_4）薄膜的厚度和折射率

　　（1）将被测样品，放在载物台的中央，旋转载物台使入射角达到 70°，即望远镜转过 40°，并使反射光在目镜上形成一亮点。

　　（2）为了尽量减小系统误差，采用 4 点测量。先置 1/4 波片快轴于 +45°（即转动波片盘），仔细调节检偏器 A 和起偏器 P，使目镜内的亮点最暗（或检流计值最小），记下 A 值和 P 值，这样可以测得两组消光位置数值。

　　其中 A 值大于 90° 和小于 90° 时，分别定为 A_1（>90°）和 A_2（<90°），所对应的 P 值为 P_1 和 P_2。然后将 1/4 波片快轴转到 −45°，也可找到两组消光位置数值，A 值分别记为 A_3

（>90°）和 A_4（<90°），所对应的 P 值为 P_3 和 P_4。

由式（6.24）得

$$
\left.
\begin{array}{llll}
(A_1, P_1) & \psi_1 = A_1 & \Delta_1 = 270 - 2P_1 & \text{当} A > 0 \\
(A_2, P_2) & \psi_2 = |A_2| & \Delta_2 = 90 - 2P_2 & \text{当} A < 0
\end{array}
\right\}
\tag{6.25}
$$

两组（A，P）数据之间有关系

$$
\left.
\begin{array}{l}
|A_1| \approx |A_2| \\
|P_1| + |P_2| = 90°
\end{array}
\right\}
\tag{6.26}
$$

如果 $\lambda/4$ 波片的快慢轴放对了，则测得两组数据的对称性较好，如果两组测量数据很不对称，则很可能是快慢轴位置不对，可将 $\lambda/4$ 波片旋转 90° 后再测。在求 Δ_1 和 Δ_2 时，可能会出现负角，则需要加上 360°，若超过 360° 时，则要减去 360°。Δ 应在 0°～360°，否则应转换到此范围，例如，$\Delta = -20°$ 应化为 340°，$\Delta = 400°$ 应化为 40°。

将两组 ψ，Δ 取平均即得

$$
\left.
\begin{array}{l}
\bar{\psi} = \dfrac{1}{2}(\psi_1 + \psi_2) \\[2mm]
\bar{\Delta} = \dfrac{1}{2}(\Delta_1 + \Delta_2)
\end{array}
\right\}
\tag{6.27}
$$

由 $(\psi, \Delta) - (n_1, \delta)$ 曲线图中查出对应于 $(\bar{\psi}, \bar{\Delta})$ 点的 (n_1, δ) 值再由式（6.13）求出膜厚 d。

理论上，　　　$A_1 + A_2 = 180°$，　　$A_3 + A_4 = 180°$；

$$
|P_1 - P_2| = 90°, \quad |P_3 - P_4| = 90°.
$$

因实验中误差的存在，一般其值在 ±10° 以内时，可认为所测数据是合理的。

如果被测膜比较厚，相对应的光程差引起的相位差 2δ 超过了一个周期 360°，这时所得的 δ 数据应加上对应的周期值，再算 d 值，所以当膜厚超过一个周期，应先用其他方法（例如干涉法）确定其周期数，再由椭偏法精确测量一个周期内的 δ 尾数。

注意事项

（1）不能直视激光，否则会损伤眼睛。要特别注意谨防激光电源触电，激光电源电压有几千伏，当必须触及电源电极时，应先关断电源，并使两电极放电后方可接触。

（2）方位角读数是相对于零点位置的偏转度数，而不是刻度盘上的示数。如果起、检偏器的零点调整时所定的零点位置与刻度零点不重合，对读取的刻度盘示数要扣除零点偏离。此外，要注意方位角的正负及起偏器及检偏器方位角取值范围为 -90°～90°。

（3）样品表面要避免玷污。汗渍、油脂、灰尘都会改变表面性质，因此样品测量前最好用乙醇乙醚棉球擦干净。测量中有时看到两个反射光点，调节起、检偏器亮度明暗变化的点为主光点，副光点可以不管。

思考题

（1）椭偏法测量薄膜厚度和折射率的基本原理是什么？

（2）椭偏参数 ψ，Δ 的物理含义是什么？

（3）本实验中，若 SiO_2 的膜厚刚好为一个周期，其厚度是多少？

（4）试分析本实验测量中系统误差的来源。

6.4　用电离法探测 X 射线实验

因人的肉眼看不见 X 射线，故利用它与物质相互作用时发生的现象来判断其有无和强度，主要有以下几种方法。

1. 荧光屏法

当 X 射线照射到荧光物质上时，荧光物质受激发而发出可见的荧光，由此确定 X 射线的有无和强弱。例如，把计算器放在荧光屏前，用不同的管高压和管电流来照射，发现：当管电流一定时（一般取 $I=1.00\text{mA}$），高压越大，透射像的强度越强，清晰程度越好；同样，当高压一定时（一般取 $U=35\text{kV}$），电流越大，透射像的强度越强，清晰程度越好。

2. X 射线照相法

X 射线对照相底片的作用与普通可见光很相似。因此在记录衍射花样时广泛使用照相底片。例如，把胶片放在胶片架上，用不同的管电流和照射时间来照射，发现：在相同的时间照射下，管电流越大，即 X 射线强度越强，胶片越生雾；在 X 射线的强度一样情况下，照射时间越长，胶片也越生雾，也就是说 X 射线照射剂量越大，胶片越生雾。

3. 电离法

X 射线光子和高速电子一样，也能引起气体电离，即从气体分子中打出电子，同时产生一个正离子。电离现象可以作为测量 X 射线强度的基础。

本实验采用电离法。

实验目的

（1）熟悉并学会使用 X 射线装置。

（2）学习用电离法探测 X 射线实验的原理和方法。

实验仪器

X 射线实验仪。

实验原理

如图 6-21 所示，在一个充有适当气体的管中装上两个电极，并在其间保持一恒定的电压差，就制成探测射线的电离室。当 X 射线束通过电离室时，产生的电子被吸往阳极，而正离子被吸往阴极，于是在电路中出现电流。但产生的电流很小，所以要在外电路上加一个放大电路。

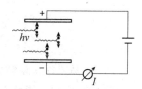

图 6-21　实验原理图

仪器简介

德国莱宝教具公司生产的 X 射线实验仪参照"X 射线衍射实验"中的介绍。

实验内容与步骤

1. 实验操作

（1）卸下 X 射线装置的测角器和准直器。

（2）将连接电缆 BNC/4mm 连接至多 BNC 插座上，将连接导线接至平行板电容器的高压输入。

（3）将平行板电容器托进 X 射线装置的实验区域，在安装插座上插入安装插头。

（4）将两根电缆放进空通道，直至它们在 X 射线装置的右侧出现。

（5）再按照图 6-22 连接（U_C 是加在电容板两端的电压，U_E 是放大后的电离空气所产生的电压）。

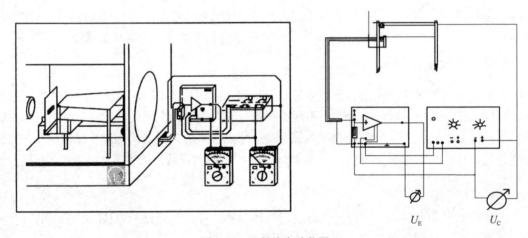

图 6-22　X 射线实验装置

2. 研究电离电流 I_C 和电容器两端的电压 U_C 的函数关系

（1）设置管电流 $I=1.00\text{mA}$，X 射线高压 $U_1=15\text{kV}$，按 HV 键打开高压。

（2）让电压 U_C 的值从 0.00V 增大到 300V，记录电离电流 I_C 的值。

（I_C 与 U_E 有一个关系式 $I_C = \dfrac{U_E}{1\text{G}\Omega}$）

（3）增加 X 射线高压 U 的值（如 $U_2=20\text{kV}$、$U_3=25\text{kV}$、$U_4=30\text{kV}$、$U_5=35\text{kV}$），按上面步骤依次做实验。

（4）列表格记录数据，利用坐标图研究 I_C 和 U_C 的关系。

3. 研究电离电流 I_C 和管电流 I 的函数关系

（1）线高压 $U=35\text{kV}$，电压 $U_C \geq 140\text{V}$，这时电离电流 I_C 达到饱和值。

（2）I 从 0.00mA 增大到 1.00mA，记录电离电流 I_C 的值。

（3）列表格记录数据，利用坐标图研究 I_C 和 I 的关系。

4. 研究电离电流 I_C 和 X 射线高压 U 的函数关系

（1）管电流 $I=1.00\text{mA}$，电压 $U_C \geq 140\text{V}$。

（2）射线高压 U 从 5kV 增大到 35kV，测定电离电流 I_C 的值。

（3）列表格记录数据，利用坐标图研究 I_C 和 U 的关系。

注意事项

（1）确保连线正确。
（2）开启高压之前，确保玻璃门已经关上，以免造成射线对人体的伤害。
（3）必须等指针稳定后才能进行电压表读数。

思考题

（1）电离室的电离电流呈饱和状态，电离电流值 I_C 是否可以量化电离效果和 X 射线管的强度？
（2）当 X 射线的高压 U 值恒定时，电离电流 I_C 饱和值和 X 射线强度有什么关系？
（3）当 X 射线的管电流 I 值恒定时，电离电流 I_C 饱和值和 X 射线管的高电压是否成比例？

6.5 表面磁光克尔效应实验

1845 年，Michael Faraday 首先发现了磁光效应，他发现当外加磁场加在玻璃样品上时，透射光的偏振面将发生旋转，随后他将磁场加于金属表面上做光反射的实验，但由于金属表面并不够平整，因而实验结果不能使人信服。1877 年 John Kerr 在观察偏振光从抛光过的电磁铁磁极反射出来时，发现了磁光克尔效应（Magneto-optic Kerr Effect）。1985 年 Moog 和 Bader 两位学者进行铁磁超薄膜的磁光克尔效应测量，成功地得到一原子层厚度磁性物质的磁滞回线，并且提出了以 SMOKE 作为表面磁光克尔效应（Surface Magneto-optic Kerr Effect）的缩写，用以表示应用磁光克尔效应在表面磁学上的研究。由于此方法的磁性测量灵敏度可以达到一个原子层厚度，并且仪器可以配置于超高真空系统上面工作，所以成为表面磁学的重要研究方法。

表面磁性及由数个原子层所构成的超薄膜和多层膜磁性，是当今凝聚态物理领域中的一个极其重要的研究热点。而表面磁光克尔效应（SMOKE）作为一种非常重要的超薄膜磁性原位测量的实验手段，正受到越来越多的重视，并且已经被广泛用于磁有序、磁各向异性及层间耦合等问题的研究。和其他的磁性测量手段相比较，SMOKE 具有以下优点：SMOKE 的测量灵敏度极高又为无损伤测量，SMOKE 测量到的信息来源于介质上的光斑照射的区域。SMOKE 系统的结构比较简单，易于和别的实验设备（特别是超高真空系统）相互兼容。

因此，对于光源和检测手段提出了很高的要求。目前国际上比较常见的是用功率输出很稳定的偏振激光器。Bader 等人采用的高稳定度偏振激光器，其稳定度小于 0.1%。也有用 Wollaston 棱镜分光的方法，降低对激光功率稳定度的要求。Chappert 等人的方案是将从样品出射的光经过 Wollaston 棱镜分为 s 和 p 偏振光，再通过测量它们的比值来消除光强不稳定所造成的影响。但是这种方法的背景信号非常大，对探测器及后级放大器的要求很高。

实验目的

（1）学习一种表面磁学的重要研究方法——SMOKE 方法。

（2）了解 SMOKE 方法的优点。

（3）利用 SMOKE 实验仪测试自制磁性样品的克尔信号。

实验仪器

FD-SMOKE-A 型表面磁光克尔效应实验系统。

实验原理

磁光效应有两种：法拉第效应和克尔效应。1845 年，Michael Faraday 首先发现介质的磁化状态会影响透射光的偏振状态，这就是法拉第效应。1877 年，John Kerr 发现铁磁体对反射光的偏振状态也会产生影响，这就是克尔效应。克尔效应在表面磁学中的应用，即为表面磁光克尔效应（Surface Magneto-optic Kerr Effect）。它是指铁磁性样品（如铁、钴、镍及其合金）的磁化状态对于从其表面反射的光的偏振状态的影响。当入射光为线偏振光时，样品的磁性会引起反射光偏振面的旋转和椭偏率的变化。表面磁光克尔效应作为一种探测薄膜磁性的技术始于 1985 年。

如图 6-23 所示，当一束线偏振光入射到样品表面上时，如果样品是各向异性的，那么反射光的偏振方向会发生偏转。如果此时样品还处于铁磁状态，那么由于铁磁性，还会导致反射光的偏振面相对于入射光的偏振面额外再转过一个小的角度，这个小角度称为克尔旋转角 θ_k。同时，一般而言，由于样品对 p 光和 s 光的吸收率是不一样的，即使样品处于非磁状态，反射光的椭偏率也发生变化，而铁磁性会导致椭偏率有一个附加的变化，这个变化称为克尔椭偏率 ε_k。由于克尔旋转角 θ_k 和克尔椭偏率 ε_k 都是磁化强度 M 的函数。通过探测 θ_k 或 ε_k 的变化可以推测出磁化强度 M 的变化。

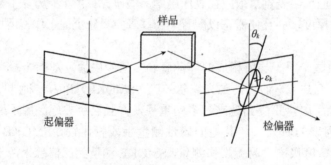

图 6-23　表面磁光克尔效应原理

按照磁场相对于入射面的配置状态不同，磁光克尔效应可以分为三种：极向克尔效应、纵向克尔效应和横向克尔效应。

（1）极向克尔效应：如图 6-24 所示，磁化方向垂直于样品表面并且平行于入射面。通常情况下，极向克尔信号的强度随光的入射角的减小而增大，在 0° 入射角时（垂直入射）达到最大。

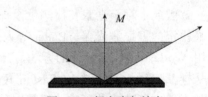

图 6-24　极向克尔效应

（2）纵向克尔效应：如图 6-25 所示，磁化方向在样品膜面内，并且平行于入射面。纵向克尔信号的强度一般随光的入射角的减小而减小，在 0° 入射角时为零。通常情况下，纵向克尔信号中无论是克尔旋转角还是克尔椭偏率都要比极向克尔信号小一个数量级。正是这个原因纵向克尔效应的探测远比极向克尔效应来得困难。但对于很多薄膜样品来说，易磁轴往往平行于样品表面，因而只有在纵向克尔效应配置下样品的磁化强度才容易达到饱和。因此，纵向克尔效应对于薄膜样品的磁性研究来说是十分重要的。

（3）横向克尔效应：如图 6-26 所示，磁化方向在样品膜面内，并且垂直于入射面。横向克尔效应中反射光的偏振状态没有变化。这是因为在这种配置下光电场与磁化强度矢积的方向永远没有与光传播方向相垂直的分量。横向克尔效应中，只有在 p 偏振光（偏振方向平行于入射面）入射条件下，才有一个很小的反射率的变化。

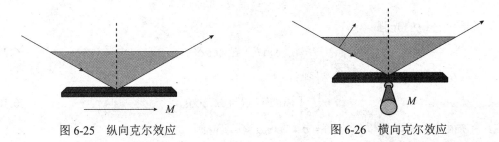

图 6-25　纵向克尔效应　　　　　　　图 6-26　横向克尔效应

以下以极向克尔效应为例详细讨论 SMOKE 系统，原则上完全适用于纵向克尔效应和横向克尔效应。图 6-27 为常见的 SMOKE 系统光路图，氦－氖激光器发射激光束通过起偏棱镜后变成线偏振光，然后从样品表面反射，经过检偏棱镜进入探测器。检偏棱镜的偏振方向与起偏棱镜设置成偏离消光位置一个很小的角度 δ，如图 6-28 所示。样品放置在磁场中，当外加磁场改变样品磁化强度时，反射光的偏振状态发生改变。通过检偏棱镜的光强也发生变化。在一阶近似下光强的变化和磁化强度呈线性关系，探测器探测到这个光强的变化就可以推测出样品的磁化状态。

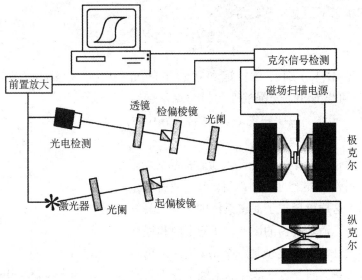

图 6-27　常见 SMOKE 系统的光路图

两个偏振棱镜的设置状态主要是为了区分正负克尔旋转角。若两个偏振方向设置在消光位置，无论反射光偏振面是顺时针还是逆时针旋转，反映在光强的变化上都是强度增大。这样无法区分偏振面的正负旋转方向，也就无法判断样品的磁化方向。当两个偏振方向之间有一个小角度 δ 时，通过检偏棱镜的光线有一个本底光强 I_0。反射光偏振面旋转方向和 δ 同向时光强增大，反向时光强减小，这样样品的磁化方向可以通过光强的变化来区分。

在图 6-28 所示的光路中，假设取入射光为 p 偏振（电场矢量 E_p 平行于入射面），当光线从磁化了的样品表面反射时由于克尔效应，反射光中含有一个很小的垂直于 E_p 的电场分量 E_s，通常 $E_s \ll E_p$。在一阶近似下有

$$\frac{E_s}{E_p} = \theta_k + \mathrm{i}\,\varepsilon_k \tag{6.28}$$

通过检偏棱镜的光强

$$I = \left| E_p \sin\delta + E_s \cos\delta \right|^2 \tag{6.29}$$

将式（6.28）代入式（6.29）得到

$$I = \left| E_p \right|^2 \left| \sin\delta + (\theta_k + \mathrm{i}\varepsilon_k)\cos\delta \right|^2 \tag{6.30}$$

因为 δ 很小，所以可以取 $\sin\delta \approx \delta$，$\cos\delta \approx 1$，得到

$$I = \left| E_p \right|^2 \left| \delta + (\theta_k + i\,\varepsilon_k) \right|^2 \tag{6.31}$$

整理得到

$$I = \left| E_p \right|^2 (\delta^2 + 2\delta\theta_k) \tag{6.32}$$

无外加磁场下

$$I_0 = \left| E_p \right|^2 \delta^2 \tag{6.33}$$

所以有

$$I = I_0(1 + 2\theta_k / \delta) \tag{6.34}$$

于是在饱和状态下的克尔旋转角 θ_k 为

$$\Delta\theta_k = \frac{\delta}{4}\frac{I(+M_s) - I(-M_S)}{I_0} = \frac{\delta}{4}\frac{\Delta I}{I_0} \tag{6.35}$$

$I(+M_s)$ 和 $I(-M_s)$ 分别是正负饱和状态下的光强。从式（6.35）可以看出，光强的变化只与克尔旋转角 θ_k 有关，而与 ε_k 无关。说明在图 6-28 这种光路中探测到的克尔信号只是克尔旋转角。

在超高真空原位测量中，激光在入射到样品之前，和经样品反射之后都需要经过一个视窗。但是视窗的存在产生了双折射，这样就增加了测量系统的本底，降低了测量灵敏度。为了消除视窗的影响，降低本底和提高探测灵敏度，需要在检偏器之前加一个 1/4 波片。仍然假设入射光为 p 偏振，四分之一波片的主轴平行于入射

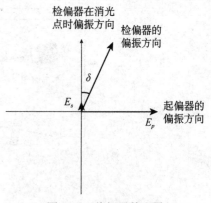

图 6-28　偏振器件配置

面，如图 6-29 所示。

此时在一阶近似下有：$E_s / E_p = -\varepsilon_k + i\theta_k$。通过棱镜 2 的光强为

$$I = \left| E_p \sin\delta + E_s \cos\delta \right|^2 = \left| E_p \right|^2 \left| \sin\delta - \varepsilon_k \cos\delta + i\theta_k \cos\delta \right|^2$$

因为 δ 很小，所以可以取 $\sin\delta \approx \delta$，$\cos\delta \approx 1$，得到

$$I = \left| E_p \right|^2 \left| \delta - \varepsilon_k + i\theta_k \right|^2 = \left| E_p \right|^2 (\delta^2 - 2\delta\varepsilon_k + \varepsilon_k^2 + \theta_k^2)$$

因为角度 δ 取值较小，并且 $I_0 = \left| E_p \right|^2 \delta^2$，所以

$$I \approx \left| E_p \right|^2 (\delta^2 - 2\delta\varepsilon_k) = I_0 (1 - 2\varepsilon_k / \delta) \tag{6.36}$$

在饱和情况下 $\Delta\varepsilon_k$ 为

$$\Delta\varepsilon_k = \frac{\delta}{4} \frac{I(-M_s) - I(+M_s)}{I_0} = \frac{\delta}{4} \frac{\Delta I}{I_0} \tag{6.37}$$

此时光强变化对克尔椭偏率敏感而对克尔旋转角不敏感。因此，如果要想在大气中探测磁性薄膜的克尔椭偏率，则也需要在图 6-27 的光路中检偏棱镜前插入一个 1/4 波片，如图 6-29 所示。

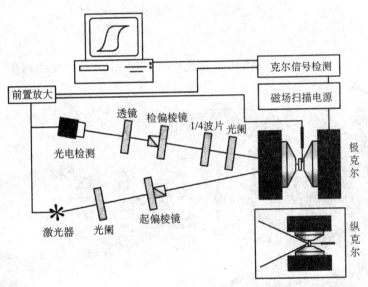

图 6-29　SMOKE 系统测量椭偏率的光路图

如图 6-29 所示，整个系统由一台计算机实现自动控制。根据设置的参数，计算机经 D/A 卡控制磁场电源和继电器进行磁场扫描。光强变化的数据由 A/D 卡采集，经运算后作图显示，从屏幕上直接看到磁滞回线的扫描过程，如图 6-30 所示。

表面磁光克尔效应具有极高的探测灵敏度。目前表面磁光克尔效应的探测灵敏度可以达到 10^{-4} 度的量级。这是一般常规的磁光克尔效应的测量所不能达到的。因此表面磁光克尔效应具有测量单原子层甚至于亚原子层磁性薄膜的灵敏度，所以表面磁光克尔效应已经被广泛地应用在磁性薄膜的研究中。虽然表面磁光克尔效应的测量结果是克尔旋转角或者克尔椭偏率，并非直接测量磁性样品的磁化强度。但是在一阶近似的情况下，克尔旋转角或者克尔椭偏率均和磁性样品的磁化强度成正比。所以，只需要用振动样品磁强计（VSM）等直接测量

磁性样品的磁化强度的仪器对样品进行一次定标，即能获得磁性样品的磁化强度。另外，表面磁光克尔效应实际上测量的是磁性样品的磁滞回线，因此可以获得矫顽力、磁各向异性等方面的信息。

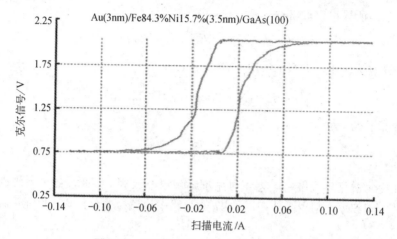

图 6-30　表面磁光克尔效应实验扫描图样

仪器简介

表面磁光克尔效应实验系统主要由电磁铁系统、光路系统、主机控制系统、光学实验平台以及计算机组成，如图 6-31 所示。

图 6-31　表面磁光克尔效应实验系统实验装置

（1）将 SMOKE 光功率计控制主机前面板上激光器 "DC3V" 输出通过音频线与半导体激光器相连，将光电接收器与 SMOKE 光功率计控制主机后面板的 "光路输入" 相连，注意连接线一端为三通道音频插头接光电接收器，另外一端为绿、黄、黑三色标志插头与对应颜色的插座相连。将霍尔传感器探头一段固定在电磁铁支撑架上（注意霍尔传感器的方向），另外一端与 SMOKE 光功率计控制主机后面板 "磁路输入" 相连，注意 "磁路输入" 也有 4 种颜色区分不同接线柱，对应接入即可。将 "磁路输出" 和 "光路输出" 分别用五芯航空线与 SMOKE 克尔信号控制主机后面板的 "磁信号" 和 "光信号" 输入端相连。

（2）将 SMOKE 克尔信号控制主机后面板上 "控制输出" 和 "换向输出" 分别与 SMOKE

磁铁电源控制主机后面板上"控制输入"和"换向输入"用五芯航空线相连。用九芯串口线将"串口输出"与计算机上串口输入插座相连。

（3）将 SMOKE 磁铁电源控制主机后面板上的电流输出与电磁铁相连，"20V40V"波段开关拨至"20V"（只有在需要大电流情况下才拨至"40V"）。

（4）接通三个控制主机的 220V 电源，开机预热 20 分钟。

实验内容与步骤

1. 样品放置

本仪器可以测量磁性样品，如铁、钴、镍及其合金。实验时将样品做成长条状，即易磁轴与长边方向保持一致。将实验样品用双面胶固定在样品架上，并把样品架安放在磁铁固定架中心的孔内。这样可以实现样品水平方向的转动，以及实现极克尔效应和纵向克尔效应的转换。在磁铁固定架的一端有一个手柄，当放置好样品时，可以旋紧螺丝。这样可以固定样品架，防止加磁场时，样品位置有轻微的变化，影响克尔信号的检测。

2. 光路调整

（1）在入射光光路中，可以依次放置激光器、可调光阑、起偏棱镜（格兰-汤普逊棱镜），调节激光器前端的小镜头，使打在样品上的激光斑越小越好，并调节起偏棱镜使其起偏方向与水平方向一致（仪器起偏棱镜方向出厂前已经校准，参考上面标注角度即可），这样能使入射线的偏振光为 p 光。另外通过旋转可调光阑的转盘，使入射激光斑直径最小。

（2）在反射接收光路中，可以依次放置可调光阑、检偏棱镜、双凸透镜和光电检测装置。因为样品表面平整度的影响，所以反射光光束发散角已经远远大于入射光束，调节小孔光阑，使反射光能够顺利进入检偏棱镜。在检偏棱镜后，放置一个长焦距双凸透镜，该透镜的作用是使检偏棱镜出来的光汇聚，以利于后面光电转换装置测量到较强的信号。光电转换装置的前部是一个可调光阑，光阑后装有一个波长为 650nm 的干涉滤色片。这样可以减小外界杂散光的影响，从而提高检测灵敏度。滤色片后有硅光电池，它将光信号转换成电信号并通过屏蔽线送入控制主机中。

（3）起偏棱镜和检偏棱镜同为格兰－汤普逊棱镜，机械调节结构也相同。它由角度粗调结构和螺旋测角结构组成，并且两种结构合理结合，通过转动外转盘，可以粗调棱镜偏振方向，分辨率为 1°，并且外转盘可以 360°转动。当需要微调时，可以转动转盘侧面的螺旋测微头，这时整个转盘带动棱镜转动，实现由测微头的线位移转变为棱镜转动的角位移。因为测微头精度为 0.01mm，这样通过外转盘的定标，就可以实现角度的精密测量。通过检测，这种角度测量精度可以达到 2 分左右，因为每个转盘有加工误差，所以具体转动测量精度须通过定标测量得到。

（4）实验时，通过调节起偏棱镜使入射光为 p 光，即偏振面平行于入射面。接着设置检偏棱镜，首先粗调转盘，使反射光与入射光正交，这时光电检测信号强度最小（在信号检测主机上电压表可以读出），然后转动螺旋测微头，设置检偏棱镜偏离消光位置 1°～2°。然后调节信号 SMOKE 光功率计控制主机上的光路增益调节电位器和 SMOKE 克尔信号控制主机上"光路电平"及"光路幅度"电位器，使输出信号幅度在 1.25V 左右。

（5）调节信号 SMOKE 光功率计控制主机上的磁路增益调节电位器和 SMOKE 克尔信号控制主机上"磁路电平"电位器，使磁路信号大小为 1.25V 左右。这样做是因为采集卡的采集信号范围是 0～2.5V，光路信号和磁路信号大小都被调节在 1.25V 左右，软件显示正好处于界面中间。

3. 实验操作

（1）将 SMOKE 励磁电源控制主机上的"手动-自动"转换开关指向手动挡，调节"电流调节"电位器，选择合适的最大扫描电流。因为每种样品的矫顽力不同，所以最大扫描电流也不同，实验时可以首先大致选择，观察扫描波形，然后再细调。通过观察励磁电源主机上的电流指示，选择好合适的最大扫描电流，然后将转换开关调至"自动"挡。

（2）打开"表面磁光克尔效应实验软件"，在保证通信正常的情况下，设置好"扫描周期"和"扫描次数"，进行磁滞回线的自动扫描。也可以将励磁电源主机上的"手动-自动"转换开关指向手动挡，进行手动测量，然后描点作图。

（3）如果需要检测克尔椭偏率时，按照图 6-29 所示的光路图，在检偏棱镜前放置 1/4 波片，并调节 1/4 波片的主轴平行于入射面，调整好光路后进行自动扫描或者手动测量，这样就可以检测克尔椭偏率随磁场变化的曲线。

注意事项

（1）激光器不可以直接入射人的眼睛，以免造成伤害。
（2）实验样品为磁性薄膜，如铁、钴、镍或者其合金。
（3）实验时应该尽量避免外界自然光的影响，如有条件，尽量在暗室内完成，以获得最好的实验效果。
（4）因为 SMOKE 检测的信号非常小，实验时应该尽量避免外界振动的影响。

思考题

（1）利用 SMOKE 方法检测的样品应具有何种特点？
（2）如何定量测量样品的磁滞回线及相关物理量？

6.6 三基色发光二极管的伏安特性与混色实验

"LED 多功能特性测试与应用实验仪"是光伏、光电、电子技术等专业的专业教学仪器和实验装置。随着光电子科学的发展，LED 作为一种新型节能光源大量应用在各个领域。目前在教学实践中所使用的实验仪器设备多数为工业设备，价格昂贵、操作复杂、示教性差不能满足教学的需要。

为适合光电子、信息工程、物理等专业教学内容的需要，人们特研制了"LED 多功能特性测试与应用实验仪"。该仪器紧密配合理论教学，结合目前 LED 发光二极管及其特性要求，对提高院校学生实际理解和操作能力有很大的帮助。可以通过本实验仪的一系列实验了解 LED 发光二极管的光、电基本特性，帮助学生掌握 LED 器件的特性测量和应用方法。

实验目的

（1）研究 LED 发光二极管的伏安特性。

（2）通过对 LED 发光二极管的发光强调测试，掌握其光谱分布特征。

（3）研究 LED 混色实验。

实验仪器

XZG-DH 型 LED 多功能特性测试与应用实验仪。

实验原理

发光二极管是一种可以直接把电转化为光的固态半导体器件，由Ⅲ-Ⅳ族化合物，如 GaAs（砷化镓）、GaP（磷化镓）、GaAsP（磷砷化镓）等半导体制成的，其核心是 PN 结。因此，它具有一般 PN 结的 $I—V$ 特性，即正向导通，反向截止、击穿特性。LED 的发光原理如图 6-32 所示。

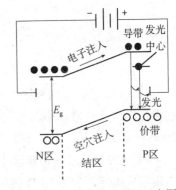

图 6-32　LED 的发光原理示意图

此外，在一定条件下，它还具有发光特性。在正向电压下，电子由 N 区注入 P 区，空穴由 P 区注入 N 区，进入对方区域的少数载流子（少子）一部分与多数载流子（多子）复合而发光。

根据不同的结构和材料，LED 发出的颜色也是不同的。目前显示领域使用的 LED 可分为两大类：一类是磷化铝、磷化镓和磷化铟的合金，可以做成红色、橙色和黄色的 LED；另一类是氮化铟和氮化镓的合金，可以做成绿色、蓝色和白色的 LED。通常，LED 峰值波长 λ 和半导体材料的能隙 E_g 满足以下关系

$$\lambda=1240/E_g$$

式中，λ 的单位为纳米，nm；E_g 的单位为电子伏特，eV。

1. LED 伏安特性研究

LED 是一个由半导体无机材料构成的单极性 PN 结二极管，它是半导体 PN 结二极管中的一种，因此其电压-电流之间的相互作用关系，一般称为伏特（电压 V）和安培（电流 A）特性（简称 $V—I$ 特性）。

研究 LED 器件工作电压与电流的关系，采用二维坐标绘制伏安特性曲线。使学生了解 LED 器件在实际应用当中工作电压的设定。发光二极管具有与一般半导体二极管相似的输入伏安特性曲线。

LED 工作的电流—电压特性图如图 6-33 所示。

（1）OA 段：正向死区。V_A 为开启 LED 发光的电压。红色（黄色）LED 的开启电压一般为 0.2～0.25V，绿色（蓝色）LED 的开启电压一般为 0.3～0.35V。

（2）AB 段：工作区。在这一区段，一般是随着电压增大电流也跟着增大，发光亮度也跟着增大。但在这个区段内要特别注意，如果不加任何保护，当正向电压增加到一定值后，那么发光二极管的正向电压会减小，而正向电流会加大。如果没有保护电路，会因电流增大而烧坏发光二极管。

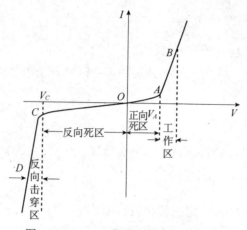

图 6-33　LED 工作的电流-电压特性图

（3）OC 段：反向死区。发光二极管加反向电压是不发光的（不工作），但有反向电流。这个反向电流通常很小，一般在几 μA 之内。1990～1995 年，反向电流定为 10μA，1995～2000 年定为 5μA；目前一般定在 3μA 以下，但基本上约 0μA。

（4）CD 段：反向击穿区。发光二极管的反向电压一般有一定限制，超过这个电压，就会出现反向击穿，导致 LED 报废。各个 LED 的反向击穿电压都不一样，所以在使用时必须注意，避免损坏。实验时，建议反向电压不要超过 5V。

2. LED 发光强度测试

LED 发光强度或光功率输出随着波长变化而不同，绘成一条分布曲线——光谱分布曲线。当此曲线确定之后，器件的有关主波长、纯度等相关色度学参数亦随之而定。

LED 的光谱分布与制备所用化合物半导体种类、性质及 PN 结结构（外延层厚度、掺杂杂质）等有关，而与器件的几何形状、封装方式无关。

按发光强度和工作电流分有普通亮度的 LED（发光强度小于 10mcd）；把发光强度在 10～100mcd 间的叫高亮度发光二极管。一般普通 LED 的工作电流在十几 mA 至几十 mA，大功率 LED 工作电流在 100mA 以上，而低电流 LED 的工作电流在 2mA 以下（亮度与普通发光管相同）。

3. LED 混色实验

三基色是指红、绿、蓝三色，人眼对红、绿、蓝最为敏感，大多数的颜色可以通过红、绿、蓝三色按照不同的比例合成产生。同样绝大多数单色光也可以分解成红绿蓝三种色光。这是色度学的最基本原理，即三基色原理。红绿蓝三基色按照不同的比例相加合成混色称为相加混色，除了相加混色法之外还有相减混色法。

本实验采用 RGB 三色 LED 来完成混色实验，通过控制三路 LED 的工作电流，使之产生不同比例的三基色，从而完成混色实验。

仪器简介

XZG-DH 型 LED 多功能特性测试与应用实验仪由 LED 光强分布测试仪、LED 温度特性测试仪、光强计、测试电源、LED 混色实验仪、LED 点阵显示实验仪及 LED 待测样品等组成。LED 光强分布特性测试如图 6-34 所示，LED 混色实验仪如图 6-35 所示。

图 6-34 LED 光强分布特性测试

图 6-35 LED 混色实验仪

仪器的主要技术参数如下。

1. LED 实验电源 LED-P2

（1）稳压源 0～5V（350mA），连续可调，显示分辨率 0.01V。

（2）恒流源 0～400mA，连续可调，显示分辨率分别为 1mA。

2. LED 特性测试仪 LED-VA

（1）电压表 0～2V 和 0～20V 两挡，分辨率分别为 1mV 和 10mV。

（2）电流表 0～200μA，0～2mA，0～20mA，0～2A 四挡显示，分辨率分别为 0.1μA，1μA，10μA 和 1mA。

3. 光强计

光强计的测试范围为 0.1～199.9×1000mcd，分为 ×1mcd、×10mcd、×100mcd 和 ×1000mcd 4 挡；量程切换采用数字按键。

4. LED 的光强分布特性测试仪

（1）测试角度最小分辨率 0.1°。

（2）导轨（见图 6-36 中的 1），长 60cm，标尺分辨率 1mm。

（3）滑块（见图 6-36 中的 2），安装光强传感器和 LED 转盘。

（4）LED 转盘（见图 6-36 中的 1），带角度指示。

（5）LED 旋转座（见图 6-36 中的 4）。

（6）LED 待测样品座（见图 6-36 中的 5）。

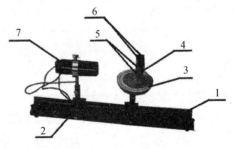

图 6-36 LED 光强分布特性测试仪

（7）LED 测试连接插座（见图 6-36 中的 6），内部与待测样品相连，红为阳极，黑为阴极。

（8）LED 光强传感器（见图 6-36 中的 7），与 DHLB-1 光强计相连，测量 LED 发光光强。

5. LED 混色实验仪

由 LED-P1 混色实验电源和混色实验测试架组成，电源三路电流均可调，切换显示对应电流，三路 R\G\B 电压输出分别与混色实验测试架上的 R\G\B 插座相连。

实验内容与步骤

1. LED 伏安特性实验

（1）将待测 LED 样品板放置在 LED 光强特性测试仪的 LED 旋转座插座上，阳极对应红色插座，阴极对应黑色插座。

（2）将 LED-P2 实验电源的稳压源逆时针调到最小，然后按照 LED 正向伏安特性测试电路连接线路。

（3）将 LED 特性测试仪 LED-VA 的电压表打到 2V 挡位，电流挡打到 200μA 量程挡位；然后开启稳压电源，缓慢增加电压值，记录电压表和电流表的读数，并计入表 6-1 中；注意监控电流表的读数，当电流表的电流到达 300mA 时，停止增加稳压电源输出，以免 LED 电流过大而损坏，不同的 LED 最大电流不一样，出厂配置的 1W 大功率 LED（除白色）的供电电流最好不要超过 300mA，白色 LED 最大电流也不要超过 330mA。对于其他用户自己准备的 LED 样品，请严格参考相关技术指标。

表 6-1　电压和电流值

编号	LED 正向压降/V	LED 正向电流 I/mA

（4）关于 LED 的反向伏安特性的测量，仅仅需要把 LED 反向即可；在做 LED 反向伏安特性测试时，建议反向电压不要超过 5V，避免 LED 反向击穿造成损坏，数据记录在表 6-2 中。

表 6-2　LED 反向伏安特测量值

编号	LED 反向压降/V	LED 反向电流 I/mA

（5）绘制 LED 伏安特性曲线。LED 正向伏安特性测试如图 6-37 所示。

2. LED 发光强度测试实验

（1）按照图 6-34 所示的实验仪器开展实验，先将待测白色 LED 样品插在 LED 旋转座插座上，然后将 LED 光强传感

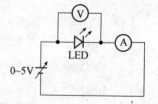

图 6-37　LED 正向伏安特性测试

器探头移近 LED 样品,并调节探头中心的高度,使之与 LED 样品轴线中心位置一致,使 LED 样品头部中心部位刚好接触到传感器探头上的中心孔,然后固定牢 LED 传感器。

(2)将光强传感器与 DHLB-1 光强计连接起来,将 LED 测试插座分别与 LED-P2 实验电源的恒流源输出连接起来,注意先把恒流源大小调节电位器逆时针调节到最小,实验采用恒流源为 LED 供电,测量 LED 输出光强和 LED 供电电流之间的关系。

(3)缓慢增加恒流源的输出电流 A,并记录光强计上的读数,超过量程后注意换挡,记录数据填入表 6-3 中。

表 6-3　LED 发光强度测量记录

编号	LED 电流 I/mA	LED 光强 P/mcd

(4)根据表 6-3 中的数据绘制 LED 的发光强度与供电电流之间的关系曲线。

(5)将白色 LED 样品换成其他颜色的样品,重复(1)~(4)的实验步骤。

3. LED 混色实验演示

(1)将 LED-P1 混色实验电源和 LED 混色实验仪连接起来,注意 R\G\B 三路用不同颜色的插座和连接线区分。

(2)改变各路混色电流的大小,观察混色实验效果。

(3)观测混色后光强的变化情况:将 LED 光强计放置在混色实验仪观测窗上,分别将各路电流调节到某一值,待电流基本稳定后,记录混色后光强计上的读数;然后分别断开另外两路 LED 的连接线,记录 R\G\B 三路 LED 单独工作时光强计上的读数,分析变化规律。

注意事项

(1)在接通电源之前,一定要将电源电压调到 0(恒流时将电流调到 0),以免发光二极管因电流过大而烧坏。

(2)注意 LED 的正负极,背部的散热器必须与插座中心处的圆柱体接触好,利于 LED 散热。

思考题

(1)简述发光二极管的发光原理。

(2)三基色是什么?

(3)实验中如何完成混色实验?

6.7 发光二极管的温度特性与点阵显示实验

LED（Light Emitting Diode）为半导体发光二极管，波长覆盖了红外、可见、紫外整个区域。发光二极管色泽鲜艳、驱动电压低、光强易控，在 LED 平板显示、大型节目渲染等光电显示方面，得到广泛应用。其中，LED 点阵显示器作为一种新兴的显示器件，它由多个独立的 LED 发光二极管封装而成。由于电子显示屏具有显示内容信息量大、外形美观大方，操作使用方便灵活、用户可随时任意自行编辑修改显示内容、显示方式图文并茂等优点，因此被广泛应用于商场、学校、银行、邮局、机场、车站等公共场所。

实验目的

（1）测量 LED 的一维空间的光强分布。
（2）研究 LED 的温度特性。
（3）研究 LED 矩阵显示特性。

实验仪器

XZG-DH 型 LED 多功能特性测试与应用实验仪。

实验原理

1. 一维空间的光强分布

研究不同的 LED 器件正面投光的光强分布。LED 器件从发光强度角分布图来分有三类：
（1）高指向性。一般为尖头环氧封装，或是带金属反射腔封装，且不加散射剂。半值角为 5°～20° 或更小，具有很高的指向性，可做局部照明光源用，或与光检测器联用以组成自动检测系统。LED 发光强度与角度的关系如图 6-38 所示，LED 一维空间光强度分布曲线图如图 6-39 所示。

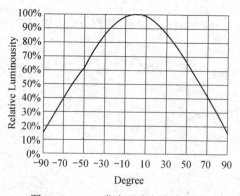

图 6-38 LED 发光强度与角度关系

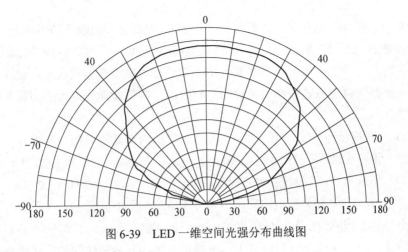

图 6-39　LED 一维空间光强分布曲线图

（2）标准型。通常做指示灯用，其半值角为 20°～45°。

（3）散射型。这是视角较大的指示灯，半值角为 45°～90°或更大，散射剂的量较大，主要用于 LED 照明。

2. LED 温度变化的研究

LED 器件是一个温度依赖性较强的器件。温度的浮动可能会导致光输出的显著变化和发光峰值波长的漂移等现象。为保证其工作的稳定性和器件的使用寿命，对 LED 温度特性的测试是十分有意义的。

LED 的伏安特性并不是固定的，而是随温度而变化的，所以电压定了，电流并不一定，而是随温度变化的。这是因为 LED 是一个二极管，它的伏安特性具有负温度系数的特点。

温度系数通常是-2mV/度（-1.5～2.5mV/℃），也就是随着温度的升高，其伏安特性左移，假如所加的电压为恒定，那么显然电流会增加。而 LED 本身的效率很低，温升很高，加电以后，假如散热不好，其温度很容易上升到八、九十度以上。假定采用 3.3V 恒压源常温下工作在 20mA，而温度升高到 85℃时，电流就会增加到 35～37mA，而其亮度并不增加。电流增加只会使它的温升更高，这样就会增加光衰，降低寿命。

而且如果不用恒流源而用恒压源供电时，常温下工作在 20mA 时，到了-40℃时，电流就会降低至 8～10mA，亮度会降低。

对于 1W 的大功率 LED 器件，情况也是一样，而且由于功率大，散热更不容易，温升问题更加严重。

可以说，除了散热问题以外，采用恒压电源供电是引起光衰的主要原因。所以原则上，LED 是禁止采用恒压电源供电的。

3. LED 点阵显示

（1）LED 点阵显示器　LED 点阵显示器以发光二极管为像素，它用高亮度发光二极管芯阵列组合后，环氧树脂和塑模封装而成，具有高亮度、功耗低、引脚少、视角大、寿命长、耐湿、耐冷热、耐腐蚀等特点。LED 点阵有 4×4、4×8、5×7、5×8、8×8、16×16、24×24、40×40 等多种。

根据像素的数目分为单基色、双基色、三基色等，根据像素的颜色的不同所显示的文字、图案等内容的颜色也不同，单基色点阵只能显示固定色彩如红、绿、黄等单色，双基色和三基色点阵显示内容的颜色由像素内不同颜色发光二极管点亮组合方式决定，如红绿都亮时可显示黄色，如果按照脉冲方式控制二极管的点亮时间，则可实现 256 或更高级灰度显示，即可实验真彩色显示。

（2）LED 点扫描驱动方案。由 LED 点阵显示器的内部结构可知，器件宜采用动态扫描驱动方式工作，由于 LED 管芯大多为高亮度型，因此某行或列的单体 LED 驱动电流可以选择窄脉冲，但其平均电流应限制在 20mA 内，多数点阵显示器的单体 LED 的正向压降约为 2V 左右，但是大亮点（$\Phi 10$）的点阵显示器单体 LED 的正向压降约为 6V。大屏幕显示系统一般是将多个 LED 点阵组成的小模块以搭积木的方式组合而成的，每一个小模块都有自己的独立控制系统，组合在一起后只要引入一个总控制器控制各模块的命令和数据即可。

（3）LED 点阵显示系统中各模块的显示方式。LED 的显示方式有静态和动态显示两种。静态显示原理简单、控制方便，但硬件接线复杂，在实际应用中一般采用动态显示方式。动态显示采用扫描的方式工作，由峰值较大的窄脉冲驱动，从上到下逐次不断地对显示屏进行选通，同时又向各列送出表示图形或文字信息的脉冲信号，反复循环以上操作，就可以显示各种图形或文字信息。

8×8 点阵 LED 的结构如图 6-40 所示，该点阵由 64 只发光二极管组成，且每个发光二极管是放置在行线和列线的交叉点上的，当对应的某一列置高电平，某一行置低电平，则相应的二极管就亮。共阴极 8×8LED 点阵内部原理如图 6-41 所示。

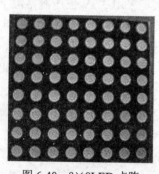

图 6-40　8×8LED 点阵

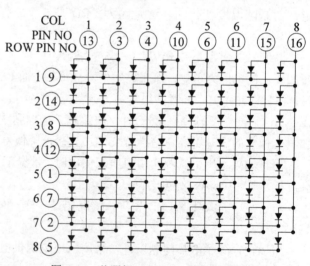

图 6-41　共阴极 8×8LED 点阵内部原理

仪器简介

XZG-DH 型 LED 多功能特性测试与应用实验仪由 LED 光强分布测试仪（见图 6-42）、LED 温度特性测试仪（见图 6-43）、光强计、测试电源、LED 混色实验仪、LED 点阵显示实验仪（见图 6-44）及 LED 待测样品等组成。

图 6-42　LED 光强分布特性测试仪

图 6-43　LED 温度特性测试仪

图 6-44　LED 点阵显示实验仪

仪器的主要技术参数如下。

1. LED 实验电源 LED-P2

（1）稳压源 0～5V（350mA），连续可调，显示分辨率 0.01V。

（2）恒流源 0～400mA 连续可调，显示分辨率分别为 1mA。

2. LED 特性测试仪 LED-VA

（1）电压表 0～2V 和 0～20V 两挡，分辨率分别为 1mV 和 10mV。

（2）电流表 0～200μA，0～2mA，0～20mA，0～2A 四挡显示，分辨率分别为 0.1μA，1μA，10μA 和 1mA。

3. 温度特性测试仪

温度控制器可以设置为-10～85℃，实际空腔极限温度范围为 0～70℃；控温电流 0～4A 可调，带加热和制冷功能。

（1）石英玻璃窗（见图 6-45 中的 1），窗下面的空腔内部放置待测 LED 样品，测试光强时，用来放置光强传感器。

（2）空腔温度测量 PT100II 传感器插座（见图 6-45 中的 2），用于连接温度控制器上的 PT100II 传感器插座（见图 6-45 中的 12）。

（3）LED 输出引脚（红正黑负）（见图 6-45 中的 3），将空腔内部的 LED 引脚转接到外部插座上。

（4）电流输入插座（见图 6-45 中的 4），用于给半导体制冷片供电，连接温度控制器的电流输出插座（见图 6-45 中的 8）。

（5）加热铜块温度测量 PT100I 传感器插座（见图 6-45 中的 5），用于连接温度控制器上的（见图 6-45 中的 13）插座，内部与温度控制表（见图 6-45 中的 14）相连来控制铜块温度。

（6）电流显示表（见图 6-45 中的 6），显示加热或制冷电流大小。

（7）电流调节电位器（见图 6-45 中的 7），用于调节加热或制冷电流大小。

（8）电流输出插座（见图 6-45 中的 8）。

（9）制冷按钮（见图 6-45 中的 9）。

（10）加热按钮（见图 6-45 中的 10）。

（11）空腔温度显示表（见图 6-45 中的 11），即 LED 所处的环境温度。

（12）PT100II 传感器插座（见图 6-45 中的 12），用于测量空腔温度。

（13）PT100I 传感器插座（见图 6-45 中的 13）。

（14）温度控制表（见图 6-45 中的 14），用于控制加热铜块的温度。

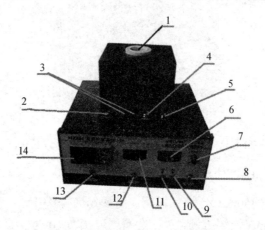

图 6-45　温度特性测试仪

在基本显示状态下，如果参数没有锁定，可以按【◀】，【▼】和【▲】键来修改 SV 设定温度值。按【▼】键减小数据，按【▲】键增大数据，可修改的数值位的小数点同时闪动（如同光标）。按【◀】键则可直接移动修改数据的位置（光标），按【▼】或【▲】键可修改闪动位置的数值。给定值可设置的最大数受参数 SPL 及 SPH 参数的限制，产品出厂时，限制范围为-10℃～85℃，用于保护半导体制冷片不被损坏，所以用户不要轻易更改 SPL 及 SPH 参数。【⏻】键用来设定功能参数，本实验不需要进行设置。

4. LED 点阵显示

8×8 点阵 LED，内部采用单片机和 HD7279 点阵显示驱动芯片及 5V 开关电源组成。

实验内容与步骤

1. 一维空间的光强分布特性实验

（1）按照图 6-42 所示的实验仪器开展实验，先将待测白色 LED 样品插在 LED 旋转座插座上，然后将 LED 光强传感器探头移近 LED 样品，调节探头中心高度，使之与 LED 样品轴线中心位置一致，并使探头到 LED 样品的距离大致为 5～10mm，以不妨碍 LED 旋转座旋转为准。

（2）将光强传感器与 DHLB-1 光强计连接起来，将 LED 测试插座分别与 LED-P2 实验电源的恒流源输出连接起来。

（3）将恒流源的大小调节到 300mA，点亮 LED，然后从 −90°～90° 旋转 LED 旋转座，每隔 2° 记录一下光强计的读数，记录到表 6-4 中。

表 6-4　一维空间的光强分布特实验

编号	角度 $\theta°$	光强 P/mcd

（4）根据表 6-4 中的数据绘制 LED 的一维空间光强分布曲线。

（5）更换待测样品，测量其他 LED 样品的一维空间光强分布曲线。

2. LED 温度特性实验

完成 LED 温度特性实验需要 LED 特性测试仪 LED-VA、LED 实验电源 LED-P2 及 LED 温度特性测试仪和温度控制器等仪器。

（1）打开温度特性测试仪中的石英玻璃窗，将待测样品 LED 样品安装在固定插座上（红色插座接阳极，黑色插座接阴极，LED 样品板上面标示有正负极），然后盖上石英玻璃窗。

（2）将温度特性测试仪与温度控制器连接起来。

（3）先做恒压源给 LED 供电实验：将实验电源 LED-P2 的稳压源输出与 LED-VA 的电流及 LED 测试插座串联起来，调节输出电压，使电流表的读数为 200mA，记录此时的稳压源输出电压；将 LED 光强计放在石英玻璃窗的上方，用于测量 LED 的光强；开启温度控制器，将加热或制冷电流调节在 3.5A，分别设置温度控制表的读数，并使温度控制稳定后，记录温度控制器中 LED 环境温度读数，光强计的读数及 LED-VA 上电流表的读数，并计入表 6-5 中。

表 6-5　LED 温度特性实验（恒压源）

编号	温控表设定温度值/℃	LED 环境温度/℃	光强/mcd	LED 电流/mA
	−8			
	0			
	10			
	20			
	30			
	40			
	50			
	60			
	70			
	80			

（4）根据表 6-5 中的数据，绘制在恒压供电情况下，LED 光强输出和工作电流随温度的变化关系曲线图。

（5）用恒流源给 LED 供电实验，实验连接线路如图 6-46 所示；调节恒流源的输出为 200mA；将 LED 光强计放置在石英玻璃窗的上方，用于测量 LED 的光强；开启温度控制器，将加热或制冷电流调节在 3.5A，分别设置温度控制表的读数，并使温度控制稳定后，记录温度控制器中 LED 环境温度读数，光强计的读数及 LED-VA 上电压表的读数，并计入表 6-6 中。

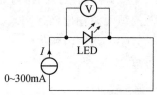

图 6-46　LED 恒流源供电

表 6-6　LED 温度特性实验（恒流源）

编号	温控表设定温度值/℃	LED 环境温度/℃	光强/mcd	LED 电压/V
	−8			
	0			
	10			
	20			
	30			
	40			
	50			
	60			
	70			
	80			

（6）根据表 6-6 中的数据，绘制在恒流供电情况下，LED 光强输出和工作电压随温度的变化关系曲线图。

3. LED 点阵显示演示实验

（1）将 LED 点阵显示实验仪与 5V 的开关电源连接起来，LED 点阵屏幕上将会显示动态字符。

（2）图 6-47 为 LED 点阵显示实验内部原理图，显示芯片采用的是 HD7279，单片机采用的是 51 系列通用单片机，有兴趣的同学可以自己编程来实现不同的字符显示。

注意事项

（1）确保连线正确。

（2）在接通电源之前，一定要将电源电压调到 0（恒流时将电流调到 0），以免发光二极管因电流过大而烧坏。

思考题

（1）LED 器件按发光强度角分布图来分，有哪三类？

（2）LED 为何禁止采用恒压电源供电？

（3）LED 点阵显示器有哪些优点？

（4）LED 的显示方式有哪两种？

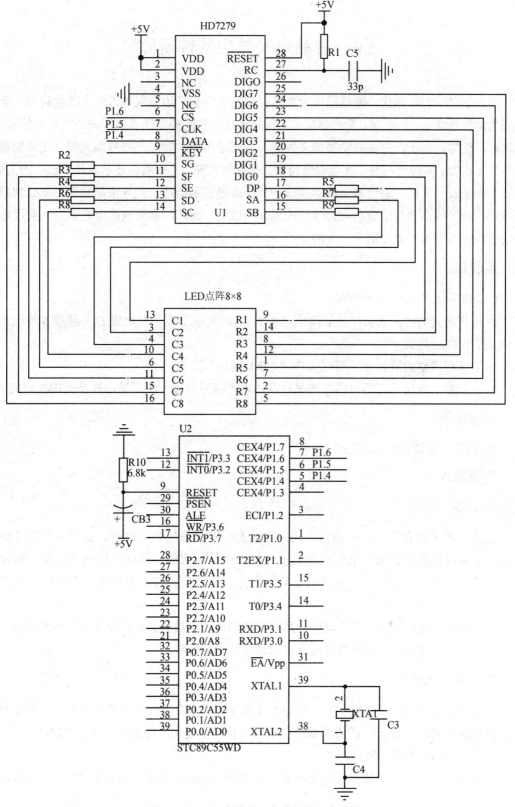

图 6-47　LED 点阵显示实验仪内部电路图

6.8　液晶电光效应特性研究

早在 20 世纪 70 年代，液晶已作为物质存在的第四态开始写入各国学生的教科书。至今已成为由物理学家、化学家、生物学家、工程技术人员和医药工作者共同关心与研究的领域，在物理、化学、电子、生命科学等诸多领域有着广泛应用，如：光导液晶光阀、光调制器、液晶显示器件、各种传感器、微量毒气监测、夜视仿生等，尤其液晶显示器件早已广为人知，独占了电子表、手机、笔记本电脑等领域。其中液晶显示器件、光导液晶光阀、光调制器、光路转换开关等均是利用液晶电光效应的原理制成的。因此，掌握液晶电光效应从实用角度或物理实验教学角度都是很有意义的。

实验目的

1. 测定液晶样品的电光曲线。

2. 根据电光曲线，求出样品的阈值电压 U_{th}、饱和电压 U_r、对比度 D_r、陡度 β 等电光效应的主要参数。

3. 了解最简单的液晶显示器件（TN-LCD）的显示原理。

4. 自配数字存储示波器可测定液晶样品的电光响应曲线，求得液晶样品的响应时间。

实验仪器

FD-LCE-1 型液晶电光效应实验仪。

实验原理

1. 液晶

液晶态是一种介于液体和晶体之间的中间态，既有液体的流动性、黏度、形变等机械性质，又有晶体的热、光、电、磁等物理性质。液晶与液体、晶体之间的区别是：液体是各向同性的，分子无取向序；液晶分子有取向序，但无位置序；晶体则既有取向序又有位置序。

就形成液晶方式而言，液晶可分为热致液晶和溶致液晶。热致液晶又可分为近晶相、向列相和胆甾相。其中向列相液晶是液晶显示器件的主要材料。

2. 液晶电光效应

液晶分子是在形状、介电常数、折射率及电导率上具有各向异性特性的物质，如果对这样的物质施加电场（电流），随着液晶分子取向结构发生变化，它的光学特性也随之变化，这就是通常说的液晶的电光效应。

液晶的电光效应种类繁多，主要有动态散射型（DS）、扭曲向列相型（TN）、超扭曲向列相型（STN）、有源矩阵液晶显示（TFT）、电控双折射（ECB）等。其中应用较广的有 TFT 型——主要用于液晶电视、笔记本电脑等高档产品；STN 型——主要用于手机屏幕等中档产品；TN 型——主要用于电子表、计算器、仪器仪表、家用电器等中低档产品，是目前应用最普遍的液晶显示器件。TN 型液晶显示器件显示原理较简单，是 STN、TFT 等显示方式的基础。本仪器所使用的液晶样品即为 TN 型。

3. TN 型液晶盒结构

TN 式液晶盒结构如图 6-48 所示。

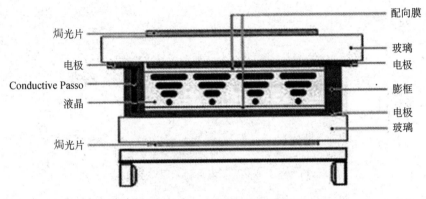

图 6-48　TN 型液晶盒结构图

在涂覆透明电极的两枚玻璃基板之间，夹有正介电各向异性的向列相液晶薄层，四周用密封材料（一般为环氧树脂）密封。玻璃基板内侧覆盖着一层定向层，通常是一薄层高分子有机物，经定向摩擦处理，可使棒状液晶分子平行于玻璃表面，沿定向处理的方向排列。上下玻璃表面的定向方向是相互垂直的，这样，盒内液晶分子的取向逐渐扭曲，从上玻璃片到下玻璃片扭曲了 90°，所以称为扭曲向列型。

4. 扭曲向列型电光效应

无外电场作用时，由于可见光波长远小于向列相液晶的扭曲螺距，当线偏振光垂直入射时，若偏振方向与液晶盒上表面分子取向相同，则线偏振光将随液晶分子轴方向逐渐旋转 90°，平行于液晶盒下表面分子轴方向射出（见图 6-49（a）中不通电部分，其中液晶盒上下表面各附一片偏振片，其偏振方向与液晶盒表面分子取向相同，因此光可通过偏振片射出）；若入射线偏振光偏振方向垂直于上表面分子轴方向，出射时，线偏振光方向也垂直于下表面液晶分子轴；当以其他线偏振光方向入射时，则根据平行分量和垂直分量的相位差，以椭圆、圆或直线等某种偏振光形式射出。

对液晶盒施加电压，当达到某一数值时，液晶分子长轴开始沿电场方向倾斜，电压继续增加到另一数值时，除附着在液晶盒上下表面的液晶分子外，所有液晶分子长轴都按电场方向进行重排列（见图 6-49 中通电部分），TN 型液晶盒 90° 旋光性随之消失。

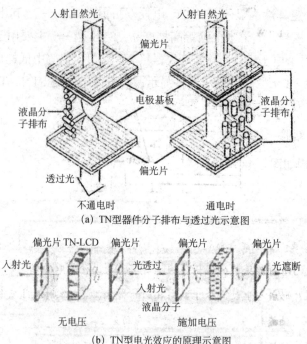

(a) TN型器件分子排布与透过光示意图

(b) TN型电光效应的原理示意图

图 6-49　TN 型液晶显示器件显示原理示意图

　　若将液晶盒放在两片平行偏振片之间，其偏振方向与上表面液晶分子取向相同。不加电压时，入射光通过起偏器形成的线偏振光，经过液晶盒后偏振方向随液晶分子轴旋转 90°，不能通过检偏器；施加电压后，透过检偏器的光强与施加在液晶盒上电压大小的关系如图 6-50 所示；其中纵坐标为透光强度，横坐标为外加电压。最大透光强度的 10% 所对应的外加电压值称为阈值电压（U_{th}），标志着液晶电光效应有可观察反应的开始（或称起辉），阈值电压小，是电光效应好的一个重要指标。最大透光强度的 90% 对应的外加电压值称为饱和电压（U_r），标志获得最大对比度所需的外加电压数值，U_r 小则易获得良好的显示效果，且降低显示功耗，对显示寿命有利。对比度 $D_r = I_{max}/I_{min}$，其中 I_{max} 为最大观察（接收）亮度（照度），I_{min} 为最小亮度。陡度 $\beta = U_r/U_{th}$ 即饱和电压与阈值电压之比。

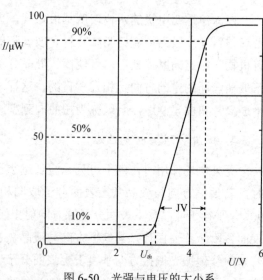

图 6-50　光强与电压的大小系

5. TN-LCD 结构及显示原理

　　TN 型液晶显示器件结构参考图 6-49，液晶盒上下玻璃片的外侧均贴有偏光片，其中上表面所附偏振片的偏振方向总与上表面分子取向相同。自然光入射后，经过偏振片形成与上表面分子取向相同的线偏振先，入射液晶盒后，偏振方向随液晶分子长轴旋转 90°，以平行于下表面分子取向的线偏振光射出液晶盒。若下表面所附偏振片偏振方向与下表面分子取向垂直（即与上表面平行），则为黑底白字的常黑型，不通电时，光不能透过显示器（为黑态），通电时，90° 旋光性消失，光可通过显示器（为白态）；若偏振片与下表面分子取向相同，则为白底黑字的常白型，如图 6-49 所示结构。TN-LCD 可用于显示数字、简单字符及图案等，有选择地在各段电极上施加电压，就可以显示出不同的图案。

实验仪器介绍

FD-LCE—I 型液晶电光效应实验仪（见图 6-51）具有以下优点。

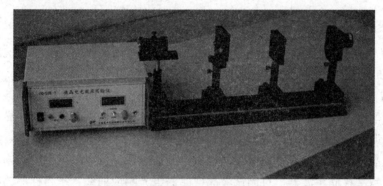

图 6-51　FD-LCE—I 型液晶电光效应实验仪

（1）仪器导轨、滑块、转盘等均采用高强度铝合金制作，立杆材料为不锈钢，具有体积小、重量轻、不会生锈等优点，转盘经特别设计，可细调。导轨采用燕尾型结构，移动时直线定位好，固定时牢固可靠。

（2）用框架型结构固定液晶样品，牢固美观；采用接线柱方式给样品通电，方便安全。

（3）所用装置配件均为光学通用配件（含常用光功率计），除可做液晶电光效应实验外，还可用于光偏振等光学实验或用于测定半导体激光器工作电流与出射光强的关系。

如图 6-52 所示，液晶电光效应实验仪主要由控制主机、导轨、半导体激光器、液晶样品盒（包括起偏器及液晶样品）、检偏器、可调光阑及光电探测器组成。

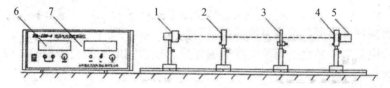

1—半导体激光器；2—液晶样品盒；3—检偏器；4—可调光阑；5—光电探测器

图 6-52　液晶电光效应实验仪装置图

实验内容及步骤

（1）光学导轨上放置的器件依次为：半导体激光器-液晶样品盒-检偏器-光电探测器（带可调光阑）。其中液晶样品盒带接线柱的一面面向半导体激光器。液晶样品盒包括液晶样品及起偏器，起偏器附在液晶片的一面（带接线柱的一面），其偏振方向与所附表面的液晶分子取向相同。打开半导体激光器，调节各元件高度，使激光依次穿过液晶盒、检偏器，打在光电探测器的光阑上。

（2）接通主机电源，将光功率计调零，用话筒线连接光功率计和光电探测器旋转检偏器，可观察到光功率计数值大小变化，若最大透射光强小于 200μW，可旋转半导体激光器机身，使最大透射光强大于 200μW，最后旋转检偏器至透射光强值达到最小。

（3）将电压表调至零点，用红黑导线连接主机和液晶盒，从 0 开始逐渐增大电压，观察光功率计读数变化，电压调至最大值后归零。

（4）从 0 开始逐渐增加电压，0～2.5V 每隔 0.2V 或 0.3V 记一次电压及透射光强值，2.5V 后每隔 0.1V 左右记一次数据，6.5V 后再每隔 0.2 或 0.3V 记一次数据，在关键点附近宜多测几组数据。

（5）做电光曲线图，纵坐标为透射光强值，横坐标为外加电压值。

（6）根据做好的电光曲线，求出样品的阈值电压 U_{th}（最大透光强度的 10%所对应的外加电压值）、饱和电压 U_r（最大透光强度的 90%对应的外加电压值）、对比度 D_r（$D_r = I_{max}/I_{min}$）及陡度 β（$\beta=U_r/U_{th}$）。

（7）演示黑底白字的常黑型 TN-LCD。拔掉液晶盒上的插头，光功率计显示为最小，即黑态；将电压调至 6V 至 7V，连通液晶盒，光功率计显示最大数值，即白态。注：可自配数字或字符型液晶片演示，有选择地在各段电极上施加电压，就可以显示出不同的图案。

（8）自配数字存储示波器，可测试液晶样品的电光响应曲线，求得样品的响应时间。

注意事项

（1）拆装时只压液晶盒边缘，切忌挤压液晶盒中部；保持液晶盒表面清洁，不能有划痕；应防止液晶盒受潮，防止受阳光直射。

（2）驱动电压不能为直流。

（3）切勿直视激光器。

（4）液晶样品受温度等环境因素的影响较大，如 TN 型液晶的阈值电压在 20℃±20℃范围内漂移达 15%到 35%，因此每次实验结果有一定出入为正常情况。也可比较不同温度下液晶样品的电光曲线图。

思考题

（1）如何实现常黑型、常亮型液晶显示？

（2）实验中液晶样品盒采用单面附着偏振片，能否完成实验？如果能，应将附着偏振片的一面朝向哪边？

附　录

附表 1　20℃时物质的密度

物质	密度/（kg/m³）	物质	密度/（kg/m³）	物质	密度/（kg/m³）
铂	21450	硬铝	2790	纸	700～1000
金	19320	普通玻璃	2400～2700	冰	917
钨	19300	铝	2698.9	石蜡	870～940
0℃水银	13595.5	冕牌玻璃	2200～2600	变压器油	840～890
20℃水银	13546.2	食盐	2140	苯	879
铅	11342	硫酸	1840	松节油	855～870
银	10492	煤	1200～1700	煤油	800
铜	8960	有机玻璃	1200～1500	甲醇	791.3
康铜	8880	蜂蜜	1435	丙酮	791
镍	8850	硬橡胶	1100～1400	无水乙醇	789.4
青铜	8780	氟利昂-12	1329	车用汽油	710～720
黄铜	8500～8700	无水甘油	1260	乙醚	714
不锈钢	7910	牛乳	1030～1040	软木	220～260
钢	7600～7900	海水	1010～1050	氩	1.783
铁	7874	3.98℃纯水	1000	氧	1.429
锡（白）	7298	4℃纯水	999.97	0℃干燥空气	1.293
铬	7140	0℃纯水	999.84	氮	1.251
锌	7140	钟表油	981	20℃干燥空气	1.293
火石玻璃	2800～4500	15℃蓖麻油	969	氦	0.1785
石英玻璃	2900～3000	20℃蓖麻油	957	氢	0.0899
石英	2500～2800	橡胶	910～960	—	—

附表 2　不同温度时干燥空气中的声速　　　（单位：m·s⁻¹）

温度/℃	0	1	2	3	4	5	6	7	8	9
60	366.05	366.60	367.14	367.69	368.24	368.78	369.33	369.87	370.42	370.96
50	360.51	361.07	361.62	362.18	362.74	363.29	363.84	364.39	364.95	365.50
40	354.89	355.46	356.02	356.58	357.15	357.71	358.27	358.83	359.39	359.95
30	349.18	349.75	350.33	350.90	351.47	352.04	352.62	393.19	353.75	354.32
20	343.37	343.95	344.54	345.12	345.70	346.29	346.87	347.44	348.02	348.60
10	337.46	338.06	338.65	339.25	339.84	340.43	341.02	341.61	342.20	342.58
0	331.45	332.06	332.66	333.27	333.87	334.47	335.07	335.67	336.27	336.87
−10	325.33	324.71	324.09	323.47	322.84	322.22	321.60	320.97	320.34	319.52
−20	319.09	318.45	317.82	317.19	316.55	315.92	315.28	314.64	314.00	313.36
−30	312.72	312.08	311.43	310.78	310.14	309.49	308.84	308.19	307.53	306.88

续表

温度/℃	0	1	2	3	4	5	6	7	8	9
-40	306.22	305.56	304.91	304.25	303.58	302.92	302.26	301.59	300.92	300.25
-50	299.58	298.91	298.24	397.56	296.89	296.21	295.53	294.85	294.16	293.48
-60	292.79	292.11	291.42	290.73	290.03	289.34	288.64	287.95	287.25	286.55
-70	285.84	285.14	284.43	283.73	283.02	282.30	281.59	280.88	280.16	279.44
-80	278.72	278.00	277.27	276.55	275.82	275.09	274.36	273.62	272.89	272.15
-90	271.41	270.67	269.92	269.18	268.43	267.68	266.93	266.17	265.42	264.66

附表3　金属和合金的电阻率与其温度系数

金属和合金	电阻率 ρ/ $(10^{-5}\Omega \cdot mm)$	温度系数 α/ $(10^{-5}/℃)$	金属和合金	电阻率 ρ/ $(10^{-5}\Omega \cdot mm)$	温度系数 α/ $(10^{-5}/℃)$
20℃铂	10.5	390	0℃铁	8.70	651
0℃金	2.01	402	20℃钢 (0.10%～0.15%)	10～14	600
0℃银	1.47	430	20℃ 武德合金	52	370
0℃铜	1.55	433	20℃ 铜锰镍合金	34～100	-3.0～2.0
18～20℃康铜	47～51	-4.0～1.0	20℃ 镍镉合金	98～110	3～40
18～20℃黄铜	8.00	100	0℃钨	2.50	460
0℃铝	2.50	460	20℃锡	12.0	440
0℃锌	4.89	417	20℃水银	95.8	100

附表4　20℃时常用金属的杨氏模量　　　　单位：$10^{10}N/m^2$

金属	杨氏模量	金属	杨氏模量	金属	杨氏模量
金	7.7～8.1	钨	40.7～41.5	铁	18.6～20.6
银	6.9～8.2	铬	23.5～24.5	灰铸铁	6～17
铜	10.3～12.7	合金钢	20.6～22.0	可锻铸铁	15～18
康铜	16.0～16.6	碳钢	19.6～20.6	球墨铸铁	15～18
铝	7.0～7.1	铸钢	17.2	锌	7.8～8.0
硬铝合金	7.1	镍	20.3～21.4	—	—

附表5　物质中的声速

物质	声速/（m/s）	物质	声速/（m/s）
20℃水银	1451.0	20℃水	1482.9
铂	2800	20℃丙酮	1190
金	2030	20℃乙醇	1168
银	2680	20℃乙醚	1006
铜	3750	20℃四氯化碳	935
不锈钢	5000	20℃一氧化碳	337.1

续表

物质	声速/（m/s）	物质	声速/（m/s）
铅	1210	20℃二氧化碳	258.0
锌	3850	20℃氢气	1269.5
镍	4900	20℃氮气	337
铝	5000	20℃氧气	317.2
锡	2730	20℃氩气	319
重硅钾铅玻璃	3720	0℃干燥空气	331.45
轻氯铜银冕玻璃	4540	10℃干燥空气	337.46
硼硅酸玻璃	5170	20℃干燥空气	343.37
熔融玻璃	5760	30℃干燥空气	349.18
20℃甘油	1923	40℃干燥空气	354.89
20℃14.8%NaCl水溶液	1542	—	—

附表6　典型气体物质的折射率 η

气体	分子式	折射率	气体	分子式	折射率
干燥空气	—	1.000292	水蒸气	H_2O	1.000255
氮气	N_2	1.000298	二氧化碳	CO_2	1.000451
氧气	O_2	1.000271	一氧化碳	CO	1.000334
氩气	Ar	1.000281	二氧化硫	SO_2	1.000686
氢气	H_2	1.0002232	硫化氢	H_2S	1.000641
氦气	He	1.000035	甲烷	CH_4	1.000144
氖气	Ne	1.000067	乙烯	C_2H_4	1.000719
氯	Cl_2	1.0002768	氨	NH_3	1.000379

注：表中数据是在标准状况下，气体对钠黄光（波长为589.3nm的D线）的折射率。

附表7　典型液体物质的折射率 η

液体	温度/℃	折射率	液体	温度/℃	折射率
丙酮	20	1.3591	水	20	1.3330
乙醇	20	1.3605	氨气	16.5	1.325
甲醇	20	1.3292	四氯化碳	15	1.46305
乙醚	20	1.3510	二硫化碳	18	1.6255
盐酸	10.5	1.254	二氧化碳	20	1.195
99.94%硝酸	16.4	1.397	三氯甲烷	20	1.446
98%硫酸	23	1.429	甲苯	20	1.495
加拿大树脂	20	1.530	苯	20	1.5011
甘油	20	1.474	—	—	—

注：表中数据是在标准状况下，气体对钠黄光（波长为589.3nm的D线）的折射率。

附表8　典型固体物质的折射率 η

固体	折射率	固体	折射率
氯化钠	1.54427	重冕玻璃 ZK_6	1.6126

续表

固体	折射率	固体	折射率
氯化钾	1.49044	重冕玻璃 ZK$_8$	1.6140
钡冕玻璃	1.53990	火石玻璃 F$_8$	1.6055
冕牌玻璃 k$_6$	1.5111	重火石玻璃 ZF$_1$	1.6475
冕牌玻璃 k$_8$	1.5159	重火石玻璃 ZF$_6$	1.7550
冕牌玻璃 k$_9$	1.5163	钡火石玻璃	1.62590

注：表中数据是在标准状况下，气体对钠黄光（波长为589.3nm的D线）的折射率。

附表9 典型晶体物质的折射率 η

波长 λ/nm	萤石	石英玻璃	钾盐	岩盐
565.3（H，红）	1.4325	1.4564	1.4872	1.5407
643.8（Cd，红）	1.4327	1.4567	1.4877	1.5412
589.3（Na，黄）	1.4339	1.4585	1.4904	1.5443
546.1（Hg，绿）	1.4350	1.4601	1.4931	1.5475
508.6（Cd，绿）	1.4362	1.4619	1.4961	1.5509
486.1（H，蓝绿）	1.4371	1.4632	1.4983	1.5534
480.0（Cd，蓝绿）	1.4379	1.4636	1.4990	1.5541
404.7（Hg，紫）	1.4415	1.4694	1.5097	1.5665

波长 λ/nm	石英		方解石	
	η_0	η_e	η_0	η_e
565.3（H，红）	1.55736	1.56671	1.6544	1.4846
643.8（Cd，红）	1.55012	1.55943	1.6550	1.4847
589.3（Na，黄）	1.54968	1.55898	1.6584	1.4864
546.1（Hg，绿）	1.54823	1.55748	1.6616	1.4879
508.6（Cd，绿）	1.54617	1.55535	1.6653	1.4895
486.1（H，蓝绿）	1.54425	1.55336	1.6678	1.4907
480.0（Cd，蓝绿）	1.54229	1.55133	1.6686	1.4911
404.7（Hg，紫）	1.54190	1.55093	1.6813	1.4969

注：表中数据为18℃时测量得到。

附表10 不同温度时水的黏滞系数

温度	黏滞系数 η	温度	黏滞系数 η
/℃	（μPa·s）	/℃	（μPa·s）
0	1787.8	60	469.7
10	1305.3	70	406.0
20	1004.2	80	355.0
30	801.2	90	314.8
40	653.1	100	282.5
50	549.2		

附表 11　常用光源的谱线波长　　　　　　　　（单位：nm）

一、H（氢）	447.15 蓝	589.592（D$_1$）黄
656.28 红	402.62 蓝紫	588.995（D$_2$）黄
486.13 绿蓝	388.87 蓝紫	五、Hg（汞）
434.05 蓝	三、Ne（氖）	623.44 橙
410.17 蓝紫	650.65 红	579.07 黄
397.01 蓝紫	640.23 橙	576.96 黄
二、He（氦）	638.30 橙	546.07 绿
706.52 红	626.25 橙	491.60 绿蓝
667.82 红	621.73 橙	435.83 蓝
587.56（D$_3$）黄	614.31 橙	407.78 蓝紫
501.57 绿	588.19 黄	404.66 蓝紫
492.19 绿蓝	585.25 黄	六、He-Ne 激光
471.31 蓝	四、Na（钠）	632.8 橙

附表 12　部分城市的重力加速度值

地名	纬度	重力加速度/（m·s^{-2}）	地名	纬度	重力加速度/（m·s^{-2}）
北京	39°56′	9.80122	郑州	34°45′	9.79665
张家口	40°48′	9.79985	徐州	34°18′	9.79664
烟台	40°04′	9.80112	南京	32°04′	9.79442
天津	39°09′	9.80094	合肥	31°52′	9.79473
太原	37°47′	9.79684	上海	31°12′	9.79436
济南	36°41′	9.79858	宜昌	30°42′	9.79312
武汉	30°33′	9.79359	南昌	28°40′	9.79208
安庆	30°31′	9.79357	长沙	28°12′	9.79163
黄山	30°18′	9.79348	福州	26°06′	9.79144
杭州	30°16′	9.79300	厦门	24°27′	9.79917
重庆	29°34′	9.79152	广州	23°06′	9.78831

表中所列数值是根据公式 $g = 9.78049(1+0.005288\sin^2\phi - 0.000006\sin^2 2\phi)$ 算出的，其中 ϕ 为纬度。

附表 13　在标准大气压下不同温度时水的密度

温度 t/°C	密度 ρ/kg·m^{-3}	温度 t/°C	密度 ρ/kg·m^{-3}	温度 t/°C	密度 ρ/kg·m^{-3}
0	999.87	18	998.62	36	993.71
1	999.93	19	998.43	37	993.36
2	999.97	20	998.23	38	992.99
3	999.99	21	998.02	39	992.62
3.98	1000	22	997.77	40	992.24
5	999.99	23	997.57	41	991.86
6	999.97	24	997.33	42	991.47
7	999.93	25	997.07	45	990.25
8	999.88	26	996.81	50	988.07

续表

温度 $t/^\circ C$	密度 $\rho/kg\cdot m^{-3}$	温度 $t/^\circ C$	密度 $\rho/kg\cdot m^{-3}$	温度 $t/^\circ C$	密度 $\rho/kg\cdot m^{-3}$
9	999.81	27	996.54	55	985.73
10	999.73	28	996.26	60	983.21
11	999.63	29	995.97	65	980.59
12	999.52	30	995.68	70	977.78
13	999.40	31	995.37	75	974.89
14	999.27	32	995.05	80	971.80
15	999.13	33	994.72	85	968.65
16	998.97	34	994.40	90	965.31
17	998.90	35	994.06	100	958.35

注：纯水在 3.98℃时密度最大。

附表 14 国家选定的非国际单位制单位

量的名称	单位名称	单位符号	换算关系和说明
时间	分，[小]时，日[天]	min,h,d	1min=60s 1h=60min=3600s 1d=24h=86400s
[平面]角	[角]秒	（"）	$1'' = (1/60)' = (\pi/648000)$ rad
	[角]分	（'）	$1' = (1/60)^\circ = (\pi/10800)$ rad
	度	（°）	$1^\circ = (\pi/180)$ rad
体积；容积	升	L(1)	$1L=1dm^3=10^{-3}m^3$
质量	吨	t	$1t=10^3kg$
	原子质量单位	u	$1u\approx1.6605655\times10^{-27}kg$
旋转速度	转每分	r/min	$1r/min=(1/60)$ /s
长度	海里	n mile	1n mile=1852m（只用于航程）
速度	节	Kn	1Kn=1n mile/h=（1852/3600）m/s（只用于航行）
能	电子伏	eV	$1eV\approx1.6021892\times10^{-19}J$
级差	分贝	dB	—
线密度	特[克斯]	tex	1tex=10^{-6}kg/m

参考文献

专著及教材：

1. 江影，叶有祥. 新编物理实验教程[M]. 北京：科学出版社，2009.
2. 朱鹤年. 新概念物理实验测量引论[M]. 北京：高等教育出版社，2007.
3. 朱鹤年. 新概念基础物理实验讲义[M]. 北京：清华大学出版社，2013.
4. E. N. 洛伦兹，刘式达. 1997. 混沌的本质[M]. 北京：气象出版社
5. E. 雷宾诺维奇. 实验导论[M]. 北京：计量出版社，1985.
6. 蔡枢，吴明磊. 大学物理（当代物理前沿专题部分 第二版）[M]. 北京：高等教育出版社，2004.
7. 陈均钧，陈红雨. 大学物理实验教程[M]. 北京：科学出版社，2008.
8. 陈尚松，郭庆，雷加. 电子测量与仪器[M]. 北京：电子工业出版社，2009.
9. 陈守川. 大学物理实验教程[M]. 杭州：浙江大学出版社，1995.
10. 陈玉林，李传起. 大学物理实验[M]. 北京：科学出版社，2007.
11. 戴道宣，戴乐山. 近代物理实验[M]. 北京：高等教育出版社，2006.
12. 丁慎训，张连芳. 物理实验教程[M]. 2 版. 北京：清华大学出版社，2002.
13. 范钦珊，殷雅俊，虞伟建. 材料力学[M]. 北京：清华大学出版社，2008.
14. 葛洪良，罗宏雷，蒋丽珍. 大学物理实验[M]. 杭州：浙江大学出版社，2003.
15. 何元金，马兴坤. 近代物理实验[M]. 北京：清华大学出版社，2003.
16. 刘恩科. 半导体物理学[M]. 北京：国防工业出版社，2006.
17. 贾玉润，王公治，凌佩玲. 大学物理实验[M]. 上海：复旦大学出版社，1987.
18. 江 影，安文玉，王国荣等. 普通物理实验[M]. 哈尔滨：哈尔滨工业大学出版社，2002.
19. 李天应. 物理实验[M]. 武汉：华中科技大学出版社，1992.
20. 李相银. 大学物理实验[M]. 北京：高等教育出版社，2004.
21. 李学慧. 大学物理实验[M]. 北京：高等教育出版社，2005.
22. 凌亚文. 大学物理实验[M]. 北京：科学出版社，2005.
23. 吕斯骅，段家忯. 新编基础物理实验[M]. 北京：高等教育出版社，2006.
24. 马文蔚，东南大学七所工科院校. 物理学[M]. 北京：高等教育出版社，1999.
25. 缪兴中. 大学物理实验教程[M]. 北京：科学出版社，2006.
26. 任隆良，谷晋骐. 物理实验[M]. 天津：天津大学出版社，2003.
27. 沙振舜，黄润生. 新编近代物理实验[M]. 南京：南京大学出版社，2002.
28. 沈为民，胡茂海，段子刚，等. 光电信息物理基础[M]. 北京：电子工业出版社，2009.
29. 沈元华，陆申龙. 基础物理实验[M]. 北京：高等教育出版社，2003.
30. 唐南，王佳眉. 大学物理学[M]. 北京：高等教育出版社，2004.

31. 唐远林，朱肖平. 大学物理实验[M]. 重庆：重庆大学出版社，1999.

32. 王金山. 核磁共振谱仪[M]. 北京：机械工业出版社，1982.

33. 王魁香，韩玮，杜晓波. 新编近代物理实验[M]. 北京：科学出版社，2007.

34. 王云才. 大学物理实验教程[M]. 3 版. 北京：科学出版社，2008.

35. 吴百诗. 大学物理[M]. 西安：西安交通大学出版社，1994.

36. 吴乃爵. 工科物理实验教材[M]. 杭州：浙江大学出版社，1991.

37. 王祖铨，吴思诚. 近代物理实验[M]. 北京：北京大学出版社，1995.

38. 伍长征. 激光物理学[M]. 上海：复旦大学出版社，1989.

39. 肖明耀. 误差理论与应用[M]. 北京：计量出版社，1985.

40. 熊永红. 大学物理实验[M]. 武汉：华中理工大学出版社，2004.

41. 杨福家. 原子物理学[M]. 3 版. 北京：高等教育出版社，2000.

42. 杨桂林，柯善哲，江兴方. 近代物理[M]. 北京：科学出版社，2004.

43. 何焰蓝，杨俊才. 大学物理实验[M]. 北京：机械工业出版社，2004.

44. 杨述武. 普通物理实验（一）（二）（三）（四）[M]. 北京：高等教育出版社，2000.

45. 杨素行. 模拟电子技术基础简明教程[M]. 北京：高等教育出版社，1998.

46. 袁长坤. 物理量测量[M]. 北京：科学出版社，2004.

47. 张天喆，董有尔. 近代物理实验[M]. 北京：科学出版社，2004.

48. 张兆奎，缪连元，张立. 大学物理实验[M]. 北京：高等教育出版社，2001.

49. 赵凯华，罗蔚茵. 新概念物理教程[M]. 北京：高等教育出版社，1998.

50. 赵青生. 大学物理实验[M]. 合肥：安徽大学出版社，2004.

51. 郑发农. 物理实验教程[M]. 合肥：中国科学技术大学出版社，2004.

52. 郑庚兴，王和平. 大学物理实验[M]. 上海：上海科学技术文献出版社，2004.

53. 周殿清. 大学物理实验教程[M]. 武汉：武汉大学出版社，2005.

54. 周孝安，赵咸凯，谭锡安，等. 近代物理实验教程[M]. 武汉：武汉大学出版社，1998.

刊物：

1. Z. Q. Qiu，S. D. Bader. Surface magneto-optic kerr effect. Journal of Magnetism and Magnetic Materials[J]. 2000 年 3 月：664-678.

2. 陈星，罗慧，赵博. Hg 的 Zeeman 效应相对强度实验观察与郎德 g 因子测量[J]. 物理实验. 2008 第 28 卷第 8 期：29-34.

3. 郝柏林. "分岔，混沌，奇怪吸引子，湍流及其他"[J]. 物理学进展. Vol.3，No.3，1983：336.

4. 胡杰，徐志洁，安长星. 测量密立根油滴的平衡电压[J]. 物理实验. 2008 第 28 卷第 1 期：33-36.

5. 黄壮雄，潘永华，宋伟，周进. 激光双光栅法测微小位移中光拍信号波形改进[J]. 大学物理. 2004 年 04 期：59-61.

6. 江影，叶有祥. 在法拉第效应实验中不同光强点定位检测旋转角灵敏度的研究[J]. 大学物理. 2009 第 2 期：38-40.

7. 江影，邹红玉. 用表面磁光克尔效应测量材料表面磁特性的研究[J]. 辽宁师范大学学报（自然科学版）. 2006 年 12 月：433-435.

8. 刘公强，刘湘林. 磁光调制和法拉第旋转测量[J]. 光学学报. 1984，4（7）：588-592.

9. 钱栋梁，陈良尧. 一种完整测量磁光克尔效应和法拉第效应的方法[J]. 光学学报. 1999 年 04 期：233-238.

10. 孙昕，赵红福. 法拉第效应实验装置中光路的设计[J]. 物理实验. 2005 年 03 期：38-39.

11. 谭立国，胡用时. 磁光薄膜克尔回转角的测试方法研究[J]. 华中工学院学报. 1987 年 03 期：15-25.

12. 王思慧，周进，潘永华. 斜面上的磁刹车实验研究[J]. 物理实验. 2005 年 8 月：33-35.

13. 吴金莲，张晓晔. 塞曼效应实验数据处理方法的改进[J]. 物理实验. 2008 第 28 卷第 4 期：39-40.

14. 杨锐喆，程熹. 椭圆偏振光验证实验的数据处理方法[J]. 物理实验. 2005 第 25 卷第 2 期：46-48.

15. 邹红玉，江影. 采用相位法与极大值法测量超声波声速的准确度的研究[J]. 大学物理. 2007 年 05 期：32-34.